普通高等教育“十二五”规划教材

常用石油化工单元设计

朱玉琴　刘菊荣　编著

中国石化出版社

内容提要

本书详细论述了石油化学工业常用的立式热虹吸式再沸器、蒸发装置、圆筒加热炉、板式精馏塔、气流干燥器等化工单元操作设备的基本原理、设计方法及步骤。另外，还介绍了化工设备主要零部件的结构及选型、化工工艺流程图和化工设备图及其绘制方法。

本书可作为普通高等教育化学工程与工艺及其相关专业本科生的教材，也可作为从事化工设计、化工生产等工程技术人员的参考用书。

图书在版编目(CIP)数据

常用石油化工单元设计 / 朱玉琴，刘菊荣编著 .
—北京：中国石化出版社，2012.7（2019.2 重印）
普通高等教育“十二五”规划教材
ISBN 978-7-5114-1607-0

Ⅰ.①常… Ⅱ.①朱… ②刘… Ⅲ.①石油化工-化工设备-设计-高等学校-教材 Ⅳ.①TQ050.2

中国版本图书馆 CIP 数据核字(2012)第 118131 号

中国石化出版社出版发行

地址：北京市朝阳区吉市口路 9 号
邮编：100020　电话：(010)59964500
发行部电话：(010)59964526
http://www.sinopec-press.com
E-mail：press@sinopec.com
北京艾普海德印刷有限公司印刷
全国各地新华书店经销

*

787×1092 毫米 16 开本 14 印张 3 插页 352 千字
2012 年 7 月第 1 版　2019 年 2 月第 2 次印刷
定价：30.00 元

前言

化工原理课程设计是一门实践性很强的课程，一方面要求学生综合运用化工专业基础课程的理论知识，确定工艺流程和主要设备的结构型式，并对设备工艺尺寸和结构参数进行设计计算；另一方面要求学生在设计过程中根据设计对象的具体特征，借鉴相关化工设计经验，对设计过程和设备结构参数作出合理的选择和优化。而后者往往是设计能否成功的关键，也是化工原理课程设计区别于课堂作业的重要方面。因此，一本成功的、具有典型实例的设计教材，将有助于学生掌握化工设计的基本方法和锻炼学生的实践能力。

笔者通过多年化工原理课程的讲授及多年指导学生进行化工原理课程设计和毕业设计的亲身体会，深感学生在做课程设计、毕业设计过程中不知如何下手。虽然学生学过很多前期课程，但对综合考查学生设计能力的课程设计和毕业设计来说，这些知识显得有些支离破碎，学生对设计过程、设计内容和设计步骤仍不够清晰，急需有较系统的课程设计指导用书。为此，笔者编写了这本《常用石油化工单元设计》，用于石油院校化工原理课程设计指导用书。

化工单元操作种类很多，本书针对石油院校化学工程与工艺专业的石油特色，重点选择了石油化工生产过程中应用较多的立式热虹吸式再沸器、蒸发装置、圆筒加热炉、板式精馏塔、气流干燥器5个主要单元操作，介绍了每种单元操作的基本原理、设计方法和步骤，并附以设计实例，使读者能详细了解设计过程和设计细节。另外，本书还介绍了化工设备主要零部件的结构形式及选择、化工工艺流程图和化工设备图的绘制，便于学生熟悉化工设备零部件的结构及表达方法，了解化工工艺流程图及化工设备图的绘制内容及要求。

本书第二章、第三章、第四章由朱玉琴编写；第一章、第五章、第六章、第七章、第八章由刘菊荣编写。全书由倪炳华教授审阅。

由于时间仓促和编者水平所限，对于本书中的不妥之处，恳请各位读者批评指正。

目　录

1 绪 论

1.1 化工设计

化工设计是把化工工程项目从设想变成现实的一个建设环节，是工程建设的灵魂，对工程建设起着主导和决定性的作用。另外，化工设计是把科研成果转化为现实生产力的桥梁和纽带，化工科研成果只有通过工程设计，才能转化为现实的工业化生产力。

化工设计是一项复杂而细致的工作，涉及的专业很多。化工设计涉及的专业可分为工艺专业和非工艺专业(总图、建筑、设备、电力、自控、给排水、采暖通风、技术经济等)，因此化工设计工作需要由工艺设计人员和非工艺设计人员共同完成。在化工设计中，工艺设计起主导作用，因为任何化工设计过程都是从工艺设计开始，并以工艺设计结束。另外，在整个设计过程中非工艺设计要服从工艺设计，同时工艺设计又要考虑和尊重其他非工艺设计的特点和合理要求，在整个设计过程中进行协调。化工工艺设计的主要内容有生产技术方案或工艺路线的选择、工艺流程设计、工艺计算(物料衡算及能量衡算)、化工设备的选型与设计、车间布置设计、化工管道布置设计，以及为非工艺专业设计提供设计条件，编制设计文件(包括设计说明书、附表及附图)等。

化工单元设备是组成化工装置的基本单元。在化工设计中，化工单元设备的设计是整个化工过程和装置设计的核心和基础，并贯穿于化工设计过程的始终。从这个意义上来说，作为化工类及其相关专业的本科生，掌握常用化工单元设备的基本设计方法至关重要。

1.2 化工原理课程设计

化工原理课程设计是化工及相关专业学生学完大部分基础课程及化工原理课程之后，联系化工生产实际，以某一化工单元操作及其设备设计为目标，进行的一次工程实践教学环节。

1.2.1 化工原理课程设计的要求

通过化工原理课程设计教学环节，培养化工及相关专业学生综合运用本门课程和其他先修课程知识的能力，注重提高学生分析、解决工程实际问题的能力。同时，培养学生树立正确的设计思想和实事求是、严谨负责的工作作风。通过化工原理课程设计，学生可以在以下几个方面得到较好的培养和训练。

(1)查阅资料、正确选用公式和收集相关数据的能力。通常学生接到设计任务之后，要收集许多数据，查取和估算物性数据，合理选择计算公式。这就要求学生综合运用各方面的知识，详细全面考虑后才能确定。

(2)正确选择设计参数。要树立从技术可行性和经济合理性两方面综合考虑问题的工程观点，同时还必须考虑方便操作维修及环境保护的要求。

(3)正确、迅速地进行化工设计计算。化工设计计算是一个反复试算的过程，计算的工作量很大，要求学生以严肃认真的态度对待设计，自我检查和审核计算过程，发现问题或错误及时修正，避免不必要的大返工。

(4)掌握化工原理课程设计的基本程序和方法。

(5)学会用简洁的文字和适当的图、表达自己的设计思想。

1.2.2 化工原理课程设计的内容

化工原理课程设计应包括如下基本内容：

(1)设计方案的选定。确定设计方案、工艺流程及主体设备的结构型式。

(2)工艺设计。选定工艺操作参数，完成化工单元操作的物料衡算、能量衡算及工艺设计计算，绘制相应的工艺流程图。

(3)设备设计。完成主体设备的工艺尺寸和结构尺寸的设计计算，绘制主体设备的装配图，图面还应包括设备的主要工艺尺寸、明细表、技术特性表和管口表等内容。

(4)辅助设备的选型。包括辅助设备的特性尺寸计算及规格型号的选定。

(5)编写课程设计说明书。

1.2.3 化工原理课程设计的设计方法与步骤

化工单元操作种类很多，每种单元操作的设计方法不尽相同，这里仅阐述化工单元操作设计通用的设计方法与步骤。

(1)明确设计任务与条件

原料(或进料)和产品(或出料)的流量、组成、状态(温度、压力、相态等)及流量波动的范围；

化工单元操作设计的目的、要求及主体设备的功能；

公用工程条件，如循环冷却水的温度，加热蒸汽的压力，大气环境(温度、湿度、大气压等)；

其他特殊要求。

(2)收集有关物料的物理及化学性质数据

(3)确定设计方案

确定化工单元操作的工艺流程；

确定主体设备的结构型式，对比各类设备结构的优缺点，结合本设计的具体情况，选择高效、可靠的设备结构型式；

确定主体设备的操作条件，如温度、压力等；

(4)工艺计算

单元操作过程的物料衡算与热量衡算；

主体设备的特性尺寸计算，如精馏、吸收设备的理论板数，换热设备的传热面积等。

(5)主体设备的结构设计

根据相关设备的设计规范和常用结构型式，详细设计主体设备各零部件的结构尺寸。如板式塔要确定塔板板面布置、溢流堰和降液管的型式、各种进出管口的具体结构、塔板的支撑等。

进行主体设备的流体力学性能计算，确定主体设备的流体阻力及操作范围。

(6)各种部件材料的选择，如壁厚计算，塔板、塔盘等的机械设计，并根据各部件的使用环境要求选择适宜的材质。

(7)各种辅助结构如支座、吊架、保温的设计。

(8)设备内件与管口方位设计。

(9)全设备的总装配图及零部件图绘制。

(10)编制全设备材料表。

(11)编写制造技术要求与规范。

(12)编写设计说明书。

一个合理的设计往往需要进行多种方案的比较和反复多次的设计计算才能获得。要做好化工原理课程设计，除了要有坚实的理论基础和专业知识外，还应了解有关化工设备的新技术、新材料，了解相关设计规范与规定，熟悉有关设备的结构性能，具备足够的化学工程、化工机械方面的知识。

设计者在选择设备类型、设计方法、计算公式及数据图表等方面，应结合任务书的具体要求，广泛查阅和收集有关资料，经过认真分析、对比和筛选，致力于使设计尽可能先进和合理。因此，设计者应具有高度责任心与严谨的科学态度，只有这样才能达到设计能力的培养和训练的目的。

1.3 混合物物性数据估算

在设计计算中，必然要涉及化工过程物系的物性参数，物性数据应尽可能使用实验测定值，此类数据可从《化学工程手册》第一篇(化工基础数据)、《化学化工物性数据手册》等相关手册和文献中查取。有些物性数据，特别是混合物的性质查取困难时，可采用经验方法估算和推算。这里仅讨论部分常用混合物物性数据的计算方法。

1.3.1 密度

(1)气体混合物的密度

压力不太高时，气体混合物的密度可由式(1-1)或式(1-2)近似计算。

$$\rho_{gm} = \sum_{i=1}^{n} \rho_{gi} y_i \tag{1-1}$$

$$\rho_{gm} = \frac{pM_m}{RT} \tag{1-2}$$

式中 ρ_{gm}——混合气体的密度，kg/m^3；

ρ_{gi}——混合气体中 i 组分在相同温度和压力下的密度，kg/m^3；

y_i——混合气体中 i 组分的摩尔分率；

p——压力，kPa；

T——温度，K；

R——通用气体常数，8.314J/(mol·K)；

M_m——混合气体的平均相对分子质量。

如压力较高或要求更高的精度时，式(1-2)应引入压缩因子 Z 进行校正。

(2)液体混合物的密度

在压力不高，混合物组分间的性质差别不大的时候，可用式(1-3)估算液体混合物的密度。

$$\frac{1}{\rho_{Lm}} = \sum_{i=1}^{n} \frac{\omega_i}{\rho_{Li}} \tag{1-3}$$

式中 ρ_{Lm}——混合液体的密度，kg/m^3；

ω_i——混合液体中 i 组分的质量分率；

ρ_{Li}——混合液体中 i 组分的密度，kg/m^3。

1.3.2 黏度

(1)液体混合物的黏度

液体混合物的黏度不符合加和性的规律，而且黏度与组成之间一般不存在线性关系，有时会出现极大值、极小值或者既有极大值又有极小值，目前还难以用理论来预测。除了实验测定外，工程上多采用经验或半经验的黏度模型进行关联和计算。

①互溶液体的混合物黏度 μ_{Lm}

一般条件下，可用立方根加和规律近似计算液体混合物的黏度。

$$\mu_{Lm} = \left(\sum_{i=1}^{n} x_i \mu_{Li}^{1/3} \right)^3 \tag{1-4}$$

式中 μ_{Lm}——液体混合物的黏度，$mPa \cdot s$；

μ_{Li}——i 组分的液体黏度，$mPa \cdot s$；

x_i——i 组分的摩尔分率。

式(1-4)适用于非电介质、非缔合性液体，不适用于石油馏分。混合物中各组分的相对分子质量及一般性质接近时，计算精度高。

②不互溶液体的混合黏度 μ_m

当分散相的体积分率 $\phi_d<0.03$ 时：

$$\mu_m = \left(1 + 2.5\phi_d \frac{\mu_d + 0.4\mu_F}{\mu_d + \mu_F}\right)\mu_F \tag{1-5}$$

式中 μ_F、μ_d——连续相和分散相的黏度，$mPa \cdot s$。

当分散相的体积分率 $\phi_d>0.03$ 时：

$$\mu_m = (\mu_F)^{x_F} \cdot (\mu_d)^{x_d} \tag{1-6}$$

式中 x_F、x_d——连续相和分散相的摩尔分率。

当形成乳化液时：

$$\mu_m = \frac{\mu_F}{\phi_F}\left(1 + \frac{1.5\mu_d\phi_d}{\mu_F + \mu_d}\right) \tag{1-7}$$

式中 ϕ_F——连续相的体积分率。

(2)混合气体黏度 μ_{gm}

①低压气体混合物的黏度

气体混合物的黏度随组成的变化一般是非线性的，有时混合物的黏度在达到某一组成时有一个最大值。

根据气体动力学理论，低压气体混合物($p_r<0.6$)的黏度可由式(1-8)来计算。

$$\mu_{gm} = \sum_{i=1}^{n} \frac{\mu_{gi}}{1 + \sum_{\substack{j=1 \\ j\neq 1}}^{n} \phi_{ij} \frac{y_j}{y_i}} \tag{1-8}$$

式中 μ_{gm}——气体混合物的黏度，mPa · s；

μ_{gi}——组分 i 的黏度，mPa · s；

ϕ_{ij}——组分 i 对组分 j 的相互作用参数，由式(1-9)计算；

y_i、y_j——组分 i 和组分 j 的摩尔分率。

$$\phi_{ij} = \frac{\left[1+\left(\frac{\mu_{gi}}{\mu_{gj}}\right)^{1/2}\left(\frac{M_j}{M_i}\right)^{1/4}\right]^2}{\sqrt{8}\left(1+\frac{M_i}{M_j}\right)^{1/2}} \tag{1-9}$$

式中 μ_{gi}、μ_{gj}——组分 i 和组分 j 的黏度，mPa · s；

M_i、M_j——组分 i 和组分 j 的相对分子质量。

式(1-8)对烃类气体混合物和非极性烃类气体混合物都适用。

②高压气体混合物的黏度

高压气体混合物的黏度可由式(1-10)来计算。

$$(\mu_{gm}^{h} - \mu_{gm}^{l})\xi = 10.8 \times 10^{-5}[\exp(1.439\rho_{rm}) - \exp(-1.111\rho_{rm}^{1.858})] \tag{1-10}$$

$$\xi = \frac{T_{cm}^{1/6}}{M_m^{1/2} p_{cm}^{2/3}} \tag{1-11}$$

式中 μ_{gm}^{h}——高压气体混合物的黏度，mPa · s；

μ_{gm}^{l}——低压气体混合物的黏度，mPa · s；

ρ_{rm}——混合气体的对比密度，$\rho_{rm}=\rho_m/\rho_{cm}$；

ρ_m、ρ_{cm}——混合气体的密度和假临界密度，kg/m^3；

M_m——混合气体的相对分子质量；

T_{cm}——混合气体的假临界温度，K；

p_{cm}——混合气体的假临界压力，atm。

混合气体的假临界参数的混合规则为：

$$T_{cm} = \sum_{i=1}^{n} y_i T_{ci} \tag{1-12}$$

$$V_{cm} = \sum_{i=1}^{n} y_i V_{ci} \tag{1-13}$$

$$Z_{cm} = \sum_{i=1}^{n} y_i Z_{ci} \tag{1-14}$$

$$P_{cm} = \frac{Z_{cm} R T_{cm}}{V_{cm}} \tag{1-15}$$

式中 T_{ci}——i 组分的临界温度，K；

V_{ci}——i 组分的临界体积，m^3；

Z_{ci}——i 组分的临界压缩因子。

由上式计算得到的高压气体混合物的黏度，对低相对分子质量非极性气体混合物而言，误差一般不超过 10%。不适用于高相对分子质量极性气体混合物。

1.3.3 导热系数

(1)液体混合物导热系数 λ_{Lm}

①一般液体导热系数

对于已知组成的混合物，其液相导热系数(在任何温度和压力下)可按简单混合定律计算。

$$\lambda_{Lm} = \sum_{i=1}^{n} \lambda_{Li} x_i \tag{1-16}$$

式中 λ_{Lm}——混合液体的导热系数，W/(m·K)；

λ_{Li}——i 组分的液体导热系数，W/(m·K)；

x_i——i 组分的质量分率或摩尔分率，两种分率计算得的两值中取其小者。

由式(1-16)计算的值通常偏高，但误差一般不超过 10%。

②有机液体水溶液导热系数

$$\lambda_{Lm} = 0.9 \sum_{i=1}^{n} \lambda_{Li} x_i \tag{1-17}$$

③胶体分散液的导热系数

$$\lambda_{Lm} = 0.9\lambda_c \tag{1-18}$$

式中 λ_c——连续相液体的导热系数，W/(m·K)。

(2)气体混合物的导热系数 λ_{gm}

①一般气体混合物

已知组成的气体混合物在任何温度、压力下的导热系数可按式(1-19)来计算。

$$\lambda_{gm} = \frac{\sum_{i=1}^{n} \lambda_{gi} y_i M_i^{1/3}}{\sum_{i=1}^{n} y_i M_i^{1/3}} \tag{1-19}$$

式中 λ_{gm}——系统压力及温度下气体混合物的导热系数，W/(m·K)；

λ_{gi}——系统压力及温度下 i 组分的导热系数，W/(m·K)；

M_i——i 组分的相对分子质量；

y_i——i 组分的分子分率。

②非极性气体混合物

多数非极性气体的混合导热系数小于按线性组成的平均值，而大于按组成倒数的平均值。对非极性气体混合物可由 Broraw 法估算。

$$\lambda_{gm} = 0.5(\lambda_{sm} + \lambda_{rm}) \tag{1-20}$$

$$\lambda_{sm} = \sum_{i=1}^{n} \lambda_{gi} y_i \tag{1-21}$$

$$\lambda_{rm} = \frac{1}{\sum_{i=1}^{n} (y_i / \lambda_{gi})} \tag{1-22}$$

1.3.4 比热容

(1)理想混合气体(或低压气体)的比热容

$$c_{pm}=\sum_{i=1}^{n}c_{pi}y_i \tag{1-23}$$

式中 c_{pm}——气体混合物的定压比热容，kJ/(kmol·K)或kJ/(kg·K)；

c_{pi}——i组分的定压比热容，kJ/(kmol·K)或kJ/(kg·K)；

y_i——i组分的摩尔分率或质量分率。

气体的比热容c_p与压力有很大的关系，一般当压力大于0.35MPa时，就不能用式(1-23)来计算，而应该对压力进行校正。

(2)液体混合物的比热容

$$c_{pm}=\sum_{i=1}^{n}c_{pi}x_i \tag{1-24}$$

式中 c_{pm}——液体混合物的定压热容，kJ/(kmol·K)或kJ/(kg·K)；

c_{pi}——液体中组分i的定压热容，kJ/(kmol·K)或kJ/(kg·K)；

x_i——组分i的摩尔分率或质量分率。

式(1-24)忽略了混合热的影响，适用于烃类及分子结构相近的同系物。

1.3.5 汽化相变焓

混合液体的汽化相变焓(相变焓以前称为潜热)可由各组分的汽化相变焓按其组分分率加权平均计算。

$$r_m=\sum_{i=1}^{n}x_ir_i \tag{1-25}$$

式中 r_m——混合物的汽化相变焓，kJ/kmo1或kJ/kg；

r_i——组分i的汽化相变焓，kJ/kmo1或kJ/kg；

x_i——组分i的摩尔分率或质量分率。

1.3.6 表面张力

(1)非水溶液的表面张力

非水溶液的表面张力可按Macleod-Sugden法计算。

$$\sigma_m^{1/4}=\sum_{i=1}^{n}[P_i(\rho_{Lm}x_i-\rho_{Vm}y_i)] \tag{1-26}$$

式中 σ_m——混合物表面张力，mN/m；

ρ_{Lm}、ρ_{Vm}——混合物液相、气相的摩尔密度，mol/cm^3；

x_i、y_i——液相、气相的摩尔分率；

P_i——i组分的等张比容，可按表1-1给出的分子结构常数加和求取。

式(1-26)对非极性混合物的误差一般为5%~10%，对极性混合物为5%~15%。

表 1-1 计算等张比容的结构常数

基 团	P_i	基 团	P_i	基 团	P_i
碳-氢结构		官能团		S	49.1
C	9.0	—COO—	63.8	P	40.5
H	15.5	—COOH	73.8	F	26.1
—$(CH_2)_n$中的CH_2：		—OH	29.8	Cl	55.2
$n<12$	40	—NH_2	42.5	Br	68.0
$n>12$	40.3	—O—	20.0	I	90.3
甲基	55.5	—NO_2	74	C═C	
1-甲基乙基	133.3	—NO_3	73	端键	19.1
1-甲基丙基	171.9	—CO(NH_2)	91.7	2，3 位	17.7
1-甲基丁基	211.7	酮中的═O：		3，4 位	16.3
2-甲基丙基	173.3	总碳数=3	22.3	C≡C	40.6
1-乙基丙基	209.5	总碳数=4	20.0	环化合物	
1，1-二甲基乙基	170.4	总碳数=5	18.5	三元环	12.5
1，1-二甲基丙基	207.5	总碳数=6	17.3	四元环	6.0
1，2-二甲基丙基	207.9	—CHO	66	五元环	3.0
1，1，2-三甲基丙基	243.5	O	20	六元环	0.8
C_6H_5-	189.6	N	17.5		

(2)乙醇-水溶液表面张力

乙醇-水溶液在25℃时的表面张力见表1-2。

表 1-2 乙醇-水溶液的表面张力

乙醇质量分率/%	0	10	20	30	40	50	60	70	80	90	100
σ_m/(mN/m)	70	48	38	33	30	28	26	25	24	23	22

表面张力与温度变化关系如式(1-27)所示。

$$\frac{\sigma_2}{\sigma_1}=\left(\frac{T_c-T_2}{T_c-T_1}\right)^{1.2} \tag{1-27}$$

式中 σ_1——温度T_1(K)时的表面张力，mN/m；

σ_2——温度T_2(K)时的表面张力，mN/m；

T_c——混合液体的临界温度，K。

混合液体临界温度可采用加权平均法估算。

$$T_c=\Sigma x_i T_{ci} \tag{1-28}$$

式中 x_i——组分i的摩尔分率；

T_{ci}——组分i的临界温度，K。

乙醇的临界温度为516.15K，水的临界温度为647.25K。

2　立式热虹吸再沸器工艺设计

再沸器(又称重沸器)是精馏装置的重要辅助设备之一，这里所谓的再沸器是指用于连续精馏塔底部间接加热时的列管式加热器，其作用是对塔底釜液加热使一部分物料汽化后再返回塔内，以提供精馏过程所需的热能。

2.1　再沸器的类型及其选择

2.1.1　再沸器的类型

再沸器大致分为釜式再沸器和热虹吸再沸器两种类型。

2.1.1.1　釜式再沸器

釜式再沸器(重沸器)是由一个带有扩大部分的壳体和一个可抽出的管束组成，壳侧扩大部分空间作为汽、液分离空间，其结构示意图和工艺流程图如图2-1所示。塔底液体通过进料管进入釜式再沸器并浸没管束，汽化的液体自上升管返回塔底液面上部，饱和液体溢流过溢流堰到储液槽。为保证汽、液分离效果，液体需要在储液槽中有一定的停留时间；为防止固体集聚在堰板底部，可以加一根连通管除去固体。再沸器内液体的装填系数，对于不易起泡沫的物系为80%，对于易起泡沫的物系则不超过65%。为了避免带液过多，釜中液面至最低层塔板的距离，至少在0.5~0.7m以上。

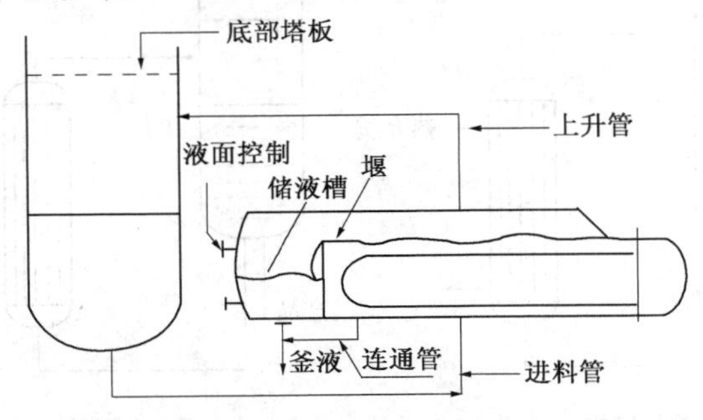

图2-1　釜式重沸器结构示意及流程图

釜式再沸器的优点是操作弹性大，可靠性高，可在高真空度下操作；可以缩小塔底空间，使塔和再沸器之间的标高差减小；维护和清洗方便。缺点是壳体容积大，占地面积大，价格较高，塔釜液在加热段停留时间长，易结垢。

2.1.1.2　热虹吸再沸器

热虹吸再沸器(重沸器)是指在再沸器中由于工艺液体被加热后部分汽化，形成的汽、液混合物的密度明显低于塔底液相的密度，致使再沸器与塔底液相之间产生密度差而形成推动力，塔底的液体不断被虹吸进入再沸器，加热汽化后的汽、液混合物自动地返回塔内，因而不用泵即可不断循环。热虹吸再沸器可分为卧式热虹吸再沸器和立式热虹吸再沸器两大类。

（1）卧式热虹吸再沸器（重沸器）

按照工艺过程，卧式热虹吸再沸器可分为一次通过式和循环式。一次通过式是指塔底出产品，再沸器的进料由最下层塔板抽出，与塔底产品组成不同。循环式是指塔底产品和再沸器进料同时抽出，其组成相同。如图 2-2 所示。

卧式热虹吸再沸器的汽化率不应过大，否则会引起上升管的管壁干涸和发生雾状流，导致传热恶化。当汽化量较大时，不能采用一次通过式，而须采用循环式。

卧式热虹吸再沸器的特点是：可采用低裙座，但占地面积大，出塔产品缓冲容积较大，故流动稳定；在加热段停留时间短，不容易结垢，可以使用较脏的加热介质。

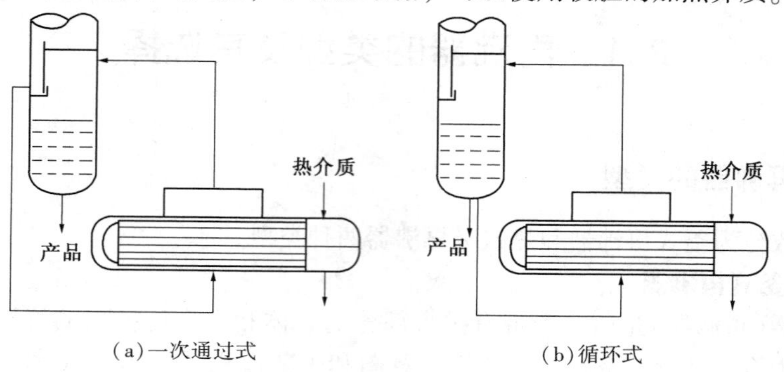

图 2-2　卧式热虹吸重沸器

（2）立式热虹吸再沸器（重沸器）

立式热虹吸再沸器一般采用固定管板，单管程，工艺物流在管内汽化，壳侧为加热介质。按照工艺过程的要求，立式热虹吸再沸器可分为一次通过式和循环式。流程图如图 2-3 所示。

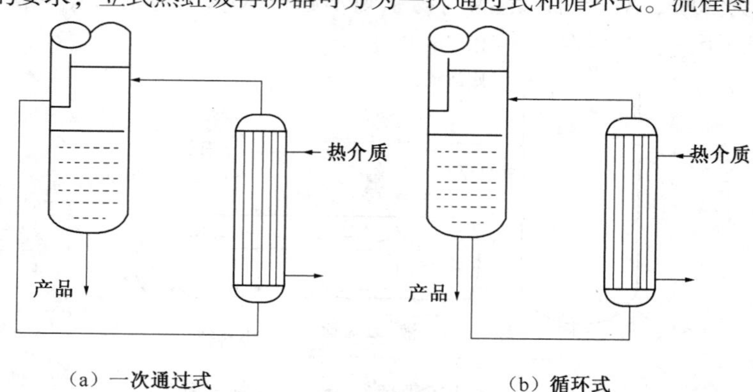

图 2-3　立式热虹吸重沸器流程图

立式热虹吸再沸器具有传热系数高，结构紧凑，占地面积小；液体在加热段停留时间短，不易结垢，且容易清洗；设备及运行费用低等显著优点。但由于结构上的原因，壳程不能采用机械方法清洗，因此不宜用于高黏度或较脏的加热介质。由于是立式安装，要求具有较高的塔体裙座。

立式和卧式热虹吸再沸器本身通常没有汽、液分离空间和缓冲区，这些均由塔釜提供。这两类再沸器的特性见表 2-1。

表 2-1　热虹吸再沸器的特性

选择时考虑的因素	立式热虹吸再沸器	卧式热虹吸再沸器
工艺物流侧	管程	壳程
传热系数	高	中偏高
工艺物流停留时间	适中	中等
投资费	低	中等
占地面积	小	大
管路费	低	高
单台传热面积	小于 $800m^2$	大于 $800m^2$
台数	最多 3 台	根据需要
裙座高度	高	低
平衡级	小于 1	小于 1
污垢热阻	适中	适中
最小汽化率	3%	15%
正常汽化率上限	25%	25%
最大汽化率	35%	35%

2.1.1.3　强制循环式再沸器

如图 2-4 所示，强制循环式再沸器是依靠泵输入机械功使流体循环，适用于高黏度液体和热敏性物料。这种类型的再沸器与热虹吸再沸器一样，采用立式时被蒸发的液体在管内流动，且为单管程；采用卧式时被蒸发的液体在壳侧沸腾，可以是多管程。立式或卧式强制循环再沸器除了分别具有立式或卧式热虹吸再沸器的特点外，还有一个共同特点就是两者都需要循环泵。

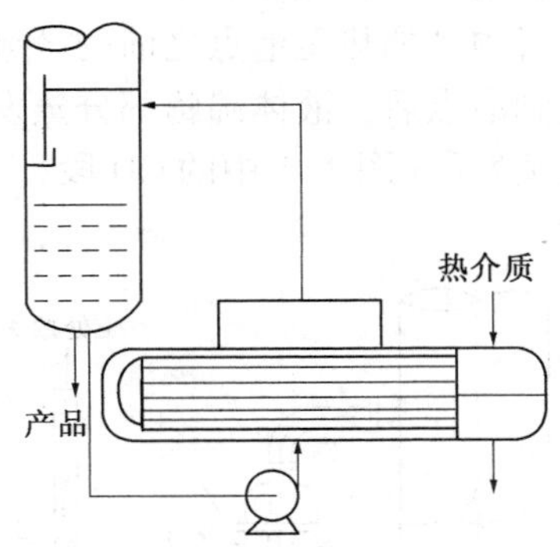

图 2-4　泵强制输送卧式热虹吸重沸器(循环式)

2.1.2　再沸器类型的选择

再沸器必须满足生产工艺的需要；若以工艺物流为热源，则还要求其能够最大限度地回收热能。工程上对再沸器的基本要求是操作稳定、调节方便、结构简单、占地面积小、需要的塔体裙座低、造价便宜、加工制造容易、安装检修方便、使用周期长、运转安全可靠等。上述各项同时满足是困难的，故在设计之前应全面地进行分析、综合考虑，找出主要的、起决定性作用的要求，然后兼顾一般，选择一种比较合理的结构型式。

选择精馏塔再沸器时，在满足工艺要求的前提下，首先考虑选用立式热虹吸再沸器。因为它具有上述一系列的突出优点和良好性能，但在下列情况下不宜选用：

(1) 当精馏塔在较低液位下排出釜液时，或在控制方案中对塔釜液面不作严格控制时，这时应采用釜式再沸器。

(2)在高真空下操作或者结垢严重时，立式热虹式再沸器不太可靠，这时应采用釜式再沸器。

(3)当塔的安装高度由于某种原因，不能提高。或没有足够的空间来安装立式热虹吸再沸器时，可采用卧式热虹吸再沸器或釜式再沸器。

强制循环再沸器，由于其不仅需增加循环泵的设备费，还需增加其操作费，故一般不宜选用。只有当塔釜液黏度较高，或受热分解而结垢时，才采用强制循环再沸器。

当加热介质较脏清洗问题突出或管、壳程之间温差超过50℃时，应采用釜式再沸器。但塔底产品必须用泵抽出时，为了防止泵的汽蚀，釜式再沸器必须架高，塔的裙座也要随之相应提高，这就不如采用卧式热虹吸再沸器。

2.2 立式热虹吸再沸器的工艺设计

立式热虹吸再沸器是依靠釜液内的单相液体与再沸器管内的汽、液混合物间的密度差为推动力来形成釜液流动循环的，其釜液循环量、压力降及传热速率之间相互联系。所以，在对立式热虹吸再沸器进行工艺设计时需将传热计算和流体力学计算相互关联，采用试差的方法进行计算。

2.2.1 立式热虹吸再沸器的管内加热过程

图2-5为立式热虹吸再沸器的管内加热过程。釜液液面维持在再沸器顶部管板的同一水平面上。由于存在一段静液柱，塔底釜液温度低于沸点，液体从塔底部流入传热管内的温度仍低于泡点。液体从进入加热管内到加热至泡点之前的区域(图2-5中BC段)管内是单相对流传热，称为显热加热段。达到泡点后，液体沸腾部分蒸发而成为汽、液混合物，流体呈汽、液两相流动，这个区域称为蒸发段(图2-5中的CD段)。所以，垂直管内沸腾传热是由显热段和蒸发段两部分组成。

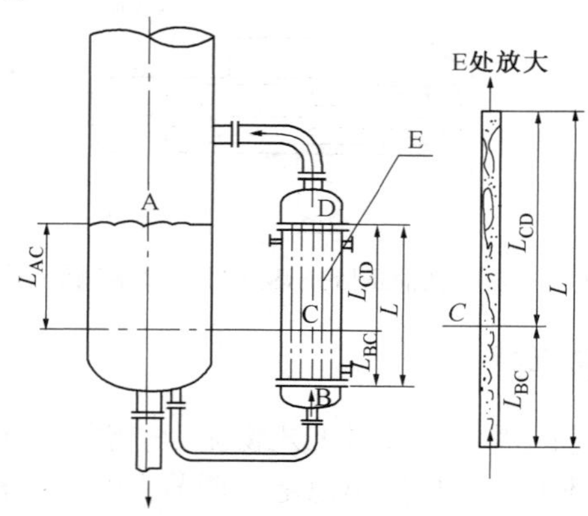

图2-5　立式热虹吸再沸器的管内加热过程

2.2.2 再沸器尺寸估算

2.2.2.1　依据管程中釜液和壳程中加热介质的状态、组成、温度、压力，查取或计算在定性温度下的物性数据。

2.2.2.2　估算传热面积、确定传热管规定与接管尺寸。

(1)再沸器的传热速率 Q(热负荷)

再沸器的传热速率以壳程蒸汽冷凝所需的传热速率或以管程液体所需的传热速率为准，按下式计算

$$Q=m_c r_c=m_b r_b \tag{2-1}$$

式中 r——物流相变热，J/kg；

m——相变质量流量，kg/s；

Q——传热速率，W；

下标 c、b 分别表示冷凝与蒸发。

(2)计算传热温度差 Δt_m

若已知壳程加热蒸汽露点 T_D、管程中釜液的泡点为 t_b，则 Δt_m 为

$$\Delta t_m=T_D-t_b \tag{2-2a}$$

若已知壳程或管程中混合蒸汽露点 T_D、泡点为 T_b，管程或壳程中釜液的泡点为 t_b，则 Δt_m 为

$$\Delta t_m=\frac{(T_D-t_b)-(T_b-t_b)}{\ln\frac{T_D-t_b}{T_b-t_b}} \tag{2-2b}$$

(3)假定传热系数 K

依据壳程及管程中介质的种类，从表 2-2 中选取垂直管的某一传热系数 K 值，作为假定的传热系数 K。

表 2-2 传热系数 K 值大致范围

壳程	管程	K/W·m^{-2}·K^{-1}	备注
水蒸气	液体	1390	垂直短管
水蒸气	液体	1160	水平短管
水蒸气	水	2260~5700	垂直短管
水蒸气	水	2000~4250	
水蒸气	有机溶剂	570~1140	
水蒸气	轻油	450~1020	
水蒸气	重油(减压下)	140~430	

(4)传热面积 A

$$A=\frac{Q}{K\Delta t_m} \tag{2-3}$$

式中 A——计算传热面积，m^2；

K——假定传热系数，W/(m^2·K)；

Δt_m——平均传热温差，K；

Q——传热速率，W。

(5)工艺结构计算

根据选定的单程传热管长度 L 和传热管规格，按下式计算总传热管数 N_T。

$$N_T=\frac{A}{\pi d_0 L} \tag{2-4}$$

式中 d_0——传热管外径，m；

L——传热管长度，m。

由式(2-5)确定壳体内径或公称直径 DN，

$$DN=t(b-1)+(2\sim3)d_0 \tag{2-5}$$

式中 t——管心距，mm；

d_0——管外径，mm。

上式中，b 的取值与管子的排列方式有关，

对于正三角形排列：

$$b=1.1\sqrt{N_T} \tag{2-6}$$

对于正方形排列：

$$b=1.19\sqrt{N_T} \tag{2-7}$$

式中 N_T——传热管数。

再沸器的接管尺寸可参考表 2-3 选取。

表 2-3 立式热虹吸再沸器接管直径 mm

壳径 DN		400	600	800	1000	1200	1400	1600	1800
最大接管直径	壳程	100	100	125	150	200	250	300	300
	管程	200	250	350	400	450	450	500	500

目前，我国已制定了立式热虹吸再沸器的系列标准，设计中应尽可能选用系列化标准产品。只有当系列标准产品不能满足工艺需要时，才可根据生产的具体要求自行设计换热器(即非标准换热器)。若在系列化标准换热器中进行选择设计时，则可直接由算出的传热面积查标准而得出壳径，不必进行上述计算。系列标准中立式热虹吸再沸器的主要工艺参数如表 2-4(a)和表 2-4(b)所示。

表 2-4(a) 立式热虹吸再沸器主要工艺参数[①](ϕ25×2.0mm；ϕ25×2.5mm)

壳径/mm	管程数	公称压力/MPa	管子数		管程流通面积/m²		换热面积/m²			
			总数	中心[②]管排	管程		L=1.5m	L=2m	L=2.5m	L=3m
					ϕ25×2.0	ϕ25×2.5				
400	1	1.0 1.6	98	12	0.0339	0.0308	18.8	14.6	18.4	—
500			174	14	0.0603	0.0546	19.0	26.0	32.7	—
600			245	17	0.0849	0.0769	26.8	36.5	46.0	—
700		0.25 0.60 1.0 1.6	355	21	0.123	0.1115	38.8	52.8	66.7	80.8
800			467	23	0.1618	0.1466	51.1	69.4	87.8	106
900			605	27	0.2095	0.1900	66.2	90.0	113	137
1000			749	30	0.2594	0.2352	82.0	111	140	170
1100			931	33	0.3225	0.2923	102	138	175	211
1200			1115	37	0.3862	0.3501	122	165	209	253
1300			1301	39	0.4506	0.4085	142	193	244	295
1400			1547	43	0.5358	0.4858	—	230	290	351
1500			1753	45	0.6072	0.5504	—	—	329	398
1600			2023	47	0.7007	0.6352	—	—	380	460
1700			2245	51	0.7776	0.7049	—	—	422	510
1800			2559	55	0.8863	0.8035	—	—	481	581

表 2-4(b)立式热虹吸再沸器主要工艺参数[①](ϕ38×2.5mm；ϕ38×3.0mm)

壳径/mm	管程数	公称压力/MPa	管子数		管程流通面积/m²		换热面积/m²			
			总数	中心[②]管排	管程		L=1.5m	L=2m	L=2.5m	L=3m
					ϕ38×2.5	ϕ38×3.0				
400	1	1.0 1.6	51	7	0.0436	0.041	8.5	11.6	14.6	—
500			69	9	0.059	0.0555	11.5	15.6	19.8	—
600			117	11	0.0982	0.0942	19.2	26.1	32.9	—
700		0.25 0.60 1.0 1.6	169	13	0.136	0.128	26.6	36.0	45.5	55.0
800			205	15	0.175	0.165	34.2	46.5	58.7	70.9
900			259	17	0.221	0.208	43.3	58.7	74.2	89.6
1000			355	19	0.303	0.285	59.3	80.5	102	123
1100			419	21	0.358	0.337	70.0	95.0	120	145
1200			503	23	0.43	0.404	84.0	114	144	174
1300			587	25	0.502	0.472	90.1	133	168	203
1400			711	27	0.608	0.572	—	161	204	246
1500			813	31	0.696	0.654	—	—	233	281
1600			945	33	0.808	0.760	—	—	271	327
1700			1059	35	0.905	0.851	—	—	303	366
1800			1177	39	1.006	0.946	—	—	337	407

注：①壳程流通面积=(壳径-中心管排数×管外径)×(板间距-板厚)；当壳径≤700mm时，板厚=6mm；当壳径800~900mm时，板厚=8mm；当壳径1000~1500mm时，板厚=10mm；当壳径1600~1800mm时，板厚=12mm。②按正三角形排列计算。③"—"表示没有该长度的再沸器。

2.2.3 传热系数的校核

由以上分析可知，立式热虹吸再沸器中每根传热管都是由显热段和蒸发段两部分所组成，因此，立式热虹吸再沸器传热系数的核算，应分别计算显热段和蒸发段各自的传热系数，然后取其平均值(按管长平均)作为其总传热系数。

2.2.3.1 显热段传热系数 K_L

显热段传热系数的计算方法与无相变换热器的计算方法相同，但为了求取传热管内的流体流量，需先假设传热管的出口汽化率，然后在流体循环量校核时核算该值。

(1)釜液循环量

若设传热管出口汽化率为 x_e，则釜液循环流量 W_t 为：

$$W_t = \frac{m_b}{x_e} \tag{2-8}$$

式中 m_b——釜液蒸发质量流量，kg/s；

W_t——釜液循环质量流量，kg/s。

(2)显热段传热管内传热膜系数 α_i

传热管内釜液的质量流速 G 为：

$$G = \frac{W_t}{S_0} \tag{2-9}$$

$$S_0 = 0.785 d_i^{\ 2} N_T \tag{2-10}$$

式中　S_0——管内流通截面积，m^2；

d_i——传热管内径，m；

N_T——传热管数。

管内雷诺数 Re 及普朗特数 Pr 分别为：

$$Re = \frac{d_i G}{\mu_b} \tag{2-11}$$

$$Pr = \frac{c_{pb}\mu_b}{\lambda_b} \tag{2-12}$$

式中　μ_b——管内液体黏度，Pa·s；

c_{pb}——管内液体定压比热容，J/(kg·K)；

λ_b——管内液体导热系数，W/(m·K)。

若 $Re>10^4$，$0.6<Pr<160$，显热段管长与管内径之比 $L_{BC}/d_i>50$ 时，按圆形直管强制湍流公式计算显热段传热管内传热膜系数 α_i，即

$$\alpha_i = 0.023 \frac{\lambda_b}{d_i} Re^{0.8} Pr^{0.4} \tag{2-13}$$

式中　α_i——管内对流传热膜系数，$W/(m^2 \cdot K)$。

（3）壳程冷凝传热膜系数 α_0

$$\alpha_0 = 1.88\left(\frac{\rho_c^2 g \lambda_c^3}{\mu_c^2}\right)^{\frac{1}{3}} Re_0^{-\frac{1}{3}} \tag{2-14}$$

式中　α_0——壳程冷凝传热膜系数，$W/(m^2 \cdot K)$；

Re_0——冷凝液膜流动雷诺数；

ρ_c——管外凝液密度，kg/m^3；

g——重力加速度，m/s^2；

λ_c——壳程凝液导热系数，W/(m·K)；

μ_c——管外凝液黏度，Pa·s。

式（2-14）中雷诺数

$$Re_0 = \frac{4M}{\mu_c}$$

而

$$M = \frac{m_c}{\pi d_0 N_T}$$

$$m_c = \frac{Q}{r_c} \tag{2-15}$$

式中　M——单位润湿周边上凝液质量流量，kg/(m·s)；

m_c——水蒸气冷凝流量，kg/s；

d_0——传热管外径，m；

r_c——饱和蒸汽冷凝相变焓，J/kg。

式（2-14）的适用条件为 $Re_0 \leqslant 2100$，即液膜沿管壁呈层流流动。

(4) 显热段传热系数 K_L

$$K_L = \frac{1}{\dfrac{d_0}{\alpha_i d_i} + \dfrac{R_i d_0}{d_i} + \dfrac{R_w d_0}{d_m} + \dfrac{1}{\alpha_0} + R_0} \tag{2-16}$$

$$R_w = \frac{b}{\lambda}$$

$$d_m = \frac{d_0 + d_i}{2}$$

式中　R_i、R_0——分别为沸腾侧和冷凝侧的污垢热阻，$m^2 \cdot K/W$；

R_w——管壁热阻，$m^2 \cdot K/W$；

d_m——平均管径，m；

b——管壁厚度，m；

λ——管壁导热系数，W/(m·K)。

2.2.3.2　蒸发段传热系数 K_E

(1) 管内沸腾-对流传热膜系数 α_v

要计算垂直管内汽、液两相并流向上流动沸腾传热系数，必须首先了解汽、液两相流动沸腾传热的流动流型。随着汽化率 x_e 的不断增加，垂直管内汽-液两相流动流型依次可分为泡状流、块状流、环状流和雾状流等，如图 2-6 所示。其中雾状流时传热系数很低，对传热极为不利；而块状流为汽、液交替脉动的不稳定流型对操作不利。因此，在再沸器的设计中，为了使其操作时具有稳定性，应将汽化率 x_e 之值控制在 25% 以内，即沸腾传热的流动流型是在饱和泡核沸腾和两相对流传热范围。目前一般采用双机理模型(Two-mechanism approach)来解决管内沸腾传热问题。所谓双机理模型就是同时考虑两相对流传热机理和饱和泡核沸腾传热机理，可采用以下经验关联式来计算管内沸腾传热系数。

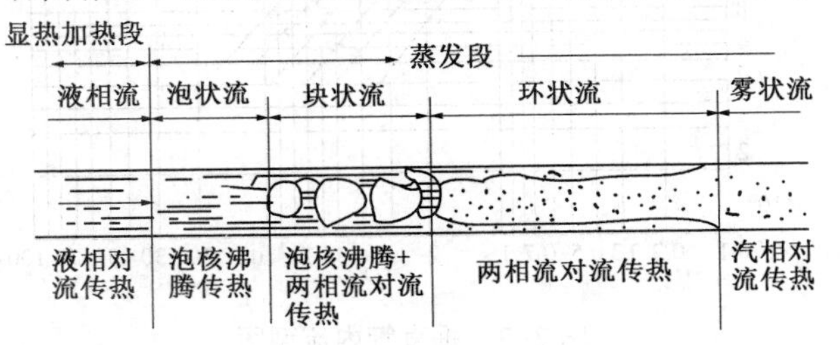

图 2-6　垂直管内两相流动流型

$$\alpha_v = \bar{a} \cdot \alpha_b + b \cdot \alpha_{tp} \tag{2-17}$$

$$\bar{a} = \frac{a_E + a'}{2} \tag{2-18}$$

式中　$\bar{a}$——泡核沸腾修正系数的平均值，无因次；

b——对流传热修正系数，对立式热虹吸再沸器，$b=1$；

α_b——泡核沸腾传热膜系数，$W/(m^2 \cdot K)$；

α_v——管内沸腾-对流传热膜系数，$W/(m^2 \cdot K)$；

α_{tp}——对流传热膜系数，$W/(m^2 \cdot K)$；

a_E——传热管出口处泡核沸腾修正系数，无因次；

a'——对应于汽化率等于出口汽化率 40% 处的泡核沸腾修正系数。

修正系数 a_E 和 a' 都与管内流体的质量流速 G_h[kg/(m²·h)]及 X_{tt}[马蒂内利(Martinelli)参数]有关。

$$G_h = 3600G \tag{2-19}$$

$$\frac{1}{X_{tt}} = \frac{\left(\frac{x}{1-x}\right)^{0.9}}{\varphi} \tag{2-20}$$

$$\varphi = \left(\frac{\rho_v}{\rho_b}\right)^{0.5}\left(\frac{\mu_b}{\mu_v}\right)^{0.1} \tag{2-21}$$

式中 x——蒸汽质量分率(汽化率);

φ——与物性有关的参数;

ρ_v、ρ_b——分别为沸腾侧气相与液相密度;kg/m^3;

μ_b、μ_v——分别为沸腾侧液相与气相的黏度,Pa·s。

管程流体是气相与液相混合物,其物性应该按混合物的平均物性计算。当 x 等于传热管出口汽化率 x_e 时,可应用式(2-21)、(2-20)求得 $1/X_{tt}$ 之值,再应用式(2-19)求得 G_h 值,查图 2-7 得 a_E 之值;当 $x=0.4x_e$ 时,应用上述同样的方法,可得到 a' 之值。这样便可利用式(2-15)求得 $\bar{a}$ 之值。

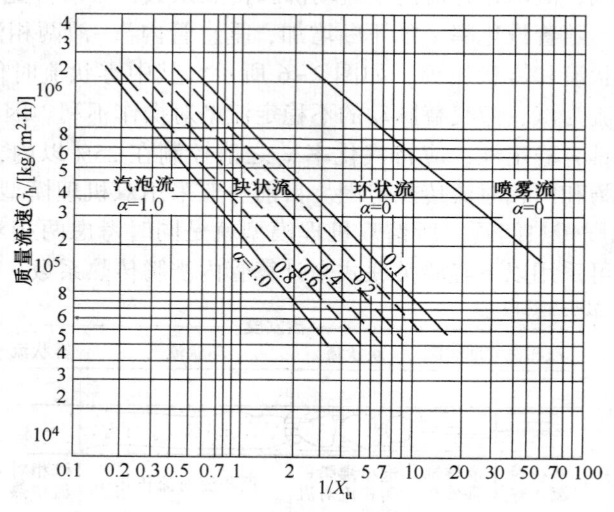

图 2-7 垂直管内流型图

①泡核沸腾传热膜系数 α_b

应用 Mcnelly 公式计算 α_b

$$\alpha_b = 0.225 \times \frac{\lambda_b}{d_i} Pr^{0.69}\left(\frac{Qd_i}{A\ r_b\mu_b}\right)^{0.69}\left(\frac{\rho_b}{\rho_v}-1\right)^{0.33}\left(\frac{pd_i}{\sigma}\right)^{0.31} \tag{2-22}$$

式中 d_i——传热管内径,m;

r_b——液体汽化相变焓,J/kg;

p——塔底操作压力(绝压),Pa;

σ——釜液表面张力,N/m。

②蒸汽质量分率 $x=0.4x_e$ 处的对流传热膜系数 α_{tp}

$$\alpha_{tp} = 0.023\xi\frac{\lambda_b}{d_i}\left[Re\ (1-x)\right]^{0.8}Pr^{0.4} \tag{2-23}$$

式中　ξ——两相对流传热修正系数，其值用登格勒(Denglre)公式计算。

$$\xi = 3.5\left(\frac{1}{X_{tt}}\right)^{0.5} \tag{2-24}$$

当 $x=0.4x_e$ 时，可用式(2-20)求得 $1/X_{tt}$，再用式(2-24)求得 ξ 之值。

(2)蒸发段传热系数 K_E

$$K_E = \frac{1}{\frac{d_0}{\alpha_v d_i} + \frac{R_i d_0}{d_i} + \frac{R_w d_0}{d_m} + R_0 + \frac{1}{\alpha_0}} \tag{2-25}$$

2.2.3.3　显热段长度和蒸发段长度

显热段长度 L_{BC} 与传热管总长度 L 的比值为：

$$\frac{L_{BC}}{L} = \frac{\left(\Delta t/\Delta p\right)_s}{\left(\frac{\Delta t}{\Delta p}\right)_s + \frac{\pi d_i n K_L \Delta t_m}{c_{pb}\rho_b W_t}} \tag{2-26}$$

式中　$\left(\frac{\Delta t}{\Delta p}\right)_s$——沸腾物系的蒸气压曲线斜率。常用物质蒸气压曲线的斜率可由表2-5查取，或根据饱和蒸气压与温度的关系来计算。

根据式(2-26)可求得显热段长度 L_{BC} 和蒸发段长度 L_{CD}。

2.2.3.4　平均传热系数 K_C

$$K_C = \frac{K_L \cdot L_{BC} + K_E \cdot L_{CD}}{L} \tag{2-27}$$

2.2.3.5　面积裕度核算

求得传热系数后，可计算所需要的传热面积和面积裕度。由于再沸器的热负荷变化相对较大(因精馏塔常需要调节回流比)，故再沸器的裕度应大些为宜，一般可在30%左右。若所得裕度过小，则要重新假定 K 值，重复以上各有关计算步骤，直到满足上述条件为止。

表2-5　常用物质蒸汽压曲线的斜率$(\Delta t/\Delta p)_s$　　$10^{-3}K\cdot m^2/kg$

温度/℃	丁烷	戊烷	己烷	庚烷	辛烷	苯	甲苯	间、对二甲苯	邻二甲苯	乙苯	异丙苯	水
70	0.537	1.247	3.085	6.89	15.48	3.99	9.775	24.3	29.1	22.0	36.9	7.29
80	0.459	1.022	2.35	5.17	11.36	3.09	7.67	19.15	20.9	15.72	26.3	5.22
90	0.401	0.849	1.955	4.02	8.48	2.45	5.68	14.22	15.28	11.56	18.78	3.73
100	0.35	0.708	1.578	3.14	6.6	1.936	4.36	10.75	11.45	8.86	13.67	2.75
110	0.321	0.69	1.3	2.57	5.05	1.583	3.445	8.21	8.78	6.83	10.35	2.055
120	0.279	0.518	1.053	2.09	4.01	1.317	2.752	6.425	6.78	5.26	7.875	1.585
130	0.254	0.45	0.914	1.86	3.23	1.103	2.21	5.0	5.33	4.2	6.09	1.265
140	0.229	0.397	0.781	1.43	2.64	0.943	1.84	4.0	4.29	3.39	4.79	0.966
150	0.211	0.351	0.666	1.22	2.17	0.812	1.508	3.235	3.53	2.755	3.83	0.777
160	0.193	0.314	0.578	1.05	1.825	0.745	1.26	2.65	2.88	2.265	3.07	0.637
170	0.179	0.281	0.503	0.91	1.545	0.621	1.072	2.175	2.39	1.906	2.505	0.552
180	0.167	0.252	0.444	0.787	1.31	0.553	0.907	1.785	2.05	1.6	2.055	0.437
190	0.155	0.231	0.383	0.699	1.128	0.501	0.778	1.492	1.687	1.365	1.738	0.361
200	0.148	0.209	0.35	0.622	1.0	0.443	0.679	1.26	1.467	1.164	1.462	0.307

2.2.4 循环流量的核算

由于在传热计算中，再沸器内的釜液循环量是在假设的出口含汽率下得出的，因而釜液循环量是否正确，需要核算。核算的方法是在给定的出口含汽率下，计算再沸器内的流体流动循环推动力及其流动阻力，应使循环推动力略大于流动阻力，则表明假设的出口含汽率正确，否则应重新假设出口含汽率，重新进行计算。

2.2.4.1 循环推动力 ΔP_D

$$\Delta P_D = [L_{CD}(\rho_b - \bar{\rho}_{tp}) - l\rho_{tp}]g \tag{2-28}$$

$$\rho_{tp} = \rho_v(1-R_L)+\rho_b R_L \tag{2-29}$$

$$R_L = \frac{X_{tt}}{(X_{tt}^2 + 21X_{tt} + 1)^{0.5}} \tag{2-30}$$

$$X_{tt} = \varphi\left(\frac{1-x}{x}\right)^{0.9} \tag{2-31}$$

式中 $\bar{\rho}_{tp}$——对应于传热管出口处汽化率 1/3 处的两相流平均密度，kg/m^3；

ρ_{tp}——传热管出口处的两相流平均密度，kg/m^3；

l——再沸器上部管板至接管入塔口间的高度，m；其值可以参照表 2-6 结合机械设计需要选取；

R_L——两相流的液相分率。

表 2-6 l 的参考值

再沸器公称直径/mm	400	600	800	1000	1200	1400	1600	1800
l/m	0.8	0.9	1.02	1.12	1.24	1.26	1.46	1.58

当 $x=x_e/3$ 时，将由式(2-20)求得的 X_{tt} 代入式(2-30)可求得 R_L，应用式(2-29)便可求得 $\bar{\rho}_{tp}$；当 $x=x_e$时，按上述同样的方法可求得 ρ_{tp}。

2.2.4.2 循环阻力 Δp_f

再沸器中液体循环阻力 Δp_f包括管程进口管阻力 Δp_1、传热管显热段阻力损失 Δp_2、传热管蒸发段阻力损失 Δp_3、因动量变化而引起的加速损失 Δp_4和管程出口管阻力 Δp_5。即

$$\Delta p_f = \Delta p_1+\Delta p_2+\Delta p_3+\Delta p_4+\Delta p_5 \tag{2-32}$$

(1)管程进口管阻力 Δp_1

$$\Delta p_1 = \lambda_i \frac{L_i}{D_i}\frac{G^2}{2\rho_b} \tag{2-33}$$

$$\lambda_i = 0.01227 + \frac{0.7543}{Re_i^{0.38}} \tag{2-34}$$

$$L_i = \frac{(D_i/0.0254)^2}{0.3426(D_i/0.0254 - 0.1914)} \tag{2-35}$$

$$Re_i = \frac{D_i G}{\mu_b} \tag{2-36}$$

$$G = \frac{W_t}{\frac{\pi}{4}D_i^2} \tag{2-37}$$

式中 λ_i——进口管阻力系数；

L_i——进口管长度与局部阻力当量长度之和，m；

D_i——进口管内径，m。

G——釜液在进口管内的质量流速，kg/(m² · s)。

(2)传热管显热段阻力损失 Δp_2

传热管显热段阻力损失按直管阻力计算：

$$\Delta p_2 = \lambda \frac{L_{BC}}{d_i} \frac{G^2}{2\rho_b} \tag{2-38}$$

$$\lambda = 0.01227 + \frac{0.7543}{Re^{0.38}} \tag{2-39}$$

$$Re = \frac{d_i G}{\mu_b}$$

$$G = W_t / (\frac{\pi}{4} d_i^2 N_T)$$

式中 λ——摩擦系数；

L_{BC}——显热段长度，m；

d_i——传热管内径，m；

G——釜液在传热管内的质量流速，kg/(m² · s)。

(3)传热管蒸发段阻力损失 Δp_3

该段为气、液两相流，故其流动阻力计算按两相流考虑。计算方法是分别计算该段的气、液两相流动的阻力，然后按一定方式加和，求得蒸发段阻力损失。

①气相流动阻力 Δp_{V3}

$$\Delta p_{V3} = \lambda_V \frac{L_{CD}}{d_i} \frac{G_V^2}{2\rho_V} \tag{2-40}$$

取该段内的平均气化率 $x = 2x_e/3$，则气相质量流速 G_v 为：

$$G_V = xG$$

$$G = W_t / (\frac{\pi}{4} d_i^2 N_T) \tag{2-41}$$

气相流动雷诺数为：

$$Re_V = d_i G_V / \mu_V$$

$$\lambda_V = 0.01227 + \frac{0.7543}{Re_V^{0.38}} \tag{2-42}$$

式中 λ_V——气相摩擦系数；

L_{CD}——蒸发段长度，m；

G_V——气相质量流速，kg/(m² · s)。

②液相流动阻力 Δp_{L3}

$$\Delta p_{L3} = \lambda_L \frac{L_{CD}}{d_i} \frac{G_L^2}{2\rho_b} \tag{2-43}$$

$$\lambda_L = 0.01227 + \frac{0.7543}{Re_L^{0.38}} \tag{2-44}$$

液相质量流速 G_L

$$G_L = G - G_V \tag{2-45}$$

液相流动雷诺数 Re_L 为：

$$Re_L = d_i G_L / \mu_L$$

式中　λ_L——液相摩擦系数；

G_L——液相质量流速，kg/(m²·s)。

③两相流压降 Δp_3

$$\Delta p_3 = (\Delta p_{V_3}^{1/4} + \Delta p_{L_3}^{1/4})^4 \tag{2-46}$$

(4)加速损失 Δp_4

由于在传热管内沿蒸发段蒸汽质量分率逐渐增加，故管内因动量变化所引起的两相流加速损失为：

$$\Delta p_4 = G^2 M / \rho_b \tag{2-47}$$

$$M = \frac{(1 - x_e)^2}{R_L} + \frac{\rho_b}{\rho_V}\left(\frac{x_e^2}{1 - R_L}\right) - 1 \tag{2-48}$$

式中　G——管程内流体的质量流速，kg/(m²·s)；

M——动量变化引起的阻力系数。

(5)管程出口管阻力 Δp_5

①气相流动阻力 Δp_{V5}

$$\Delta p_{V5} = \lambda_V \frac{L_0}{D_0} \frac{G_V^2}{2\rho_V} \tag{2-49}$$

$$\lambda_V = 0.01227 + \frac{0.7543}{Re_V^{0.38}} \tag{2-50}$$

式中　λ_V——出口管气相阻力系数；

D_0——出口管内径，m；

L_0——出口管长度与局部阻力当量长度之和，m。

出口管中气相质量流速 G_V 为：

$$G_V = x_e G$$

$$G = W_t / \left(\frac{\pi}{4} D_0^2\right) \tag{2-51}$$

出口管中气相流动雷诺数为：

$$Re_V = \frac{D_0 G_V}{\mu_V}$$

②液相流动阻力 Δp_{L5}

$$\Delta p_{L5} = \lambda_L \frac{L_0}{D_0} \frac{G_L^2}{2\rho_L} \tag{2-52}$$

液相质量流速 G_L 为：

$$G_L = G - G_V \tag{2-53}$$

液相流动雷诺数 Re_L 为：

$$Re_L = \frac{D_0 G_L}{\mu_b}$$

液相阻力系数为：

$$\lambda_L = 0.01227 + \frac{0.7543}{Re_L^{0.38}} \tag{2-54}$$

③出口管内两相流阻力 Δp_5

$$\Delta p_5=(\Delta p_{V5}^{\frac{1}{4}}+\Delta p_{L5}^{\frac{1}{4}})^4 \tag{2-55}$$

2.2.4.3 循环推动力 Δp_D 与循环阻力 Δp_f 的相对误差

$$(\Delta p_D-\Delta p_f)/\Delta p_D=0.01\sim0.05$$

即核算时，应使 Δp_D 略大于 Δp_f，若相对误差过大，则说明该再沸器还有潜力，应当减少汽化率，即提高循环流量，直至使其相对误差满足要求为止。

最后需要指出：对于这类再沸器可省略校核其热流密度是否小于最大热流密度。

2.3 立式热虹吸再沸器设计示例

2.3.1 设计任务与设计条件

为苯-甲苯常压精馏塔设计一台立式热虹吸再沸器，釜液为甲苯，操作压力为 0.1MPa（绝压），甲苯的蒸发量为 6200kg/h，加热用 0.4MPa(绝压)的饱和蒸汽。

2.3.1.1 再沸器壳程与管程的设计条件：

	壳程	管程
温度,℃	142.7	110.6
压力(绝)，MPa	0.4	0.1
冷凝量，kg/h	1050.4	
蒸发量，kg/h		6200

2.3.1.2 物性数据

(1)壳程凝液在温度 142.7℃下的物性数据：

相变焓 $r_c=2142.6\text{kJ/kg}$

导热系数 $\lambda_c=0.685\text{W/m·K}$

黏度 $\mu_c=0.2\text{mPa·s}$

密度 $\rho_c=924\text{kg/m}^3$

(2)管程流体在温度 110.6℃下的物性数据：

相变焓 $r_b=363\text{kJ/kg}$

液相导热系数 $\lambda_b=0.123\text{W/m·K}$

液相黏度 $\mu_b=0.252\text{mPa·s}$

液相密度 $\rho_b=780\text{kg/m}^3$

液相比热容 $c_{pb}=2.02\text{kJ/kg·K}$

表面张力 $\sigma_b=0.01825\text{N/m}$

气相黏度 $\mu_v=0.0088\text{mPa·s}$

气相密度 $\rho_v=3.1\text{kg/m}^3$

蒸汽压曲线斜率 $(\Delta t/\Delta p)s=3.441\times10^{-3}\text{m}^2\text{·K/kg}$

2.3.2 估算设备尺寸

(1)用式(2-1)计算传热速率 Q

$$Q=6200\times363\times1000/3600=6.252\times10^5\mathrm{W}$$

(2)计算传热温度差 Δt_m

$$\Delta t_m=142.7-110.6=32.1\mathrm{K}$$

(3)若假定传热系数 $K=605\mathrm{W/(m^2\cdot K)}$，则用式(2-3)计算传热面积 A

$$A=\frac{6.252\times10^5}{605\times32.1}=32.19\ \mathrm{m^2}$$

查表2-4(b)得 $N_T=117$　　　$DN=600\mathrm{mm}$

$L=2500\mathrm{mm}$　　　$A_{计}=32.9\mathrm{m^2}$

取传热管规格为 $\phi38\times3\mathrm{mm}$，管程进口管直径 $D_i=110\mathrm{mm}$，出口管直径 $D_o=160\mathrm{mm}$。

2.3.3 传热系数的校核

2.3.3.1 显热段传热系数 K_L

(1)若设传热管出口处汽化率 $x_e=0.10$，则用式(2-8)计算循环流量 W_t 为

$$W_t=\frac{6200}{3600\times0.1}=17.22\ \mathrm{kg/s}$$

(2)显热段传热管内传热膜系数 α_i

用式(2-9)计算 G

$$G=\frac{17.22}{\frac{\pi}{4}\times0.032^2\times117}=183.1\ \mathrm{kg/(m^2\cdot s)}$$

用式(2-11)计算 Re

$$Re=\frac{0.032\times183.1}{0.252\times10^{-3}}=23251$$

用式(2-12)计算 Pr

$$Pr=\frac{1.871\times10^3\times0.252\times10^{-3}}{0.123}=3.833$$

用式(2-13)计算α_i为

$$\alpha_i=0.023\times\frac{0.123}{0.032}\times23251^{0.8}\times3.833^{0.4}=471.0\ \mathrm{W/(m^2\cdot K)}$$

(3)用式(2-14)计算管外冷凝传热膜系数α_0

$$\alpha_0=1.88\times\left[\frac{924^2\times9.81\times0.685^3}{(0.2\times10^{-3})^2}\right]^{1/3}\times\left(\frac{4\times1050.4}{3600\times\pi\times117\times0.032\times0.2\times10^{-3}}\right)^{-1/3}$$

$$=9658.2\mathrm{W/(m^2\cdot K)}$$

(4)污垢热阻及管壁热阻

沸腾侧：$R_i=1.76\times10^{-4}\mathrm{m^2\cdot K/W}$；

冷凝侧：$R_0=5.2\times10^{-5}\mathrm{m^2\cdot K/W}$；

管壁热阻：$R_w=6.7\times10^{-5}\mathrm{m^2\cdot K/W}$

(5)用式(2-16)计算 K_L

$$K_L=\frac{1}{\frac{38}{471\times 32}+\frac{1.76\times 10^{-4}\times 38}{32}+\frac{6.7\times 10^{-5}\times 38}{35}+5.2\times 10^{-5}+\frac{1}{9658}}$$

$=337.4\text{W}/(\text{m}^2\cdot\text{K})$

2.3.3.2 蒸发段传热系数 K_E

(1)用式(2-19)计算 G_h

$$G_h=3600\times 183.1=6.6\times 10^5\text{kg}/(\text{m}^2\cdot\text{h})$$

用式(2-21)计算 φ

$$\varphi=\left(\frac{3.1}{780}\right)^{0.5}\left(\frac{0.252}{0.0088}\right)^{0.1}=0.0882$$

当 $x=0.1$ 时，用式(2-20)计算 $\frac{1}{X_{tt}}$

$$\frac{1}{X_{tt}}=\left(\frac{0.1}{1-0.1}\right)^{0.9}/0.0882=1.569$$

查图 2-7 得：$a_E=0.16$

当 $x=0.4\times 0.1=0.04$ 时，用式(2-20)计算 $1/X_{tt}$

$$\frac{1}{X_{tt}}=\left(\frac{0.04}{1-0.04}\right)^{0.9}/0.0882=0.649$$

查图 2-7 得：$a'=0.7$

用式(2-18)计算 $\bar{\alpha}$

$$\bar{\alpha}=\frac{0.16+0.7}{2}=0.43$$

(2)用式(2-22)计算 α_b

$$\alpha_b=0.225\times\frac{0.123}{0.032}\times 3.833^{0.69}\times\left(\frac{6.252\times 10^5\times 0.032}{33.5\times 363\times 10^3\times 0.252\times 10^{-3}}\right)^{0.69}\times\left(\frac{0.1\times 10^6\times 0.032}{0.01825}\right)^{0.31}\times\left(\frac{780}{3.1}-1\right)^{0.33}$$

$=2084.8\text{W}/(\text{m}^2\cdot\text{K})$

(3)用式(2-24)计算 ξ 和用式(2-23)计算 α_{tp}

$$\xi=3.5\times 0.649^{0.5}=2.82$$

$$\alpha_{tp}=0.023\times 2.82\times\frac{0.123}{0.032}\times[23251\times(1-0.04)]^{0.8}\times 3.833^{0.4}$$

$=1285.6\text{W}/(\text{m}^2\cdot\text{K})$

(4)用式(2-17)计算 α_v

$$\alpha_v=0.43\times 2084.8+1285.6=2182.1\text{W}/(\text{m}^2\cdot\text{K})$$

(5)用式(2-25)计算 K_E

$$K_E=\frac{1}{\frac{38}{2182\times 32}+\frac{1.76\times 10^{-4}\times 38}{32}+\frac{6.7\times 10^{-5}\times 38}{35}+5.2\times 10^{-5}+\frac{1}{9658}}$$

$=1041.6\text{W}/(\text{m}^2\cdot\text{K})$

2.3.3.3 用式(2-26)计算 L_{BC}/L

$$\frac{L_{BC}}{L}=\frac{3.441\times10^{-3}}{3.441\times10^{-3}+\dfrac{\pi\times0.032\times117\times337.4\times32.1}{2020\times780\times17.22}}=0.423$$

$$L_{BC}=2.5\times0.423=1.06\text{m}\qquad L_{CD}=2.5-1.06=1.44\text{m}$$

2.3.3.4 用式(2-27)计算 K_c

$$K_c=\frac{337.4\times1.06+1041.6\times1.44}{2.5}=742.8\ \text{W/(m}^2\cdot\text{K)}$$

2.3.3.5 传热面积裕度

实际传热面积 A_p 为:

$$A_p=32.9\text{m}^2$$

由 K_c 计算的传热面积 A_c 为:

$$A_c=\frac{6.252\times10^5}{742.8\times32.1}=26.2\ \text{m}^2$$

传热面积裕度 H 为:

$$H=\frac{32.9-26.2}{26.2}=25.6\%$$

该再沸器的传热面积合适。

2.3.4 循环流量的校核

2.3.4.1 循环推动力 Δp_D 的计算

(1)当 $x=\frac{1}{3}\times0.1=0.033$ 时，用式(2-31)计算 X_{tt}

$$X_{tt}=0.0882\times\left(\frac{1-0.033}{0.033}\right)^{0.9}=1.844$$

用式(2-30)计算 R_L

$$R_L=\frac{1.844}{(1.844^2+21\times1.844+1)^{0.5}}=0.286$$

用式(2-29)计算 $\bar{\rho}_{tp}$

$$\bar{\rho}_{tp}=3.1\times(1-0.286)+780\times0.286=225.3\text{kg/m}^3$$

(2)当 $x=0.1$ 时，用式(2-31)计算 X_{tt}

$$X_{tt}=0.0882\times\left(\frac{1-0.1}{0.1}\right)^{0.9}=0.637$$

用式(2-30)计算 R_L

$$R_L=\frac{0.637}{(0.637^2+21\times0.637+1)^{0.5}}=0.172$$

用式(2-29)计算 ρ_{tp}

$$\rho_{tp}=3.1\times(1-0.172)+780\times0.172=136.7\text{kg/m}^3$$

(3)式(2-28)中 l，参照表 2-6 并根据焊接需要取值为 0.9m，计算 Δp_D

$$\Delta p_D=[1.44\times(780-225.3)-0.9\times136.7]\times9.81=6629.0\text{Pa}$$

2.3.4.2 循环阻力 Δp_f的计算

(1)用式(2-37)计算 G

$$G=\frac{17.22}{\frac{\pi}{4}\times 0.11^2}=1812.9\ \mathrm{kg/(m^2\cdot s)}$$

用式(2-34)计算 λ_i

$$\lambda_i=0.01227+\frac{0.7543}{\left(\frac{0.11\times 1812.9}{0.252\times 10^{-3}}\right)^{0.38}}=0.0166$$

用式(2-35)计算 L_i

$$L_i=\frac{(0.11/0.0254)^2}{0.3426\times(0.11/0.0254-0.1914)}=13.23\ \mathrm{m}$$

用式(2-33)计算 Δp_1

$$\Delta p_1=0.0166\times\frac{13.23}{0.11}\times\frac{1812.9^2}{2\times 780}=4206.3\ \mathrm{Pa}$$

(2)用式(2-39)计算 G

$$G=183.1\mathrm{kg/(m^2\cdot s)}$$

$$\lambda=0.01227+\frac{0.7543}{\left(\frac{0.032\times 183.1}{0.252\times 10^{-3}}\right)^{0.38}}=0.0288$$

用式(2-38)计算 Δp_2

$$\Delta p_2=0.0288\times\frac{1.06}{0.032}\times\frac{183.1^2}{2\times 780}=20.5\ \mathrm{Pa}$$

(3)两相流压降 Δp_3的计算

① 当 $x=\frac{2}{3}\times 0.1=0.067$ 时，用式(2-41)计算 G_v

$$G_v=0.067\times 183.1=12.207\mathrm{kg/(m^2\cdot s)}$$

用式(2-42)计算 λ_v

$$\lambda_v=0.01227+\frac{0.7543}{\left(\frac{0.032\times 12.207}{0.0088\times 10^{-3}}\right)^{0.38}}=0.025$$

用式(2-40)计算 Δp_{v3}

$$\Delta p_{v3}=0.025\times\frac{1.44}{0.032}\times\frac{12.207^2}{2\times 3.1}=27.0\ \mathrm{Pa}$$

② 用式(2-45)计算 G_L

$$G_L=183.1-12.207=170.893\mathrm{kg/(m^2\cdot s)}$$

用式(2-44)计算 λ_L

$$\lambda_L=0.01227+\frac{0.7543}{\left(\frac{0.032\times 170.893}{0.252\times 10^{-3}}\right)^{0.38}}=0.029$$

用式(2-43)计算 Δp_{L3}

$$\Delta p_{L3}=0.029\times\frac{1.44}{0.032}\times\frac{170.893^2}{2\times 780}=24.4\ \mathrm{Pa}$$

③ 用式(2-46)计算 Δp_3

$$\Delta p_3=(27^{0.25}+24.4^{0.25})^4=410.8\text{Pa}$$

(4)用式(2-48)计算 M

$$M=\frac{(1-0.1)^2}{0.172}+\frac{780}{3.1}\times\left(\frac{0.1^2}{1-0.172}\right)-1=6.75$$

用式(2-47)计算 Δp_4

$$\Delta p_4=183.1^2\times\frac{6.75}{780}=290\ \text{Pa}$$

(5)管程出口管阻力的计算

①用式(2-51)计算 G_v

$$G_v=0.1\times\frac{17.22}{\frac{\pi}{4}\times 0.16^2}=85.69\ \text{kg/(m}^2\cdot\text{s)}$$

用式(2-50)计算 λ_v

$$\lambda_v=0.01227+\frac{0.7543}{\left(\frac{0.16\times 85.69}{0.0088\times 10^{-3}}\right)^{0.38}}=0.0156$$

用式(2-49)计算 Δp_{v5}(式中 $l'=1.5l=1.5\times0.9=1.35\text{m}$)

$$\Delta p_{v5}=0.0156\times\frac{0.16}{}\times\frac{85.69^2}{2\times 3.1}=156.0\ \text{Pa}$$

②用式(2-53)计算 G_L为

$$G_L=856.9-85.69=771.2\text{kg/(m}^2\cdot\text{s)}$$

用式(2-54)计算 λ_L

$$\lambda_L=0.01227+\frac{0.7543}{\left(\frac{0.16\times 771.2}{0.252\times 10^{-3}}\right)^{0.38}}=0.0175$$

用式(2-52)计算 Δp_{L5}

$$\Delta p_{L5}=0.0175\times\frac{1.35}{0.16}\times\frac{771.2^2}{2\times 780}=56.3\ \text{Pa}$$

③用式(2-55)计算 Δp_5为

$$\Delta p_5=(156^{0.25}+56.3^{0.25})^4=1548.8\text{Pa}$$

(6)用式(2-32)计算 Δp_f

$$\Delta p_f=4206.3+20.5+410.8+290+1548.8=6476.4\text{Pa}$$

2.3.4.3 Δp_D与 Δp_f之差 Δp

$$\Delta p=6629.0-6476.4=152.6\text{Pa}$$

$$\frac{\Delta p_f}{\Delta p_D}\times 100\%=\frac{152.6}{6629}\times 100\%=2.3\%$$

由以上计算可知，循环推动力 Δp_D略大于循环阻力 Δp_f，说明假定蒸汽质量分率 $x_e=0.1$ 基本正确，因此，所设计的再沸器可以满足传热过程对循环流量的要求。否则，要重新假定蒸汽质量分率，重复前面的计算步骤。

2.3.5 计算结果汇总(表 2-7)

表 2-7 计算结果汇总表

设备名称		立式热虹吸再沸器	
		壳程	管程
物料名称	进口	饱和蒸汽	甲苯
	出口	凝液	甲苯和甲苯蒸气
流量/(kg/h)	进口	1050.4	6200
	出口	1050.4	6200
操作温度/℃		142.7	110.6
热负荷 Q/kW		6.252×10^2	6.252×10^2
操作压力/MPa		0.4	0.1
定性温度 t_m/℃		142.7	110.6
液体物性参数	比热容 c_p/[kJ/(kg·K)]	—	2.02
	导热系数 λ/W/[(m·K)]	0.685	0.123
	密度 ρ/(kg/m^3)	924	780
	黏度 μ/mPa·s	0.2	0.252
	表面张力 σ/(N/m)	—	0.01825
	汽化相变焓 r/(kJ/kg)	2142.6	363
气体物性参数	密度 ρ/(kg/m^3)		3.1
	黏度 μ/mPa·s		0.0088
污垢热阻 R_d/(m^2·K/W)		0.000052	0.000176
阻力 Δp_f/MPa			0.006476
传热温度差 Δt_m/℃		32.1	
总传热系数 K/[W/(m^2·K)]		742.8	
设备参数	传热面积/m^2	32.9	
	管子规格/mm	$\phi38\times3$	
	排列方式	Δ	
	管长 l/mm	2500	
	管数 n	117	
	档板间距 B/mm	500	
	壳体内径/mm	600	
	接管尺寸/mm 进口	100	110
	接管尺寸/mm 出口	80	160
	材料	碳钢	碳钢
	裕度/%	25.6	

3 蒸发装置的设计

3.1 概述

蒸发是将含有不挥发溶质的溶液加热至沸腾，使部分挥发性溶剂汽化并移出，从而获得浓缩溶液或回收溶剂的单元操作。蒸发操作广泛应用于化工、轻工、食品、医药等工业生产中，其目的主要是浓缩溶液、回收溶剂或制取纯净的溶剂。另外，随着膜蒸发技术的发展，目前已有将膜式蒸发器作为气-液反应器的成功例子。

对于通常的蒸发操作而言，是传热壁面一侧蒸汽冷凝加热另一侧沸腾液体的传热过程。因为蒸发过程是一个将高温位的热源换取低温位蒸汽的过程，所以，为了充分利用热能，生产上普遍采用多效蒸发。

蒸发操作可以在加压、常压和真空条件下进行。当需要保持产品生产过程中整个系统具有一定的压力时，蒸发要在加压状态下进行。而对于热敏性物料或常压下溶液沸点过高的物料，为保证产品质量或保证操作的经济性，则需要采用真空操作以降低溶液的沸点。但由于溶液的沸点降低后其黏度增大，而且为形成真空需要增加设备投资和动力消耗费用。因此，若无特殊要求，一般采用常压蒸发是比较适宜的。

3.2 蒸发器的类型与选择

目前我国使用的蒸发设备有许多种，总体可分为循环型和单程型(非循环型)两大类，其中部分已定型化。循环型蒸发器中有中央循环管式、悬筐式、外加热式、列文式及强制循环式等，单程型蒸发器有升膜式、降膜式、升-降膜式及刮板式等(其具体结构示意图可参考《化工原理》或《化学工程手册》)。这些型式的蒸发器结构不同，性能各异，都有自己的特点和适用场合。表3-1列出了常见蒸发器的一些重要性能，可供选择时参考。

中央循环式蒸发器又称标准式蒸发器，是工业生产中使用广泛且历史悠久的垂直短管式自然循环蒸发器的一种。它具有制造方便、结构紧凑、操作可靠、传热效果好等特点。但溶液的循环流速较低，一般在0.5m/s以下，且因溶液的循环使蒸发器中溶液的浓度接近于完成液的浓度，溶液沸点升高明显，传热温差减少，黏度也较大，故影响了传热效果。

悬筐式蒸发器溶液的循环流速为1~1.5m/s，因加热室可由蒸发器顶部取出，故便于检修和更换。但蒸发器结构复杂，单位传热面积的金属耗量较多。

外加热式蒸发器因循环管不受热而具有较大的循环流速，加热面积不受限制，可降低蒸发器的总高度。

表 3-1 蒸发器的主要类型

蒸发器型式	造价	总传热系数		液体在管内流速/(m/s)	停留时间	完成液组成能否恒定	浓缩比	处理液	对溶液性质的适应性					
		稀溶液	高黏度						稀溶液	高黏度	易生泡沫	易结垢	热敏性	有结晶析出
水平管型	最廉	良好	低	—	长	能	良好	一般	适	适	适	不适	不适	不适
标准型	最廉	良好	低	0.1~1.5	长	能	良好	一般	适	适	适	尚适	尚适	稍适
外热式(自然循环)	廉	高	良好	0.4~1.5	较长	能	良好	较大	适	尚适	较好	尚适	尚适	稍适
列文式	高	高	良好	1.5~2.5	较长	能	良好	较大	适	尚适	较好	尚适	尚适	稍适
强制循环	高	高	高	2.0~3.5	—	能	较高	大	适	好	好	适	尚适	适
升膜式	廉	高	良好	0.4~1.0	短	较能	高	大	适	尚适	好	尚适	良好	不适
降膜式	廉	良好	高	0.4~1.0	短	尚能	高	大	较适	好	适	不适	良好	不适
刮板式	最高	高	良好	—	短	尚能	高	较小	较适	好	较好	不适	良好	不适
甩盘式	较高	高	低	—	较短	尚能	较高	较小	适	尚适	适	不适	较好	不适
旋风式	最廉	高	良好	1.5~2.0	短	较难	较高	较小	适	适	适	尚适	尚适	适
板式	高	高	良好	—	较短	尚能	良好	较小	适	尚适	适	不适	尚适	不适
浸没燃烧	廉	高	高	—	短	较难	良好	较大	适	适	适	适	不适	适

列文式蒸发器溶液的循环流速可达 2~3m/s，可避免加热管中析出晶体，但其设备庞大，金属耗量多，需高大厂房。

强制循环式蒸发器溶液的循环流速较高，可达 1.5~3.5m/s，传热系数高，但动力消耗大。

液膜式蒸发器也称单程型蒸发器，溶液一次通过加热室就可达到所需的浓度，且溶液沿加热管壁呈膜状流动而进行传热和蒸发，因此，液膜蒸发器具有传热效率高、蒸发速度快、溶液在蒸发器内停留时间短、适用于热敏性物料蒸发等特点。其中降膜式蒸发器适用于浓度较高、黏度较大的溶液及易结晶、结垢的溶液。升膜式蒸发器适用于蒸发量大及易发泡的溶液。升-降膜式蒸发器适用于蒸发过程中溶液浓度变化较大或厂房高度受限制的场合。刮板式蒸发器适用于处理易结垢、易结晶、高黏度及热敏性物料，但其结构复杂，动力消耗较大。

面对种类繁多的蒸发器，选用时主要考虑如下原则：

(1)尽量保证较大的传热系数；

(2)能适应溶液的某些特性，如黏性、起泡型、热敏性、溶解度随温度变化的特性以及腐蚀性等；

(3)能完善汽-液的分离；

(4)尽量减少温差损失；

(5)尽量减慢传热面上污垢的生成速度；

(6)能排除溶液在蒸发过程中所析出的晶体；

(7)能比较方便地清洗传热面。

除了从工艺过程的要求来考虑蒸发设备的结构外，还必须从机械加工的工艺性、设备的投资、操作费用等角度考虑。为此，还须注意下列几点：

(1)设备的材料消耗少，制造、安装方便合理；

(2)设备的检修和清洗方便，使用寿命长；

(3)有足够的机械强度。

在实际设计过程中，要完全满足以上各点是困难的，必须权衡轻重，研究主次，加以综合考虑。

综上所述，对蒸发器的要求是多方面的。但在选型时，首先要考虑能否适应所蒸发物料的工艺特性。蒸发物料的工艺特性包括浓缩液的结垢性、黏度、热敏性、有无结晶析出、发泡性和腐蚀性等。

(1)对易结垢的料液，宜选用管内流速大的强制循环蒸发器。

(2)对于黏度大的物料不易选择自然循环型，选择强制循环型或降膜式蒸发器为宜。通常，自然循环型蒸发器的适用黏度范围为0.01~0.1Pa·s。

(3)对热敏性溶液，易用储量少、滞流时间短的蒸发器，故可选用各种类型的薄膜蒸发器，且常用真空操作以降低料液的沸点和受热程度。

(4)有结晶析出，特别是溶解度随温度上升而降低的料液，宜采用强制循环式蒸发器或列文式蒸发器。

(5)对易发泡的物料，可采用升膜式蒸发器，高速的二次蒸汽具有破泡作用；强制循环式蒸发器具有较大的料液速度，能抑制汽泡的生长，可采用之。另外，中央循环式、悬筐式具有较大的汽-液分离空间，也可适用。对发泡严重的料液，则需加入消泡剂。

3.3 蒸发器流程的确定

3.3.1 多效蒸发器和最佳效数的确定

采用多效蒸发的目的是为了充分利用热能，即通过蒸发过程中二次蒸汽的再利用，以减少新鲜蒸汽的消耗量，从而提高蒸发装置的经济性。表3-2为不同效数蒸发装置的蒸汽消耗量，其中实际蒸汽消耗量包括蒸发装置的各项热量损失。

表3-2 不同效数蒸发装置的蒸汽消耗量

效数	理论蒸汽消耗量	实际蒸汽消耗量	
	蒸发1kg水所需蒸汽量(kg蒸汽/kg水)	蒸发1kg水所需蒸汽量(kg蒸汽/kg水)	本装置若再增加一效可节省蒸汽量/%
单效	1	1.1	93
二效	0.5	0.57	30
三效	0.33	0.4	25
四效	0.25	0.3	10
五效	0.2	0.27	7

由表3-2可以看出，随着效数的增加，蒸汽节约越多，但并不是效数越多越好，多效蒸发器的效数受经济和技术等因素的限制。

经济上的限制是指效数超过一定值时经济上不合理。在多效蒸发中，随着效数的增加，总蒸发量相同时所需新鲜蒸汽量减少，操作费用降低；但效数越多，设备费用越高。而且随着效数的增加，所节省的新鲜蒸汽量越来越少。从表 3-2 可明显看出，从单效改为双效新鲜蒸汽节约 93%，但由四效改为五效节约新鲜蒸汽仅为 10%，所以不能无限制地增加效数。最适宜的效数应使设备费和操作费总和为最小，一般是以经济分析法确定最佳效数。

技术上的限制是指效数过多时，蒸发操作将难以进行。因为多效蒸发第一效的加热蒸汽温度和冷凝器的操作温度都是受限制的，在具体操作条件下，此差值为一定值。当效数增多时，温差损失之和将随之增大，因而有效温差减小。当效数过多，有效温差较小时，分配到各效的有效温差将会小至无法保证各效正常的沸腾状态，蒸发操作将难以进行。

基于上述原因，实际的多效蒸发过程，效数并不很多。通常，对于电解质溶液，由于其沸点较高，一般采用 2~3 效；对于非电解质溶液，如有机溶液等，其沸点较低，可取 4~6 效。但真正适宜的效数，还需通过优化的方法确定。

3.3.2 流程的选择

多效蒸发中，通入生蒸汽的蒸发器为第 1 效；利用第 1 效的二次蒸汽作为加热蒸汽的蒸发器为第 2 效，依次类推串联成多效蒸发。根据加热蒸汽和料液的流向不同，多效蒸发器可分为并流、逆流、错流和平流四种流程，其流程如图 3-1~图 3-4 所示。流程的选择，主要根据料液特性、操作方便以及经济程度来决定。

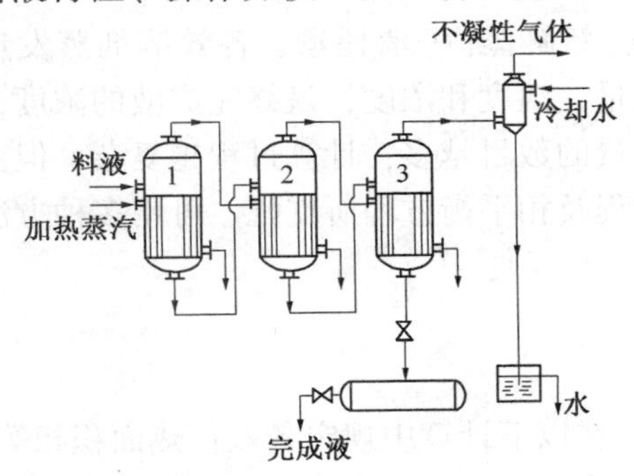

图 3-1　并流加料三效蒸发流程

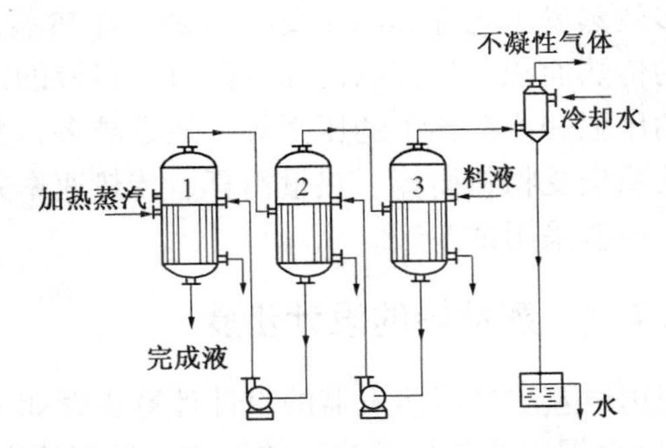

图 3-2　逆流加料的三效蒸发流程

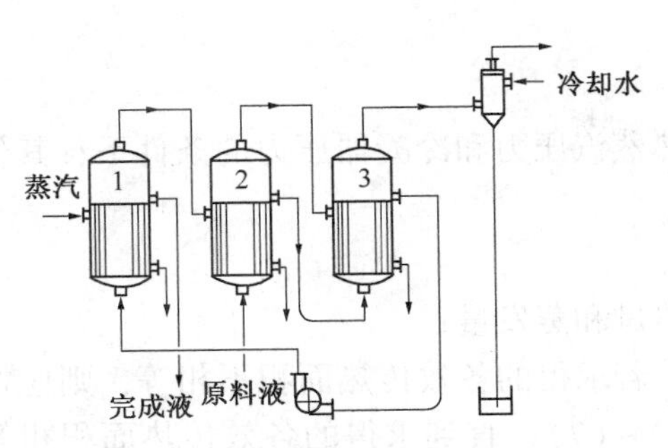

图 3-3　错流加料三效蒸发流程

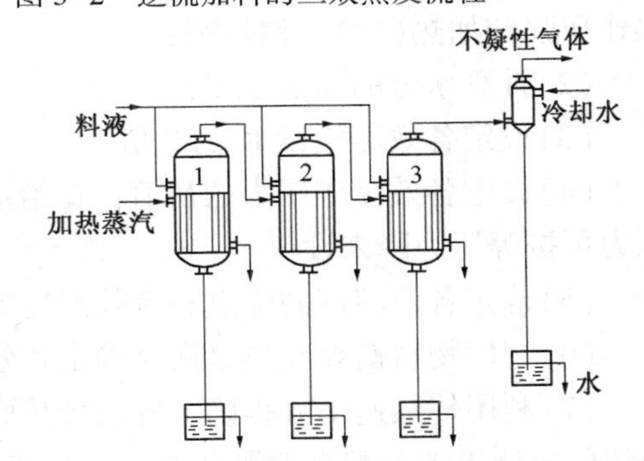

图 3-4　平流加料的三效蒸发流程

并流法也称顺流法，料液的流向与蒸汽平行，在一般情况下常用并流加料。其优点是溶液从压力和温度高的蒸发器流向压力和温度低的蒸发器，因此溶液可以依靠效间的压差流动，不需要泵送，操作方便，结构紧凑。同时，溶液进入温度压力较低的次一效时自蒸发，可以产生较多的二次蒸汽。但由于后效较前效的温度低、浓度大，因而逐效料液的黏度增加，传热系数下降，使整个装置的生产能力降低。因此，并流法操作适用于黏度不大或随浓度增高黏度变化不大的料液蒸发。

逆流加料操作中溶液的流向与蒸汽的流向相反。逆流加料的优点是随着溶液在各效中浓度的增高，温度也随之升高，因此，浓度增高使黏度增大的趋势正好被温度上升使黏度降低的影响大致抵消，所以，各效的传热系数差别不大，故可生产较高浓度的浓缩液。因而，逆流操作适用于黏度较大的料液蒸发，而不适用于热敏性物料的蒸发。但在逆流蒸发中，由于溶液在效间流动是从低压流向高压，从低温流向高温，故必须用泵输送，动力消耗较大，操作也较复杂。同时，对各效来说，都是冷进料，没有自蒸发，产生的二次蒸汽少。

错流加料的流程中采用部分并流加料和部分逆流加料，其目的是利用两者的优点，克服或减轻两者的缺点。一般，末尾几效采用并流加料以利用其不需要泵送和自蒸发等优点。但操作复杂，控制困难，我国目前仅用于造纸工业碱回收系统。

平流加料指加料液平行加入各效，各效同时产出完成液。这种流程的特点是溶液不在效间流动，适用于蒸发过程中有结晶析出的情况。

3.4 多效蒸发的工艺计算

多效蒸发工艺计算的主要项目是：加热蒸汽(新鲜蒸汽)消耗量、各效溶剂蒸发量以及各效的传热面积。计算的已知参数有：料液的流量、温度和浓度，最终完成液的浓度，加热蒸汽的压强和冷凝器中的压强等。效数越多，变量的数目越多，计算过程越复杂，但变量之间的关系仍受物料衡算、热量衡算、传热速率方程及相平衡方程所支配。可用多种方法进行计算，一般采用试差法。

3.4.1 蒸发器的设计步骤

利用试差法进行蒸发器的设计计算步骤如下(在以下计算中规定各效传热面积相等)：

(1)根据工艺条件及溶液的性质，确定蒸发设备的流程、效数、蒸发器的类型、蒸发器操作压强和加热(生)蒸汽压强；

(2)计算水分的总蒸发量；

(3)设定各效蒸发量 W_i 的初值；

(4)设定各效操作压力的初值：在给定加热蒸汽压力和冷凝器压力的条件下，其他各效压力可按等压力降来设定；

(5)确定各效溶液的沸点和有效温度差；

(6)利用物料衡算和热量衡算确定各效传热量和蒸发量；

(7)利用传热速率方程确定各效传热面积。若求得的各效传热面积不相等，则应按下面介绍的方法重新分配有效温度差，重复步骤(3)~(7)，直到求得的各效传热面积相等或满足预先给定的精度要求为止。

3.4.2 蒸发器的计算方法

下面以并流加料的蒸发装置为例介绍多效蒸发的计算方法。

3.4.2.1 总蒸发水量的计算

对整个蒸发系统作溶质的物料衡算，可得总蒸发水量为：

$$W = F(1 - \frac{x_0}{x_n}) \quad (3-1)$$

式中 W——总蒸发水量，kg/h；

F——原料液流量，kg/h；

x_0——原料液中溶质的质量分数；

x_n—末效完成液中溶质的质量分数。

3.4.2.2 各效蒸发量和完成液浓度的估算

在蒸发过程中，总蒸发量为各效蒸发量之和。

$$W = W_1 + W_2 + \cdots\cdots + W_n \quad (3-2)$$

式中 W_i——第 i 效蒸发器蒸发的二次蒸发量，kg/h；(i=1，2，……，n)。

一般情况下，可近似地初步假定各效的蒸发水量相等，即

$$W_i = \frac{W}{n} \quad (3-3)$$

对于并流操作的各效蒸发，因料液有自蒸发现象，可初步假设各蒸发量之比为(以三效蒸发为例)：

$$W_1 : W_2 : W_3 = 1 : 1.1 : 1.2 \quad (3-4)$$

对各效蒸发器作物料衡算，可得各效完成液的浓度为：

$$x_i = \frac{Fx_0}{F - W_1 - W_2 - \cdots - W_i} \quad (3-5)$$

式中 x_i——第 i 效完成液的浓度，质量分数。

必须注意，上述假设是否正确，应通过热量衡算加以校核。

3.4.2.3 各效溶液沸点的估算

(1)各效压强的确定

各效溶液的沸点与各效的压强和溶液的浓度有关，欲求各效沸点温度，需先假设各效压强。在设计蒸发装置时，一般给定加热蒸汽压强和冷凝器的压强，各效压强可按等压力降的原则假定。即

$$\Delta p = \frac{p_1 - p_c}{n} \quad (3-6)$$

式中 Δp——各效加热蒸汽压强与二次蒸汽压强之差，Pa；

p_1——第一效加热蒸汽的压强，Pa；

p_c——末效冷凝器中二次蒸汽的压强，Pa。

各效二次蒸汽压强 p'_i 为：

$$p'_i = p_1 - i\Delta p \quad (i = 1, 2, \cdots, n) \quad (3-7)$$

由假定的各效压强，可初步确定各效二次蒸汽的温度。

(2)各效溶液沸点的估算

在蒸发器的传热过程中，由于溶液中不挥发性溶质的存在、传热管中液柱产生的静压强以及管路流动阻力产生的压力降，从而引起蒸发器中传热温差损失。各效传热温差损失为：

$$\Delta_i = \Delta'_i + \Delta''_i + \Delta'''_i \quad (3-8)$$

式中　Δ_i——第 i 效温度差损失,℃;

Δ_i'——第 i 效由于溶液蒸气压下降而引起的温度差损失,℃;

Δ_i''——第 i 效由于蒸发器中溶液的静压强而引起的温度差损失,℃;

Δ_i'''——第 i 效由于管路流动阻力产生压力降而引起的温度差损失,℃。

关于 Δ_i'、Δ''_i和 Δ'''_i的求法，分别介绍如下：

①由于溶液蒸汽压下降所引起的温度差损失 Δ'_i

Δ'_i值的大小主要与溶液的种类、浓度以及蒸汽压力有关，计算方法有几种，较常用的是杜林(Dnhring)规则。杜林规则指出：浓度一定的溶液，其不同压强下的沸点和相同压强下标准液体(一般为水)的沸点呈线性关系。在以水的沸点为横坐标，该溶液的沸点为纵坐标并以溶液的浓度为参变数的直角坐标图上，可得一组直线，称为杜林直线。NaOH 水溶液的杜林线图如图 3-5 所示。利用杜林线图，就可根据溶液的浓度及实际压强下水的沸点 T'_i 查出相同压力下溶液的沸点 t_{bi}，从而可以算出 Δ'_i。

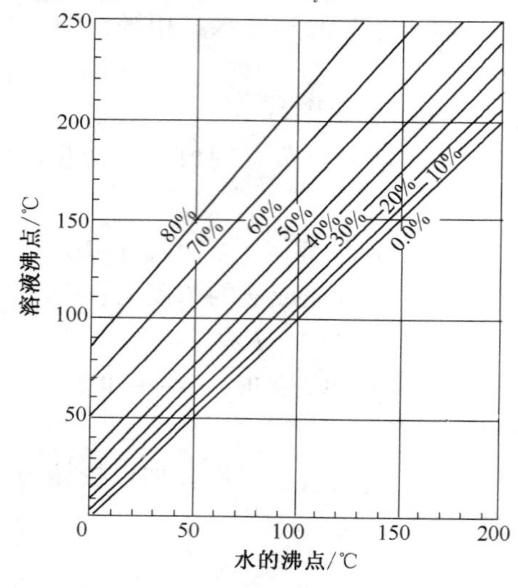

图 3-5　NaOH 水溶液的杜林线图

$$\Delta'_i = t_{bi} - T'_i \tag{3-9}$$

②由于液柱静压强引起的温度差损失 Δ''_i

某些蒸发器在操作时，器内溶液需维持一定的液位，所以，在液柱静压强的作用下，蒸发器中溶液内部的沸点将大于液面的沸点。为简便起见，在设计蒸发器时，溶液内部的沸点可按液面和底层的平均压强来查取。平均压强近似按静力学方程估算：

$$p_{mi} = p'_i + \frac{1}{2}\rho_{mi} g L \tag{3-10}$$

式中　p_{mi}——第 i 效蒸发器液面和溶液底层的平均压强，Pa；

p'_i——第 i 效蒸发器的二次蒸汽的压强，即液面处的压强，Pa；

ρ_{mi}——第 i 效蒸发器溶液的平均密度，kg/m^3；

L——第 i 效蒸发器的液层高度，m；

g——重力加速度，m/s^2。

$$\Delta''_i = T'_{mpi} - T'_i \tag{3-11}$$

式中　T'_{mpi}——平均压强 p_{mi} 下水的沸点,℃;

T'_i——二次蒸汽压强 p'_i 下水的沸点,℃。

③由于管道阻力产生的压力降所引起的温度差损失 Δ'''_i

Δ'''_i 主要与二次蒸汽的流速、物性和管道尺寸有关。根据经验，取各效间因管道阻力引起的温度差损失为1℃。

由已估算的各效二次蒸汽压强 p'_i 及温度损失 Δ_i，即可估算各效溶液的温度 t_i。

$$T_i = T'_i + \Delta_i \tag{3-12}$$

有效总温度差：

$$\sum \Delta t = (T_1 - T'_c) - \sum \Delta \tag{3-13}$$

式中 T_1——第一效加热蒸汽的温度,℃；

T'_c——冷凝器操作压强下二次蒸汽的饱和温度,℃。

3.4.2.4 加热蒸汽消耗量和各效蒸发水量的初步计算

为了方便起见，假定加热蒸汽的冷凝液在饱和温度下排出，无额外蒸汽引出，忽略蒸发器的热损失和溶液浓缩热，则对并流流程的每一效作热量衡算，可推得每一效加热蒸汽消耗量和蒸发水量。

第 i 效的热量衡算式为：

$$D_i = W_{i-1} = W_i \frac{r'_i}{r_i} + (Fc_0 - W_1 c_w - W_2 c_w - \cdots - W_{i-1} c_w) \frac{t_i - t_{i-1}}{r_i} \tag{3-14}$$

$$Q_i = D_i r_i \tag{3-15}$$

在考虑溶液的浓缩热及蒸发器的热损失时，需要考虑热利用系数 η，对于一般溶液的蒸发，可取 $\eta = 0.96 \sim 0.98$；对于浓缩热较大的物料，例如 NaOH 水溶液，可取 $\eta = 0.98 - 0.7\Delta x$(其中 Δx 为溶液的浓度变化，以质量分数表示)。则第 i 效的蒸发量为：

$$W_i = \eta_i [D_i \frac{r_i}{r'_i} + (Fc_0 - W_1 c_w - W_2 c_w - \cdots - W_{i-1} c_w) \frac{t_{i-1} - t_i}{r'_i}] \tag{3-16}$$

式中 D_i——第 i 效的加热蒸汽量，kg/h；

W_i——第 i 效的蒸发水量，kg/h；

Q_i——第 i 效传热速率，W；

r_i——第 i 效加热蒸汽的汽化相变焓，kJ/kg；

r_i'——第 i 效二次蒸汽的汽化相变焓，kJ/kg；

c_0——原料液的比热容，kJ/(kg·℃)；

c_w——水的比热容，kJ/(kg·℃)；

t_i、t_{i-1}——分别为第 i 效及第 $i-1$ 效溶液的沸点,℃；

η_i——第 i 效的热利用系数，无因次。

联立物料衡算式(3-1)和式(3-2)及热量衡算式(3-16)，可解得加热蒸汽(生蒸汽)用量和各效二次蒸汽蒸发量。

3.4.2.5 各效传热面积和有效温度差的计算

(1)传热系数的确定

蒸发器的传热系数 K 与传热过程中传热系数的计算方法相同，K 的计算公式见《化工原理》教材。计算 K 值的主要困难在于求管内溶液的沸腾传热系数。由于溶液沸腾传热系数与溶液的性质、蒸发器的类型、沸腾传热的形式以及蒸发操作的条件等许多因素有关，计算结果往往和实际偏差很大，故工业设计时常选取传热系数的经验值。表 3-3 列出了几种不同类型蒸发器传热系数大小的范围，可供设计时参考。K 值的变化范围较大，对于浓度较小的水溶液、传热温差较高的蒸发器可选取较大值；而浓度高、黏度大及传热温差较低的可取较小值。若能从生产装置上进行实测来获取 K 值，则最为可靠。

表 3-3 蒸发器传热系数的经验值

蒸发器类型	传热系数 K W/(m^2·℃)	蒸发器类型	传热系数 K W/(m^2·℃)
夹套式	350~2500	外加热式(自然循环)	1400~3000
盘管式	600~3000	外加热式(强制循环)	1200~6000
标准式(自然循环)	580~2900	升膜式	580~5800
标准式(强制循环)	1200~6000	降膜式	1200~3500
悬框式	600~3000	刮板式(μ<0.1Pa·s)	1700~7000
		刮板式(μ>0.1Pa·s)	700~1200

(2)蒸发器的传热面积和有效温度差

任一效的传热速率方程为：

$$Q_i = K_i S_i \Delta t_i \tag{3-17}$$

式中 Q_i——第 i 效蒸发器的传热速率，W；

K_i——第 i 效蒸发器的传热系数，W/(m^2·℃)；

S_i——第 i 效蒸发器的传热面积，m^2；

Δt_i——第 i 效蒸发器的有效传热温差，℃。

有效温度差分配的目的是为了求取蒸发器的传热面积 S_i，如对三效蒸发器而言，

$$S_1 = \frac{Q_1}{K_1 \Delta t_1},\ S_2 = \frac{Q_2}{K_2 \Delta t_2},\ S_3 = \frac{Q_3}{K_3 \Delta t_3} \tag{3-18}$$

式中

$$Q_1 = D_1 r_1 \qquad Q_2 = D_1 r_1' \qquad Q_3 = D_2 r_2' \tag{3-19}$$

$$\Delta t_1 = T_1 - t_1 \qquad \Delta t_2 = T_2 - t_2 \qquad \Delta t_3 = T_3 - t_3 \tag{3-20}$$

有效温度差的分配，既可以遵循各效传热面积相等的原则，也可以遵循各效传热面积总和为最小的原则。不论哪种情况，各效有效温差之间的关系均受传热速率方程的制约。通常，在多效蒸发中，为了便于制造和安装，多采用传热面积相等的蒸发器，即 $S_1 = S_2 = S_3 = S$。

若由式(3-18)求得的传热面积不相等，则说明有效温差分配不当。此时可按以下方法对 Δt 重新分配，使 S_i 趋于相等。

由式(3-18)和式(3-19)可知，$S_i = \frac{W_{i-1} r'_{i-1}}{K_i \Delta t_i}$，因为($W_{i-1} r'_{i-1}$)、$K_i$ 值变化不大，则调整后得

$$S_i \Delta t_i = S \Delta t_i'$$

式中 $\Delta t'_i$——各效面积相等时第 i 效的有效温差，℃。

即

$$\Delta t'_1 = \frac{S_1}{S} \Delta t_1, \qquad \Delta t'_2 = \frac{S_2}{S} \Delta t_2, \qquad \Delta t'_3 = \frac{S_3}{S} \Delta t_3 \tag{3-21}$$

将式(3-21)中的三式相加，得

$$\sum \Delta t = \Delta t'_1 + \Delta t'_2 + \Delta t'_3 = \frac{S_1}{S}\Delta t_1 + \frac{S_2}{S}\Delta t_2 + \frac{S_3}{S}\Delta t_3$$

或

$$S = \frac{S_1\Delta t_1 + S_2\Delta t_2 + S_3\Delta t_3}{\sum \Delta t} \tag{3-22}$$

由式(3-22)求得传热面积后，即可由式(3-21)重新分配各效的有效温度差，重复以上步骤，直至求得的各效传热面积趋于相等为止。

3.5 蒸发装置的结构设计

蒸发器结构设计的主要内容是根据工艺计算结果(主要是传热面积)确定蒸发器主要部件的具体形式及尺寸，如加热室、分离室、除沫器及各管口等的形状和尺寸，这些尺寸的确定与蒸发器的类型有关。下面以中央循环式蒸发器为例介绍蒸发器主要结构尺寸的设计计算方法。

中央循环管式蒸发器的结构如图 3-6 所示，主要由加热室和分离室组成。加热室由直立的加热管(称为沸腾管)束组成，管束中间为一根直径较大的中央循环管，它的截面积一般为所有沸腾管总面积的 40%~100%。中央循环管和沸腾管中的密度差越大，管子越长，循环推动力就越大，溶液的循环流速也越大。加热室上部为汽-液分离室。

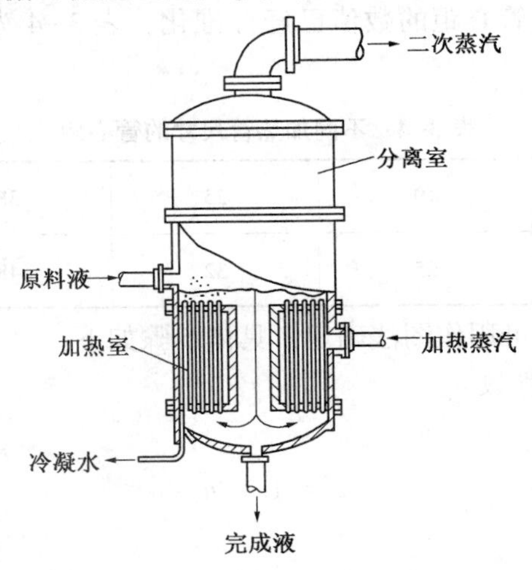

图 3-6 中央循环管式蒸发器

3.5.1 加热室尺寸的确定

3.5.1.1 选取加热管的管长和管径

蒸发器的加热管通常选用 $\phi25\times2.5$mm、$\phi38\times2.5$mm、$\phi45\times3.5$mm、$\phi57\times3.5$mm 等几种规格的无缝钢管。加热管的长度一般为 0.6~2m，在选择管子长度时应考虑溶液结垢的难易程度、溶液的起泡性和厂房高度等因素。易结垢和易起泡沫溶液的蒸发宜选用短管。

3.5.1.2 初步估算加热管数

当加热管的规格和长度确定后，加热管的根数 n' 由下式初步估算：

$$n' = \frac{S}{\pi d_0(L - 0.1)} \tag{3-23}$$

式中 S——蒸发器的传热面积，m^2，由前面的工艺计算决定；

d_0——加热管外径，m；

L——加热管长度，m。

式中的 0.1m 是考虑管板厚度所占居的传热管长度。

完成传热任务所需的最小实际管数 n 要在管板上排列加热管后才能确定。

3.5.1.3 循环管径的确定

为了减少循环管的循环阻力，提高循环推动力，中央循环管的截面积一般取加热管总截面积的 40%~100%，由此可确定出循环管的内径。即

$$D_1 = \sqrt{(0.4 \sim 1.0)n'}\, d_i \tag{3-24}$$

式中 d_i——加热管的内径，m；

D_1——中央循环管的内径，m。

对于加热面积较小的蒸发管，应取较大的百分数。按上式计算出的 D_1 必须圆整至规范尺寸。

3.5.1.4 确定加热室直径和加热管数目

加热室的内径取决于加热管和循环管的规格、数目及在管板上的排列方式。

加热管在管板上的排列方式有正三角形、同心圆和正方形三种形式。目前以正三角形排列居多。管板上管子的管心距（指管子与管子的中心距）t 一般取管外径的 1.25~1.5 倍。目前我国在换热器的设计中，管心距的数值已经标准化，表 3-4 为部分管心距的数据，供设计时选用。

表 3-4 不同加热管尺寸的管心距

加热管外径 d_0/mm	19	25	38	57
管心距 t/mm	25	32	48	70

加热管内径和加热管数可用作图法确定，具体步骤如下：

（1）计算管束中心线上管数 n_c

正三角形排列：

$$n_c = 1.1\sqrt{n} \tag{3-25}$$

正方形排列：

$$n_c = 1.19\sqrt{n} \tag{3-26}$$

式中 n——总加热管数。

（2）初估加热室内径

$$D_i = t(n_c - 1) + 2b' \tag{3-27}$$

其中
$$b' = (1 \sim 1.5)d_0$$

式中 D_i——加热室内径，m；

t——管心距，m；

b'——最外层管中心到加热室内壁距离，m。

(3)圆整加热室的内径

加热室的内径应圆整到标准尺寸(见表3-5)。

表3-5 壳体标准尺寸

壳体内径/mm	400~700	800~1000	1100~1500	1600~2000
最小壁厚/mm	8	10	12	14

(4)确定加热管数

选择一标准尺寸的加热室内径，以步骤(3)中选择的加热室内径和循环管外径作同心圆，在同心圆的环隙中，按加热管的排列方式和管心距作圆。所画得的加热管数 n 必须大于初估值 n'。若不满足，应另选一加热管内径，重新作图，直至合适为止。

3.5.1.5 管板厚度的确定

决定管板厚度时，主要应考虑能很好地固定管子，与管子连接后不变形，有足够的强度以及能抗介质的腐蚀性。一般钢制管板的最小厚度 $b=10\text{mm}$，对胀接管而言，常取

$$b \geqslant \frac{d_0}{\delta} + 5 \tag{3-28}$$

式中 b——管板厚度，mm；

d_0——管子外径，mm；

δ——管壁厚度，mm。

3.5.2 分离室结构尺寸的确定

分离室的结构尺寸主要包括分离室的直径和高度，其大小取决于分离室的体积。分离室的体积可按“蒸发体积强度法”估算。

所谓蒸发体积强度是指每秒钟从每立方米分离室中排出的二次蒸汽体积，其允许值一般为 $U=1.1\sim1.5\text{m}^3/(\text{m}^3\cdot\text{s})$。

由蒸发器工艺计算中得到的各效二次蒸汽量，再选取某一蒸发强度值，就可利用下式计算分离室的体积

$$V = \frac{W}{\rho U} \tag{3-29}$$

式中 V——某效分离室的体积，m^3；

W——某效蒸发器的二次蒸汽量，kg/h；

ρ——某效二次蒸汽的密度，kg/m^3；

U——蒸发体积强度，$\text{m}^3/(\text{m}^3\cdot\text{s})$。

一般情况下，各效的二次蒸汽量及其密度不相同，那么按上式计算所得分离室体积也不会相同，通常末效体积最大。为方便起见，各效分离室的尺寸可取一致，分离室体积取其较大者。

分离室的高度和直径符合 $V=0.785D^2H$ 关系，分离室高度 H 的确定目前还难于准确计算，目前根据经验确定。在确定分离室高度和直径时应遵循以下原则：

(1)分离室的高径比 $H/D=1\sim2$。对于中央循环管式蒸发器，为了保证足够的雾沫分离高度，分离室的高度一般不能小于1.8m。分离室的直径也不能太小，否则二次蒸汽流速过大，导致雾沫夹带现象严重。

(2)为了便于制造和安装，分离室的直径应尽量与加热室的直径相同。

3.5.3　接管尺寸的确定

蒸发装置的接管主要包括溶液进出口、加热蒸汽进口与二次蒸汽出口，冷凝器出口等。流体进、出口接管的内径按下式计算

$$d = \sqrt{\frac{2q_s}{\pi u}} \tag{3-30}$$

式中　d——接管内径，m；

q_s——流体的体积流量，m^3/s；

u——流体的流速，m/s。

在设计蒸发器接管直径时，通过各接管的流体流速选用最适宜流速，其值取决于流体的性质。表3-6给出了不同情况下流体的适宜流速范围，供设计时参考。

表3-6　流体的适宜流速

强制流动的液体/(m/s)	自然流动的液体/(m/s)	饱和蒸汽/(m/s)	空气及其他气体/(m/s)
0.8~1.5	0.08~0.15	20~30	15~20

在计算蒸发器接管尺寸时，应注意以下几个问题：

(1)对于并流加料的蒸发器，第一效溶液流量最大，若各效设备尺寸相同，应根据第一效的溶液流量确定溶液进出口接管尺寸，并按强制流动情况选取溶液的适宜流速。

(2)若各效结构尺寸一致，则按最大一效的二次蒸汽流量确定加热蒸汽进口与二次蒸汽出口的接管直径。

(3)冷凝水的排出一般属于液体自然流动，其接管直径应由各效加热蒸汽消耗量较大者确定。

估算出各接管内径后，应从管规格表中选用相近的标准管。

3.6　蒸发辅助设备

蒸发装置的辅助设备主要包括蒸汽冷凝器和汽-液分离器(除沫器)，现简述如下。

3.6.1　混合冷凝器

混合冷凝器的作用是用冷却水将二次蒸汽冷凝，当二次蒸汽为有价值的产品需要回收或会严重地污染冷却水时，应采用间壁式换热器。对于水溶液，可采用直接接触式冷凝器(即混合式冷凝器)。二次蒸汽与冷却水直接接触进行热交换，其冷凝效果好，结构简单，操作方便，造价低廉，因此被广泛采用。

常用的混合式冷凝器有多孔板式、淋水板式、填料式和喷射式等，这里仅介绍最常用的淋水板式混合冷凝器的设计计算，其他形式混合式冷凝器的设计与选用可参考《化工手册》。

根据不凝性气体和冷却水的排出方式不同，淋水板式混合器可分为并流低位冷凝器和逆流高位冷凝器，分别如图3-7和图3-8所示。对逆流高位冷凝器，由于不需用泵排送冷凝

液，所以在蒸发操作中得到广泛的应用。

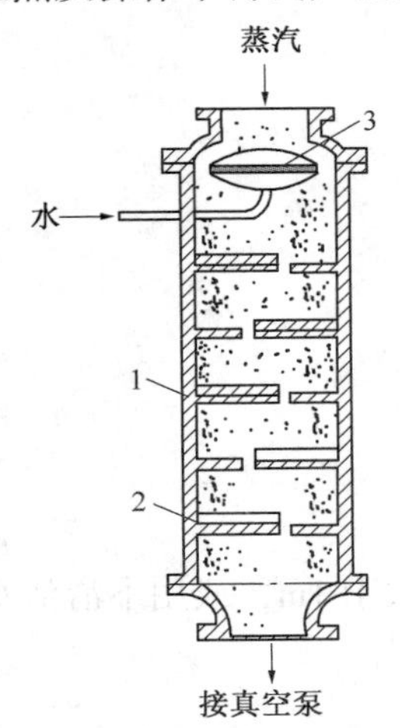

图 3-7　并流低位冷凝器

1—外壳；2—淋水板；3—喷头

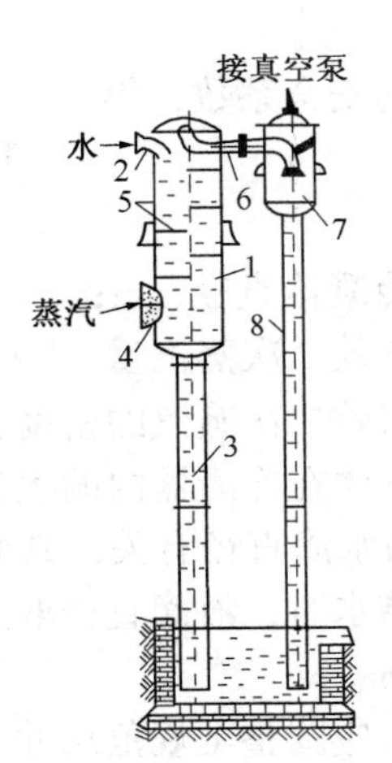

图 3-8　逆流高位冷凝器(大气腿)

1—外壳；2—进水口；3，8—气压管；4—蒸汽进口；5—淋水板；6—不凝性气体；7—分离罐

下面简单介绍逆流高位混合冷凝器的设计步骤。

3.6.1.1　气压管长度的计算

当冷凝器的冷凝液出口处为常压时，为保证冷凝器的排出，根据流体静力学原理，气压管内最小液位高度应为：

$$H_0 = \frac{p}{\rho g} \tag{3-31}$$

式中　H_0——气压管内最小液位高度，m；

p——冷凝器内真空度，Pa；

ρ——冷凝液密度，kg/m^3。

为了克服冷凝液在气压管内的流动阻力，气压管内应有一定的位能头，其大小为

$$h_0 = (1.5 + \lambda\ \frac{l}{d})\frac{u^2}{2g} \tag{3-32}$$

式中　h_0——阻力位头，m；

l——气压管高度，m；

d——气压管直径，m；

λ——气压管内的摩擦系数；

u——冷凝液在气压管内的流速，m/s。

一般气压管直径略大于或等于冷凝水进口管径；气压管长度应为 H_0 与 h_0 之和。为防止冷凝器内压强波动而产生冷凝液倒灌，将气压管长度增加 0.5m，所以

$$l = H_0 + h_0 + 0.5 \tag{3-33}$$

当 l 不需精确计算时，可取 $l = 10 \sim 11$m。

3.6.1.2　冷凝器直径

冷凝器直径 d_H 与被冷凝的蒸汽量 W_n、气体在冷凝器内的表观速度 u_g 以及水与蒸汽的接触情况有关，可按下式计算：

$$0.785d_H^2 = \frac{W_n}{3600u_g\rho_w}$$

考虑1.5的安全系数，得

$$d_H = 0.023\left(\frac{W_n}{\rho_w u_g}\right)^{0.5} \tag{3-34}$$

式中 d_H——冷凝器直径，m；

W_n——末效二次蒸汽量，kg/h；

ρ_w——末效二次蒸汽的密度，kg/m^3；

u_g——气体在冷凝器内的表观速度，m/s。

u_g的大小与水滴直径有关，其取值可参考表3-7。

在使用清洁水时，液滴直径取2~5mm，当冷凝器直径大于1m，或用不清洁水时，液滴直径应大于5mm。

d_H的取值，应圆整至规范尺寸。

表3-7 气体在冷凝器中允许速度

水滴直径 d_w/mm	1	2	3	4	5
允许气速 u_g/(m/s)	27.5	39	47	56	61.5

3.6.1.3 淋水板的设计

淋水板的设计包括宽度、筛孔孔径的确定和筛孔排列方式的选择等。

(1)淋水板的宽度

弓形淋水板的宽度a(如图3-9所示)须能保证冷却水在板上泛流而又不致于过分减少蒸汽流通面积，一般可取冷凝器半径加50mm，即

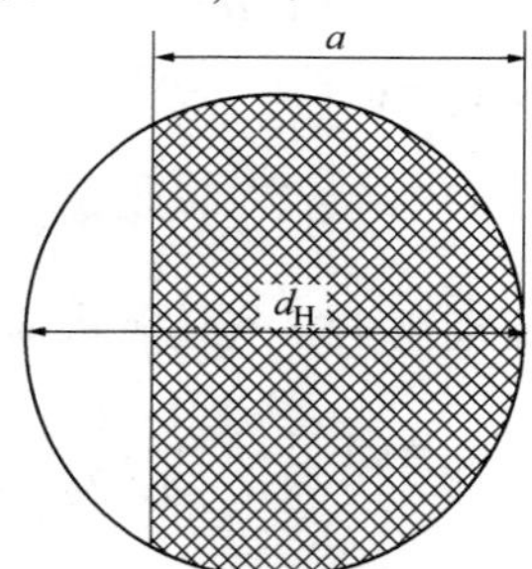

图3-9 淋水板的宽度

$$a = 0.05 + \frac{d_H}{2} \quad \text{m} \tag{3-35}$$

(2)淋水板孔径

淋水板上筛孔按正三角形排列，其孔径d_0与水滴直径d_w相同。

(3)淋水板堰高

淋水板堰高h的取值由冷凝器直径d_H决定，当$d_H<500$mm时，$h=40$mm；当$d_H \geq 500$mm时，$h=50\sim70$mm。

(4)筛孔数

由冷凝器的热平衡方程得冷凝器冷却水量为

$$W_L = \frac{W_n(I - i_2)}{c_p(t_{L2} - t_{L1})} \tag{3-36}$$

式中　W_L——冷却水消耗量，kg/h；

I——末效二次蒸汽的比焓，kJ/kg；

i_2——冷凝器出口温度下冷凝水的比焓，kJ/kg；

t_{L1}——冷却水进冷凝器的温度,℃；

t_{L2}——冷却水出冷凝器的温度,℃；

c_p——水的定压比热容，kJ/(kg·℃)。

一般，冷却水的温升为10~20℃。

取孔间距为(2~3)d_0，每个小孔的淋水量为

$$V_0 = 3600 \times 0.785 d_0^2 \eta \varphi \sqrt{2gh} \tag{3-37}$$

式中　V_0——每个小孔的淋水量，m^3/h；

η——淋水孔的阻力系数，$\eta=0.95\sim0.98$；

φ——水流收缩系数，$\varphi=0.8\sim0.82$；

h——淋水板堰高，m。

筛孔数：

$$n = \frac{W_L}{\rho_{H_2O} V_0} \times 1.05 \tag{3-38}$$

式中系数1.05是考虑到长期操作孔易堵而增加的安全裕度。

3.6.1.4　冷凝器高度

(1)淋水板数

当冷凝器直径d_H<500mm时，取4~6块；当d_H≥500mm时，取7~9块。

(2)淋水板间距

淋水板间距采用上稀下密的不等距安装。当淋水板数为4~6块时，$L_{i+1}=(0.5\sim0.7)L_i$；淋水板数为7~9块时，$L_{i+1}=(0.6\sim0.7)L_i$；$L_0=d_H+(0.15\sim0.3)$m，最低层的板间距L_n≥0.15m。

(3)冷凝器高度

取上、下空间高度各为0.6m，则冷凝器总高度H为

$$H = \sum L_i + 1.2\ \text{m} \tag{3-39}$$

3.6.2　汽液分离器(除沫器)

蒸发操作时，二次蒸汽中夹带大量的液体，虽在分离室进行了初步分离，但是为了防止损失有用的产品、污染冷凝液甚至堵塞管道，还要设置汽-液分离器，以使雾沫中的液体聚集并与二次蒸汽分离，故汽-液分离器又称捕沫器或除沫器。除沫器可分为蒸发室内和蒸发室外两种。设置在蒸发器内分离室顶部的有简易式(又称球形除沫器)、惯性式及网式除沫器等，如图3-10所示。设置在蒸发器外部的有冲击式[图3-11(a)]、旋风式[图3-11(b)]和离心式[图3-11(c)和(d)]，如图3-11所示。

惯性式除沫器是利用带有液滴的二次蒸汽在突然改变运动方向时，由于惯性作用液滴尽量要维持原来运动的方向，而蒸汽则改变了流动方向，从而二者获得分离。

惯性式除沫器只有当器内二次蒸汽速度较大时，分离效果才好。因此，内管与外罩管的大小应使气流在整个通道截面中的速度等于或接近于在二次蒸汽管中的速度，以免通过除沫

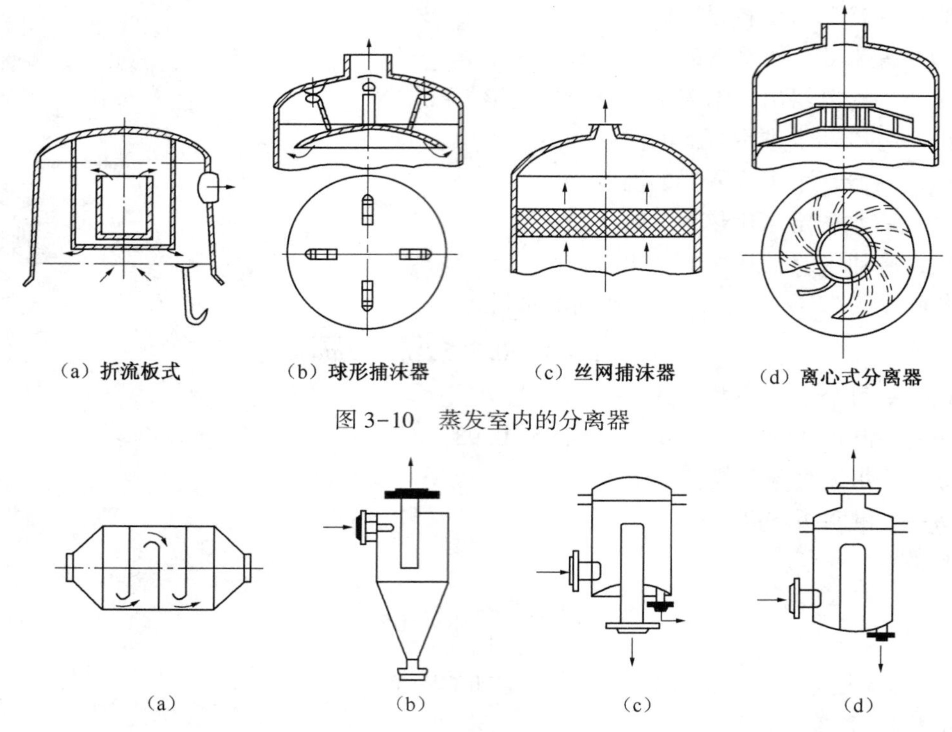

图 3-10　蒸发室内的分离器

图 3-11　蒸发室外的分离器

器的阻力损失过大。这种除沫器结构简单，在中小型工厂中应用较多。

惯性式除沫器的主要尺寸可按下列关系确定：

$$D_0 \approx D_1,\ D_1 : D_2 : D_3 = 1 : 1.5 : 2,\ H = D_3,\ h = (0.4 \sim 0.5) D_1 \tag{3-40}$$

式中　D_0——二次蒸汽管的直径，m；

D_1——除沫器内管的直径，m；

D_2——除沫器外罩管的直径，m；

D_3——除沫器外壳直径，m；

H——除沫器的总高度，m；

h——除沫器内管顶部与器顶的距离，m。

网式除沫器的除沫原理是让蒸汽通过具有大表面积的丝网，使液滴粘附在丝网表面上而除去。除沫效率可达98%以上，分离液滴直径也较小，蒸汽通过时压降小，常为蒸发器所选用。通过丝网的允许表观气速为1~4m/s，丝网厚度一般用100~150mm，安装两层。除沫器一般安装在距顶部(0.3~0.5)D之间。

其他类型汽液分离器尺寸的确定可参考《气态非均相分离》手册。

3.7　蒸发器设计示例

以三效并流加料中央循环型蒸发装置的设计为例。如下：

3.7.1 设计任务

(1)设计任务及操作条件

处理能力：3.96×10^4t/aNaOH 水溶液。

操作条件：

①NaOH 水溶液的原料液浓度为5%，完成液浓度为25%；原料液第一效沸点进料，原料液定压比热容为3.7kJ/(kg·℃)。各效蒸发器中溶液的平均密度分别为：$\rho_1=1014\text{kg/m}^3$，$\rho_2=1060\text{kg/m}^3$，$\rho_3=1239\text{kg/m}^3$。

②加热蒸汽压强为500kPa(绝压)，冷凝器压强为15kPa(绝压)。

③各效蒸发器的总传热系数为：$K_1=1500\text{W/(m}^2\cdot℃)$，$K_2=1000\text{W/(m}^2\cdot℃)$，$K_3=600\text{W/(m}^2\cdot℃)$。

④各效蒸发器中液面的高度为1.5m。

⑤各效加热蒸汽的冷凝液均在饱和温度下排出，假设各效传热面积相等，并忽略热损失。

⑥年工作时间为7820h。

(2)设计项目

① 确定蒸发器的传热面积(按各效传热面积相等计算)；

② 确定蒸发器的主要结构尺寸。

3.7.2 设计计算

(1)总蒸发量的计算

总蒸发量：

$$W=F\left(1-\frac{x_0}{x_3}\right)=5064\times\left(1-\frac{0.05}{0.25}\right)=4051\text{kg/h}$$

(2)估算各效蒸发量和完成液浓度

因并流加料，蒸发中无额外蒸汽引出，可设

$$W_1:W_2:W_3=1:1.1:1.2$$

因为

$$W=W_1+W_2+W_3=3.3W_1$$

所以

$$W_1=\frac{W}{3.3}=\frac{4051}{3.3}=1228\text{kg/h}$$

$$W_2=1.1\times W_1=1.1\times1228=1350\text{kg/h}$$

$$W_3=1.2\times W_1=1.2\times1228=1473\text{kg/h}$$

$$x_1=\frac{Fx_0}{F-W_1}=\frac{5064\times0.05}{5064-1228}=0.066$$

$$x_2=\frac{Fx_0}{F-W_1-W_2}=\frac{5064\times0.05}{5064-1228-1350}=0.102$$

$$x_3=0.25$$

(3)估算各效溶液的沸点和有效总温度差

①确定各效压强

设各效间压强降相等，则总压强差为

$$\sum \Delta p = p_1 - p_c = 500 - 15 = 485\text{kPa}$$

各效间的平均压强差为

$$\Delta p_i = \frac{\sum \Delta p}{3} = \frac{485}{3} = 161.7\text{kPa}$$

由各效的压强差可求得各效蒸发室的压强，即

$$p_1' = p_1 - \Delta p_i = 500 - 161.7 = 338.3\text{kPa}$$

$$p_2' = p_1 - 2\Delta p_i = 500 - 2\times 161.7 = 176.6\text{kPa}$$

$$p_3' = p_c = 15\text{kPa}$$

由各效的二次蒸汽压强，查得相应的二次蒸汽温度和汽化相变焓如表 3-8 所示。

表 3-8　第一次各效的估算参数

参数 \ 效数	1	2	3
二次蒸汽压强 p_i'/kPa	338.3	176.6	15
二次蒸汽温度 T_i'/℃	137.5	116	53.5
二次蒸汽的汽化相变焓 r_i'/(kJ/kg)	2156	2216	2370

②估算各效溶液沸点

a. 各效由于溶液的蒸汽压下降引起的温度差损失 Δ'

根据各效的二次蒸汽温度 T'_i（也即相同压强下水的沸点）和各效完成液的浓度 x_i，由 NaOH 水溶液的杜林线图 3-5 查得各效溶液的沸点 t_{bi} 分别为：

$$t_{b1} = 140℃,\quad t_{b2} = 120℃,\quad t_{b3} = 68℃$$

则各效由于溶液蒸汽压下降所引起的温度差损失为：

$$\Delta_1' = t_{b1} - T_1' = 140 - 137.5 = 2.5℃$$

$$\Delta_2' = t_{b2} - T_2' = 120 - 116 = 4℃$$

$$\Delta_3' = t_{b3} - T_3' = 68 - 53.5 = 14.5℃$$

所以
$$\sum \Delta' = 2.5 + 4 + 14.5 = 21\ ℃$$

b. 各效由于溶液静压强所引起的温度差损失 Δ''

由　$p_m = p' + \dfrac{\rho g L}{2}$ 得

$$p_{m1} = 338.3 + \frac{1014 \times 9.8 \times 1.5}{2 \times 1000} = 345.8\text{kPa}$$

$$p_{m2} = 176.6 + \frac{1060 \times 9.8 \times 1.5}{2 \times 1000} = 184.4\text{kPa}$$

$$p_{m3} = 15 + \frac{1239 \times 9.8 \times 1.5}{2 \times 1000} = 24.1\text{kPa}$$

根据各效溶液的平均压强，查得对应的饱和温度为：

$$T'_{\text{Pm1}} = 138.3\ ℃,\ T'_{\text{Pm2}} = 117.4\ ℃,\ T'_{\text{Pm3}} = 62.7\ ℃$$

所以
$$\Delta''_1 = T'_{\text{Pm1}} - T'_1 = 138.3 - 137.5 = 0.8\ ℃$$

$$\Delta''_2 = T'_{\text{Pm2}} - T'_2 = 117.4 - 116 = 1.4\ ℃$$

$$\Delta''_3 = T'_{\text{Pm3}} - T'_3 = 62.7 - 53.5 = 9.2\ ℃$$

$$\sum \Delta'' = 0.8 + 1.4 + 9.2 = 11.4\ ℃$$

c. 由于管道流动阻力所引起的温度差损失 Δ'''

根据经验，取各效间因管道阻力引起的温度差损失为1℃，即

$$\Delta'''_1 = \Delta'''_2 = \Delta'''_3 = 1℃$$

$$\sum \Delta''' = 3\ ℃$$

故各效总的温度差损失为：

$$\sum \Delta = \sum \Delta' + \sum \Delta'' + \sum \Delta''' = 21 + 11.4 + 3 = 35.4\ ℃$$

d. 各效溶液的沸点和有效总温度差

溶液的沸点为：

$$t_i = T' + \Delta_i$$

$$\Delta_1 = \Delta_1' + \Delta_1'' + \Delta_1''' = 2.5 + 0.8 + 1 = 4.3℃$$

$$\Delta_2 = \Delta_2' + \Delta_2'' + \Delta_2''' = 4 + 1.4 + 1 = 6.4℃$$

$$\Delta_3 = \Delta_3' + \Delta_3'' + \Delta_3''' = 14.5 + 9.2 + 1 = 24.7℃$$

则

$$t_1 = 137.5 + 4.3 = 141.8℃$$

$$t_2 = 116 + 6.4 = 122.4℃$$

$$t_3 = 53.5 + 24.7 = 78.2℃$$

有效总温度差：

$$\sum \Delta t = (T_1 - T'_c) - \sum \Delta$$

查得500kPa时蒸汽的饱和温度为151.7℃，汽化相变焓为2113kJ/kg，所以

$$\sum \Delta t = (151.7 - 53.5) - 35.4 = 62.8\ ℃$$

(4)加热蒸汽消耗量和各效蒸发水量的初步计算

第一效的热量衡算式为：

$$W_1 = \eta_1 \left[D_1 \frac{r_1}{r'_1} + Fc_0 \frac{t_0 - t_1}{r'_1} \right]$$

因沸点进料，故 $t_0 = t_1$。为了考虑NaOH水溶液浓缩热的影响，热利用系数 η_1 取为：

$$\eta_1 = 0.98 - 0.7(0.066 - 0.05) = 0.9688$$

所以

$$W_1 = \eta_1 D_1 \frac{r_1}{r'_1} = 0.9688 \times D_1 \times \frac{2113}{2156} = 0.9494 D_1 \tag{a}$$

同理，第二效的热量衡算式为：

$$W_2 = \eta_2 \left[W_1 \frac{r_2}{r'_2} + (Fc_0 - W_1 c_w) \frac{t_1 - t_2}{r'_2} \right]$$

$$\eta_2 = 0.98 - 0.7(0.102 - 0.066) = 0.9548$$

所以

$$W_2 = 0.9548 \left[\frac{2156}{2216} W_1 + (5064 \times 3.7 - 4.187 W_1) \left(\frac{141.8 - 122.4}{2216} \right) \right] \tag{b}$$

$$= 0.929 W_1 + 156.6 - 0.0349 W_1 = 0.894 W_1 + 156.6$$

同理，第三效的热量衡算式为：

$$W_3 = \eta_3 \left[W_2 \frac{r_3}{r'_3} + (Fc_0 - W_1 c_w - W_2 c_w) \frac{t_2 - t_3}{r'_3} \right]$$

$$\eta_3 = 0.98 - 0.7(0.25 - 0.102) = 0.8764$$

所以

$$W_3 = 0.8764\left[\frac{2216}{2370}W_2 + (5064 \times 3.7 - 4.187W_1 - 4.187W_2)(\frac{122.4 - 78.2}{2370})\right]$$

$$= 0.8194W_2 + 306.2 - 0.0684W_1 - 0.0684W_2 \quad (c)$$

$$= 0.751W_2 - 0.0684W_1 + 306.2$$

又

$$W_1 + W_2 + W_3 = 4051 \quad (d)$$

联立(a)、(b)、(c)、(d)，解得

$$W_1 = 1390\text{kg/h},\ W_2 = 1399\text{kg/h},\ W_3 = 1262\text{kg/h},\ D_1 = 1464\text{kg/h}$$

(5)估算蒸发器的传热面积

$$S_i = \frac{Q_i}{K_i \Delta t_i}$$

$$Q_1 = D_1 r_1 = 1464 \times 2113 \times 1000/3600 = 8.593 \times 10^5\text{W}$$

$$\Delta t_1 = T_1 - t_1 = 151.7 - 141.8 = 9.9℃$$

$$S_1 = \frac{8.593 \times 10^5}{1500 \times 9.9} = 57.8\text{m}^2$$

$$Q_2 = W_1 r_1' = 1390 \times 2156 \times 1000/3600 = 8.324 \times 10^5\text{W}$$

$$\Delta t_2 = T_2 - t_2 = T_1' - t_2 = 137.5 - 122.4 = 15.1℃$$

$$S_2 = \frac{8.324 \times 10^5}{1000 \times 15.1} = 55.1\text{m}^2$$

$$Q_3 = W_2 r_2' = 1399 \times 2216 \times 1000/3600 = 8.613 \times 10^5\text{W}$$

$$\Delta t_3 = T_3 - t_3 = T_2' - t_3 = 116 - 78.2 = 37.8℃$$

$$S_3 = \frac{8.613 \times 10^5}{600 \times 37.8} = 38\text{m}^2$$

相对误差为：

$$1 - \frac{S_{\min}}{S_{\max}} = 1 - \frac{38}{57.8} = 0.342$$

误差较大，故应调整各效的有效温差，重复上述计算步骤。

(6)重新分配各效的有效温度差

$$S = \frac{S_1\Delta t_1 + S_2\Delta t_2 + S_3\Delta t_3}{\sum \Delta t} = \frac{57.8 \times 9.9 + 55.1 \times 15.1 + 38 \times 37.8}{62.8} = 45.2\text{m}^2$$

重新分配有效温度差，得

$$\Delta t'_1 = \frac{S_1}{S}\Delta t_1 = \frac{57.8}{45.2} \times 9.9 = 12.6\ ℃$$

$$\Delta t'_2 = \frac{S_2}{S}\Delta t_2 = \frac{55.1}{45.2} \times 15.1 = 18.4\ ℃$$

$$\Delta t'_3 = \frac{S_3}{S}\Delta t_3 = \frac{38}{45.2} \times 37.8 = 31.8\ ℃$$

(7)重复上述计算步骤

①由所求得的各效蒸发量，求各效溶液的浓度，它们分别为：

$$x_1 = \frac{Fx_0}{F - W_1} = \frac{5064 \times 0.05}{5064 - 1390} = 0.069$$

$$x_2 = \frac{Fx_0}{F - W_1 - W_2} = \frac{5064 \times 0.05}{5064 - 1390 - 1399} = 0.111$$

$$x_3 = 0.25$$

②计算各效溶液沸点

因末效完成液浓度和二次蒸汽压强不变，各效温度差损失可视为恒定，故末效溶液的沸点 t_3 仍为 78.2℃，而 $\Delta t'_3 = 31.8$℃，则第三效加热蒸汽温度(即第二效二次蒸汽温度)为：

$$T_3 = T_2' = t_3 + \Delta t_3' = 78.2 + 31.8 = 110℃$$

由第二效的二次蒸汽温度 $T_2' = 110$℃及 $x_2 = 0.111$ 查杜林线图 3-5 得第二效溶液的沸点 $t_{b2} = 114$℃，且由于静压强引起的温度差损失及流动阻力引起的温度差损失可视为不变，故第二效溶液的沸点为：

$$t_2 = 114 + 2.4 = 116.4℃$$

同理 $t_2 = 116.4$℃，而 $\Delta t_2' = 18.4$℃则

$$T_2 = T_1' = t_2 + \Delta t_2' = 116.4 + 18.4 = 134.8℃$$

由 $T_1' = 134.8$℃及 $x_1 = 0.069$ 查杜林线图 3-5 得，$t_{b1} = 137$℃则

$$t_1 = t_{b1} + \Delta_1'' + \Delta_1''' = 137 + 0.8 + 1 = 138.8℃$$

t_1 也可如下计算：

$$t_1 = T_1 - \Delta t'_1 = 151.7 - 12.6 = 139.1℃$$

说明溶液的各种温度差损失变化不大，不必重新计算，故有效总温度差仍为：

$$\sum \Delta t = 62.8\ ℃$$

温差重新分配后各效温度情况如表 3-9 所示。

表 3-9　第二次各效的估算参数

参数＼效数	1	2	3
加热蒸汽温度/℃	$T_1 = 151.7$	$T_2 = 134.8$	$T_3 = 110$
温度差/℃	$\Delta t_1' = 12.6$	$\Delta t_2' = 12.6$	$\Delta t_3' = 12.6$
溶液沸点/℃	$t_1 = 139.1$	$t_2 = 116.4$	$t_3 = 78.2$

③衡算各效的热量

$$T'_1 = 134.8℃,\quad r'_1 = 2164\text{kJ/kg}$$

$$T'_2 = 110℃,\quad r'_2 = 2232\text{kJ/kg}$$

$$T'_3 = 53.5℃,\quad r'_3 = 2370\text{kJ/kg}$$

第一效：

$$\eta_1 = 0.98 - 0.7(0.069 - 0.05) = 0.9667$$

$$W_1 = 0.9667 \times \frac{2113}{2164} D_1 = 0.944 D_1 \tag{a}$$

第二效：

$$\eta_2 = 0.98 - 0.7(0.111 - 0.069) = 0.9506$$

$$W_2 = 0.9506\left[\frac{2164}{2232}W_1 + (5064 \times 3.7 - 4.187W_1)\left(\frac{139.1 - 116.4}{2232}\right)\right] \tag{b}$$

$$= 0.9216W_1 + 181.1 - 0.0405W_1 = 0.8811W_1 + 181.1$$

第三效：

$$\eta_3 = 0.98 - 0.7(0.25 - 0.111) = 0.8827$$

$$W_3 = 0.8827\left[\frac{2232}{2370}W_2 + (5064 \times 3.7 - 4.187W_1 - 4.187W_2)\left(\frac{116.4 - 78.2}{2370}\right)\right]$$

$$= 0.8313W_2 + 266.6 - 0.0596W_1 - 0.0596W_2 \qquad (c)$$

$$= 0.7717W_2 - 0.0596W_1 + 266.6$$

又

$$W_1 + W_2 + W_3 = 4051 \qquad (d)$$

联立(a)、(b)、(c)、(d)式，解得：

$$W_1 = 1384\text{kg/h},\ W_2 = 1401\text{kg/h},\ W_3 = 1266\text{kg/h},\ D_1 = 1466\text{kg/h}$$

与第一次热量衡算所得结果 $W_1 = 1390\text{kg/h}$，$W_2 = 1399\text{kg/h}$，$W_3 = 1262\text{kg/h}$ 比较，其相对误差为：

$$\left|1 - \frac{1390}{1384}\right| = 0.0039,\qquad \left|1 - \frac{1399}{1401}\right| = 0.0013,\qquad \left|1 - \frac{1262}{1266}\right| = 0.0029$$

相对误差均小于0.05，故计算的各效蒸发量合理。其各效溶液浓度无明显变化，不必再算。

④计算蒸发器的传热面积

$$Q_1 = D_1 r_1 = 1466 \times 2113 \times 1000/3600 = 8.6093 \times 10^5\text{W}$$

$$\Delta t_1' = 12.6℃$$

$$S_1 = \frac{8.6093 \times 10^5}{1500 \times 12.6} = 45.6\text{m}^2$$

$$Q_2 = W_1 r_1' = 1384 \times 2164 \times 1000/3600 = 8.3222 \times 10^5\text{W}$$

$$\Delta t_2' = 18.4℃$$

$$S_2 = \frac{8.3222 \times 10^5}{1000 \times 18.4} = 45.2\text{m}^2$$

$$Q_3 = W_2 r_2' = 1401 \times 2232 \times 1000/3600 = 8.6868 \times 10^5\text{W}$$

$$\Delta t_3' = 31.8℃$$

$$S_3 = \frac{8.6868 \times 10^5}{600 \times 31.8} = 45.5\text{m}^2$$

误差为：

$$1 - \frac{S_{min}}{S_{max}} = 1 - \frac{45.2}{45.6} = 0.0088 < 0.05$$

计算结果合理。平均面积：$S = 45.4\text{m}^2$。

(8)计算结果汇总(表3-10)

表3-10　计算结果汇总

参数 \ 效数	1	2	3	冷凝器
加热蒸汽温度 T_i/℃	151.7	134.8	110	53.5
操作压力 p'_i/kPa	313	143	15	15
溶液沸点 t_i/℃	139.1	116.4	78.2	—

续表

参数 \ 效数	1	2	3	冷凝器
完成液浓度 x_i	0.069	0.111	0.25	—
蒸发水量 W_i/(kg/h)	1384	1401	1266	—
生蒸汽量 D/(kg/h)	1466	—	—	—
传热面积 S_i/m^2	45.4	45.4	45.4	—

注：表中操作压力 p_1'按 $T_2=T_1'=14.8$℃查得，p_2'按 $T_3=T'_2=110$℃查得，$p_3'=p_C=15$kPa

(9)蒸发器主要结构尺寸的确定

①加热管的选择及加热管管数的初步估算

根据 3.5.1.1，本设计选用 $\phi38\times2.5$mm 的无缝钢管，考虑到 NaOH 溶液浓缩时有 NaOH 结晶引起结垢，管长不能太长，取 2m。加热管的管数由下式计算：

$$n'=\frac{S}{\pi d_0(L-0.1)}=\frac{45.4}{3.14\times0.038(2-0.1)}=200\text{（根）}$$

②中央循环管的选择

一般情况下，中央循环管截面积取加热管总截面积的 40%～100%，本设计取加热管总截面积的 80%计算，则循环管的内径为

$$D_1=\sqrt{0.8n'}d_i=\sqrt{0.8\times200}\times0.033=0.42\text{m}=420\text{mm}$$

③加热室及加热管数目的确定

加热管以正三角形排列居多，本设计按正三角形排列，取管心距 t=48mm，加热室直径及加热管数目一般由作图给出。

$$n_c=1.1\sqrt{n'}=1.1\times\sqrt{200}=15.56\approx16\text{ 根（正三角形排列）}$$

$$b'=(1\sim1.5)d_0=1.5d_0=1.5\times38=57\text{mm}\quad\text{（系数取 1.5）}$$

加热室的内径为

$$D_i=t(n_c-1)+2b'=48\times(16-1)+2\times57=834\text{mm（取 1200mm）}$$

通过作图得，在 D_i和 D_1同心圆的环隙中所排列的管数约为 245 根，即 $n>n'$，故所选内径满足设计要求，作图过程略。

④分离室直径与高度的确定

通常末效体积最大，为保持各效蒸发室的尺寸一致，以末效计算，现取 $U_3=1.5\text{m}^3/(\text{m}^3\cdot\text{s})$，则有：

第三效 $$V_3=\frac{W_3}{3600\rho_3U_3}=\frac{2617}{3600\times0.1307\times1.5}=2.35\text{ m}^3$$

现取蒸发室直径与加热室相同，根据 $\frac{\pi}{4}D^2H=V$ 得：$H=\frac{4V}{\pi D^2}=\frac{4\times2.35}{3.14\times1.2^2}=2.08$m，取 H=2.1m，高径比 H/D=2.1/1.2=1.75，在 1～2 的范围内，可以接受。

⑤接管尺寸

被浓缩液的进出口接管内径：因第一效溶液流量最大，为使各效设备保持一致，以第一效溶液流量计算，并取进出口接管直径相同。

进出口接管 $$d=\sqrt{\frac{4V}{\pi u}}=\sqrt{\frac{4\times5064/(3600\times1014)}{3.14\times1}}=0.042\text{m}\text{（流速按强制流动取值）}$$

取 $DN=40\text{mm}$。

加热蒸汽进口接管内径：生蒸汽及各效二次蒸汽体积流量如下：

$$V=D/\rho=1466/2.667=549.7\text{m}^3/\text{h}$$

$$V_1=W_1/\rho_1=1384/1.846=749.7\text{m}^3/\text{h}$$

$$V_2=W_2/\rho_2=1401/0.9884=1417.4\text{m}^3/\text{h}$$

$$V_3=W_3/\rho_3=1266/0.09956=12716\text{m}^3/\text{h}$$

因此加热蒸汽进口接管内径可按 $V_2=1417.4\text{m}^3/\text{h}$ 计算，并且各效取相同接管直径，即

$$d=\sqrt{\frac{4V_2}{\pi u}}=\sqrt{\frac{4\times 1417.4/3600}{3.14\times 30}}=0.129\text{ m}$$

取 $DN=125\text{mm}$。

二次蒸汽出口接管内径：

$$d=\sqrt{\frac{4V_3}{\pi u}}=\sqrt{\frac{4\times 12716/3600}{3.14\times 30}}=0.387\text{ m}$$

取 $DN=400\text{mm}$。

冷凝水出口接管：各效流量相近，取相同直径的接管。

$$d=\sqrt{\frac{4V}{\pi u}}=\sqrt{\frac{4\times 1466/(3600\times 928)}{3.14\times 0.5}}=0.033\text{ m}$$

取 $DN=32\text{mm}$

(10)蒸发装置的辅助设备设计与选型

该部分内容本书此处不做详细介绍，请参考相关书籍。

4　圆筒管式加热炉工艺设计

4.1　概　　述

管式加热炉是石油工业中主要工艺设备之一，在炼油装置中约占投资的10%~20%左右。其作用是利用燃料在炉膛内燃烧时产生的高温火焰与烟气作为热源，加热在炉管中高速流动的介质，使其达到工艺规定的温度，以供给介质在进行分馏、裂解或反应等加工过程中所需要的热量，保证生产正常进行。

管式加热炉一般由辐射段和对流段组成。在辐射段内，高温烟气主要以辐射的方式将热量传给辐射管。烟气由辐射段上升到对流段(方箱炉则向下流至对流段)，此时烟气温度约在700~950℃左右，在对流段中烟气以对流、三原子气体(CO_2和H_2O)辐射和耐火砖墙辐射的方式将热量传给对流管。

表4-1为炼油厂常用的几种管式加热炉，表中简述了各种炉型的特点。就处理能力而言，一般以双室箱式炉及多室立管立式炉为最大，双斜顶箱式炉及立式炉次之，圆筒炉及无焰燃烧炉较低，处理能力最小的为全辐射式圆筒炉。除特殊需要外，不得采用全辐射式圆筒炉，当几种介质合用一个加热炉时可采用多室立管立式炉。

表4-1中Ⅱ型、Ⅲ型、Ⅳ型箱式炉是最初使用的炉型，现在已逐渐被淘汰，目前各炼厂广泛使用的炉型为立式炉和圆筒炉。无焰燃烧炉两侧均为辐射面，双面辐射炉管的有效吸收因数较高，但其结构较复杂。管式加热炉的发展方向是：大型化、高效化、采用废热回收以提高热效率、采用集中的高烟囱以防止公害、采用大能量喷嘴及长周期运转等。

4.2　基础数据与总热负荷计算

4.2.1　基础数据

进行管式加热炉计算时，需具备下列主要数据：

(1)被加热介质的组成、相对密度、比焓、黏度、特性因数和介质额定流量；

(2)被加热介质在进出口处的操作温度、操作压力和出炉汽化率；

(3)燃料的种类、组成、低发热值、温度、压力、相对密度和黏度；

(4)燃料油雾化方式、温度和压力，大气温度、压力及其他数据。

4.2.2　总热负荷计算

加热炉的总热负荷，包括原料及水蒸气通过加热炉所吸收的热量和其他热负荷如注水汽化热等。根据各介质进、出炉的比焓及汽化率来计算加热炉的总热负荷，计算公式如下：

表 4-1　各种炉型比较表

编号	Ⅰ	Ⅱ	Ⅲ	Ⅳ	Ⅴ	Ⅵ
炉型	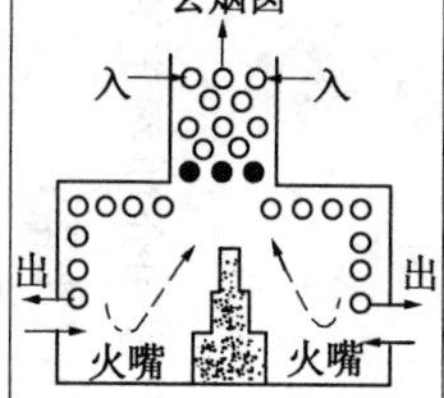	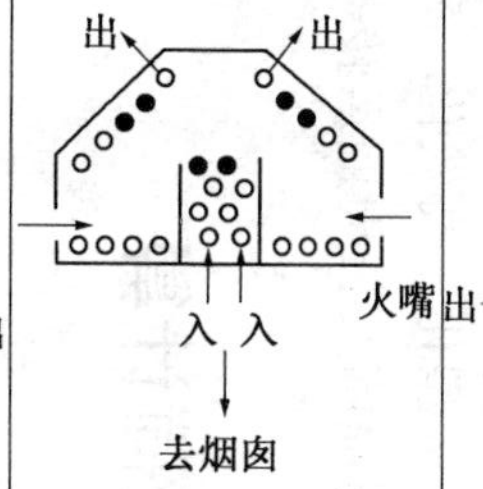	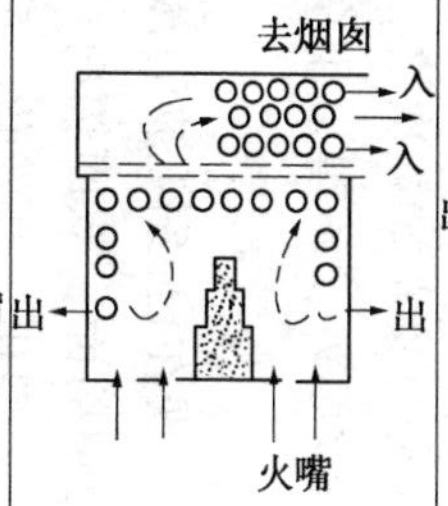	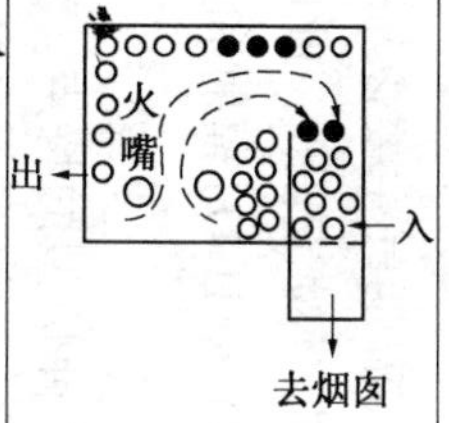	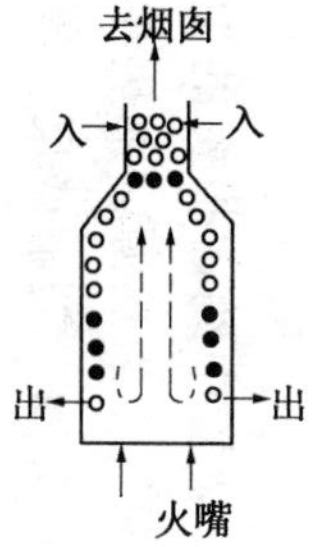	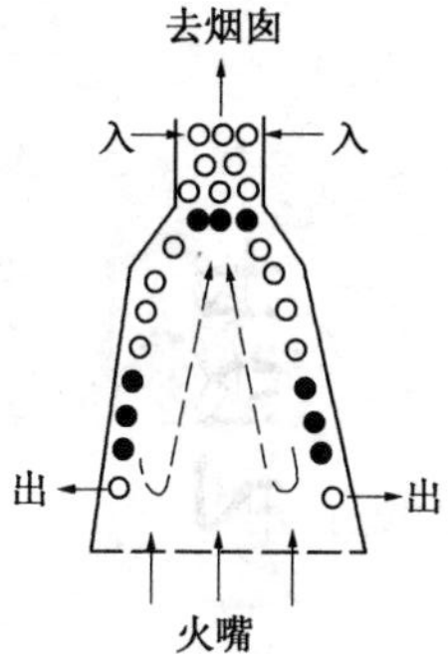
名称	双室箱式炉	双斜顶箱式炉	对流分开式箱式炉	对流向下式箱式炉	立式炉	A 型炉
结构特点	炉顶是悬挂式的，结构复杂	炉顶为悬挂式，并需另设烟囱。由于对流段的烟气下行，使燃烧气体流动不利，增加抽力损失	同Ⅰ	同Ⅱ	炉体较窄，结构较简单，采用多喷嘴。喷嘴所排列的面为发热面，燃烧方向与抽力方向一致，因而减少火焰乱流现象，有稳定操作的效果	同Ⅴ
造价比*（热负荷相同时）	1.39	1.30	1.34	1.29	1.35	1.34
总重量比*（钢材用量）（热负荷相同时）	1.84	—	1.70	1.68	1.44	1.46
占地面积比*（热负荷相同时）	2.32	—	2.32	2.79	1.54	2.4

续表

编号	Ⅶ	Ⅷ	Ⅸ	Ⅹ	Ⅺ	Ⅻ
炉型	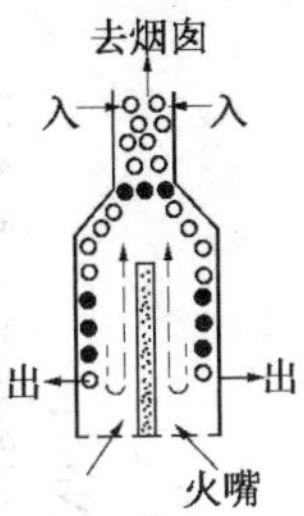 去烟囱 入 入 出 出 火嘴	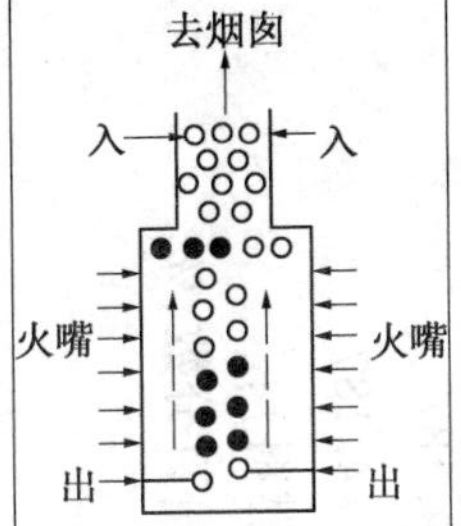 去烟囱 入 入 火嘴 火嘴 出 出	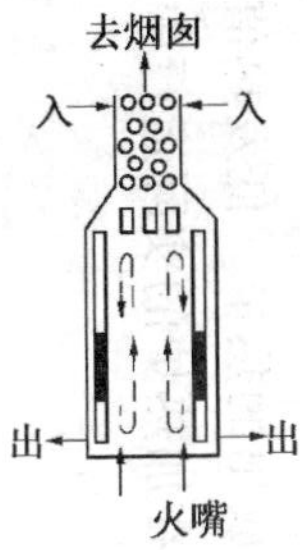 去烟囱 入 入 出 出 火嘴	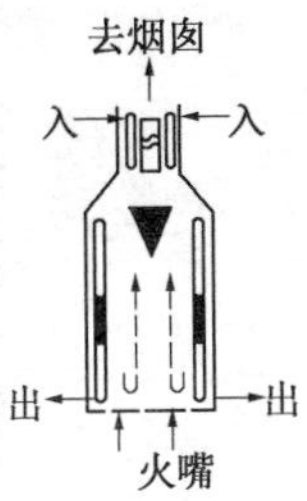 去烟囱 入 入 出 出 火嘴	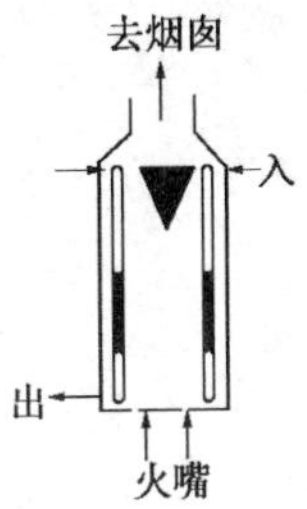 去烟囱 入 出 火嘴	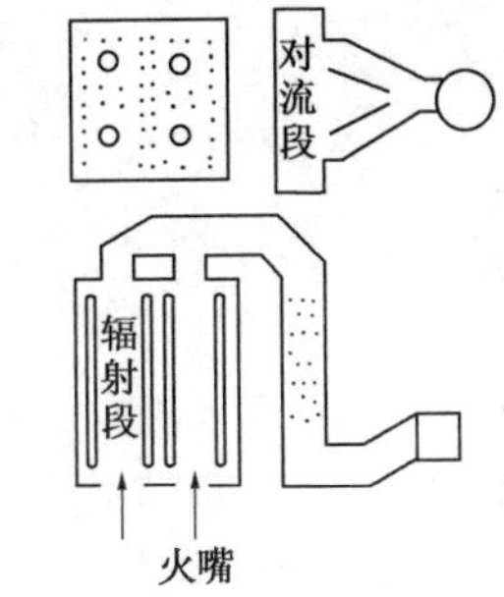 对流段 辐射段 火嘴
名称	双室立式炉	无焰燃烧炉（辐射墙式）	圆筒炉（对流水平管）	圆筒炉（对流立管）	圆筒炉（全辐射式）	多室立管立式炉
结构特点	同Ⅴ。带中间火墙，中间火墙起发热面的作用	两侧壁上设置许多短火焰喷嘴，使两侧面本身成为完全均匀的发热面，可进行理想的均匀加热，但结构较复杂。 适用于精确控制加热速度及高温操作	辐射、对流段两段加热，对流管横向排列。结构简单	对流管竖向排列，分带辐射锥和不带辐射锥两类。 辐射锥体需用25Cr12Ni钢材制作	无对流段，分带辐射锥和不带辐射锥两类。因无对流段，故效率较低	几个辐射室合一个对流段，便于废热利用，故对流段效率高，处理量大，热损失小，总热效率高。 炉体为钢筋混凝土预制板，结构简单，建设周期短。采用大能量喷嘴
造价比* （热负荷相同时）	1.32	1.40	1.10	1.15	1.0	—
总重量比* （热负荷相同时）	1.65	1.40	1.05	1.0	1.0	—
占地面积比* （热负荷相同时）	1.68	1.54	1.0	1.0	1.0	—

$$Q=W_F[eI_V+(1-e)I_L-I_i]+W_S(I_{s2}-I_{s1})+Q' \tag{4-1}$$

式中 Q——加热炉总热负荷，kW；

W_F——油料流量，kg/s；

W_S——过热蒸汽量，kg/s；

e——汽化率；

I_L——炉出口温度下油料液相比焓，kJ/kg；

I_V——炉出口温度下油料气相比焓，kJ/kg；

I_i——炉进口温度下油料液相比焓，kJ/kg；

I_{s1}——过热蒸汽进口比焓，kJ/kg；

I_{s2}——过热蒸汽出口比焓，kJ/kg；

Q'——其他热负荷，如注水汽化热等，kW。

4.3 燃烧过程计算

4.3.1 燃料的发热值

燃料的发热值是指单位质量或单位体积的燃料完全燃烧时所放出的热量。燃料的发热值与燃料的组成有关，发热值分高发热值与低发热值两种。

高发热值是燃料完全燃烧后生成的水为液态时燃料所放出的热量。低发热值是燃料完全燃烧后生成的水为水蒸气状态时燃料所放出的热量。因为在加热炉的实际运行中，燃烧后生成的水总是以蒸汽状态存在，故在计算中总是用低发热值。

液体燃料的高、低发热值由下列公式计算：

$$Q_h=[81C+300H+26(S-O)]\times 4.187 \tag{4-2}$$

$$Q_l=[81C+246H+26(S-O)-6W]\times 4.187 \tag{4-3}$$

式中 Q_h、Q_l——液体燃料的高、低发热值，kJ/kg(燃料)；

C、H、O、S、W——燃料中碳、氢、氧、硫和水分的质量百分数,%。

气体燃料的高、低发热值由下式计算：

$$Q_h=\sum q_{hi}y_i \tag{4-4}$$

$$Q_l=\sum q_{li}y_i \tag{4-5}$$

式中 Q_h、Q_l——气体燃料的高、低发热值，kJ/Nm^3(燃料气)；

q_{hi}、q_{li}——气体燃料中各组分的高、低发热值，kJ/Nm^3；

y_i——气体燃料内各组分的体积分数，q_{hi}和q_{li}的值由表4-2查得。

如不知道燃料油的组成可参照表4-3。表4-3是几种常用燃料油的发热值。

4.3.2 理论空气量

燃料完全燃烧时所需要的最小空气量为理论空气量，可根据化学计量式计算得到。液体燃料所需理论空气量可用下式计算：

$$L_0=0.116C+0.348H+0.0435(S-O)\ \text{kg 空气/kg 燃料} \tag{4-6}$$

式中　　　L_0——燃料的理论空气量(质量)，kg 空气/kg 燃料；

C、H、S、O——分别为碳、氢、硫、氧各元素在燃料油中的质量分数,%。

气体燃料完全燃烧时所需理论空气量可用下式计算：

$$V_0 = \frac{1}{0.21}[0.5y_{H_2} + 0.5y_{CO} + \sum(m + \frac{4}{n})y_{C_mH_n} + 1.5y_{H_2S} - y_{O_2}] \quad (4-7)$$

式中　　　V_0——燃料的理论空气量(体积)，m^3空气/m^3燃料(标准状态)。

0.21——氧在空气中所占的体积分数；

y_H、y_{CO}、$y_{C_mH_n}$、y_{H_2S}、y_{O_2}——各组分在燃料中的体积分数。

对于不知道化学组成的液体或气体燃料可由图 4-1、图 4-2 查得所需理论空气量。

表 4-2　气体组分的高发热值和低发热值

气体组分	质量发热值/(kJ/kg)		体积发热值/(kJ/m^3)	
	高发热值 q_{hi}	低发热值 q_{li}	高发热值 q_{hi}	低发热值 q_{li}
甲烷	55687	50051	39776	35710
乙烷	51500	47522	6866	63584
丙烷	50244	46350	96301	91034
异丁烷	—	45655	118492	109280
正丁烷	49407	45772	118492	118412
异戊烷	48988	45274	125610	134821
正戊烷	48569	45387	—	145786
正己烷	48150	45136	—	176273
正庚烷	—	44956	—	182972
正辛烷	—	44822	197626	209350
乙烯	50663	47196	226098	59472
丙烯	49407	45814	—	86411
异丁烯	48490	45366	—	114724
乙炔	50244	48569	—	56453
苯	42289	40606	—	146000
氢	144452	123307	—	11096
一氧化碳	—	10132	—	12836
硫化氢	16538	15282	—	15534
乙醚	37264	—	—	—

注：体积发热值为标准状态下的值。

表 4-3　常用燃料油的高、低发热值

燃料油的相对密度 d_4^{20}	低发热值(kJ/kg)	高发热值(kJ/kg)
0.9248①	41974	44717
0.9600②	40698	43126
1.0000	40237	42582

注：①为 1 号原油减压渣油数据。

②为 9 号原油减压渣油数据。

4.3.3 过剩空气系数

实际进入炉膛的空气量与理论空气量之比，叫做过剩空气系数α，即

$$\alpha = \frac{L}{L_0} = \frac{V}{V_0} \tag{4-8}$$

式中 α——过剩空气系数；

L——实际空气量，kg/kg 燃料；

V——实际空气量，m^3/m^3燃料(标准状态)；

L_0——理论空气量，kg/kg 燃料；

V_0——理论空气量，m^3/m^3燃料(标准状态)。

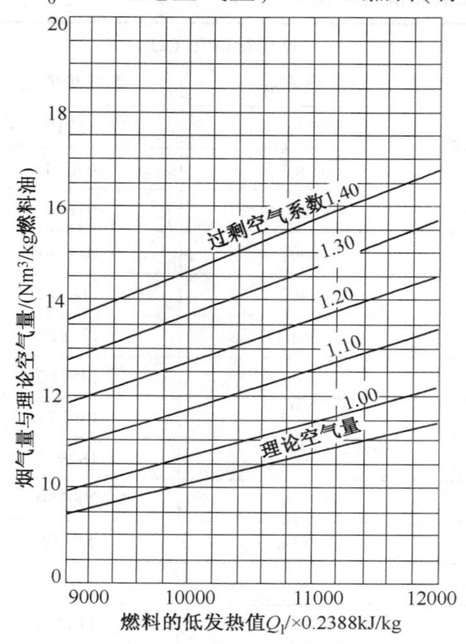

图 4-1 燃料油的低发热值与燃烧烟气量的关系

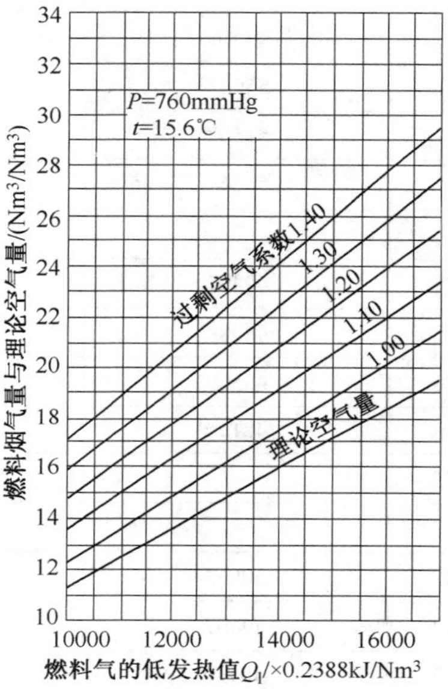

图 4-2 燃料气的低发热值与燃烧烟气量的关系

应根据炉子所用燃料、燃烧方式、燃烧器性能以及工艺上对炉子的特殊要求来选定 α 值。一般加热炉的 α 推荐值如下：

自然通风式燃烧器 燃油 $\alpha = 1.30$

燃气 $\alpha = 1.25$

预混合式燃烧器 $\alpha = 1.2$

强制通风式燃烧器 燃油 $\alpha = 1.15 \sim 1.20$

燃气 $\alpha = 1.10 \sim 1.15$

过剩空气系数是影响管式炉性能，特别是全炉热效率的一项重要指标。过剩空气系数太小，空气量供应不足，燃料不能充分燃烧，炉子热效率降低；过剩空气系数过大，入炉空气量过多，相对降低了炉膛温度和烟气的黑度，影响传热效果。同时也增加了排出的烟气量，使烟气从烟囱带走的热损失增加，降低了炉子的热效率。此外，过多的空气会使烟气中含氧量增加，加剧了炉管表面的氧化腐蚀。所以，在保证燃料完全燃烧的前提下，应尽量降低加热炉的过剩空气系数。

在进行加热炉标定、核算或控制加热炉燃烧过程中，可由烟气组成分析结果按下式求出过剩空气系数：

燃料完全燃烧：

$$\alpha = \frac{21}{21 - 79 \times \dfrac{O_2}{100 - (RO_2 + O_2)}} \tag{4-9}$$

燃料不完全燃烧时：

$$\alpha = \frac{21}{21 - 79 \times \dfrac{O_2 - 0.5(CO + H_2) - 2CH_4}{100 - (RO_2 + O_2 + CO + H_2 + CH_4)}} \tag{4-10}$$

式中 O_2、N_2、CO、H_2、CH_4——干烟气中各组分的体积分数，%；

RO_2——干烟气中 CO_2 与 SO_2 的体积分数之和，%。

只知道烟气中氧含量时也可由图 4-3 直接查出 α 值。

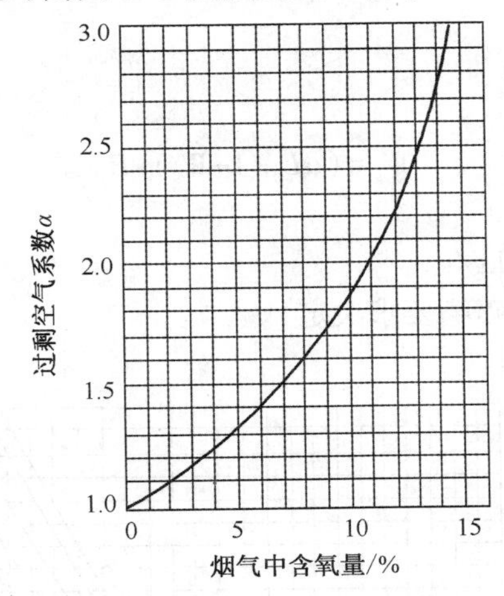

图 4-3　烟气中含氧量与过剩空气系数的关系

4.3.4　炉效率

加热炉的热效率主要取决于加热炉的排烟温度，合理的控制排烟温度可以得到理想的热效率。在计算时，当对流段采用光管时，离开对流段的烟气温度为 t_s，可假定比对流段油料入口温度 τ_1 高 80~120℃；对流段采用翅片管或钉头管时，可假定 $t_s = \tau_1 + (45 \sim 80℃)$；采用废热回收并使用翅片管时，可假定：

t_s = 饱和蒸汽温度 + (25~45)℃

对于某些大负荷的加热炉或进料温度较高的加热炉，对流段排出热量较大时应考虑废热回收以提高炉子的热效率。

烟气的废热可用来发生蒸汽、加热水或油(作为热载体)或预热空气。发生蒸汽和预热空气的设备结构都较复杂，加热水或油的设备较简单。预热油可在低压下进行，而预热水则压力较高，约 2~3MPa，同时水比油更易结垢和腐蚀管子。所以一般常以烟气加热油，再用热油来预热入炉空气，或将加热后的油作其他热载体用。废热回收设备应采用翅片管，因为烟气的对流传热系数很低，翅片管可以提高传热系数，减小设备体积。

热效率由下式计算：

$$\eta = (100 - q'_L - q'_1) \tag{4-11}$$

式中 η——热效率，%；

q'_L——辐射段和对流段的散热损失，%；

q'_1——烟气出对流段带走的热量，%。

根据过剩空气系数 α 和烟气出对流段温度 t_s，由图 4-4 可查得烟气带走的热量 q'_1（即 q_1/Q_n）。辐射段和对流段的散热损失一般变化不大，对立式炉和圆筒炉约为 2%~5%，其中辐射段热损失为 1%~3%，对流段热损失为 1%~2%。

4.3.5 燃料用量

$$B = \frac{Q}{Q_1 \times \eta} \tag{4-12}$$

式中 B——燃料用量，kg/s。

4.3.6 烟气流量

由下式求得：

$$W_g = (\alpha L_0 + 1 + W_s) \times B \tag{4-13}$$

式中 W_g——烟气流量，kg/s；

W_s——雾化蒸汽流量，kg/s。

当燃油时 $W_s = 0.5$（或按喷嘴要求决定）。

燃气时 $W_s = 0$。

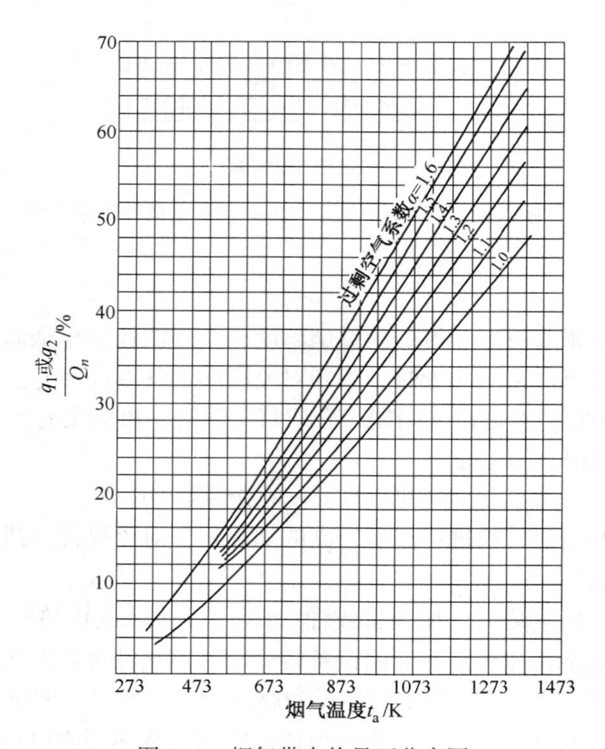

图 4-4 烟气带走热量百分率图

4.4 辐射段计算

辐射段采用罗伯-依万斯(Lobo-Evans)的图解计算方法。计算过程比较简单，计算中假设炉膛平均烟气温度 T_g与辐射段烟气出口温度 T_p相等(即 $T_g=T_p$)。这样的假设可用于箱式炉(包括方箱炉和立式炉)和高径比≤3 的燃烧器位于底部的圆筒炉[2]。计算步骤如下：

4.4.1 辐射段热负荷

辐射段的热负荷与辐射段烟气温度、炉管表面热强度、辐射段的传热面积及炉型结构等有关。

在一定的热效率、过量空气系数及一定的辐射段烟气出口温度下，辐射段的吸热量与对流段的吸热量呈一定的比例。热效率与过量空气系数给定时，辐射段烟气出口温度越高，则辐射段吸热量占总热负荷的百分率越低；辐射段烟气出口温度与过剩空气系数给定时，加热炉的热效率越高，则辐射段吸热量占总热负荷的百分率越小。在加热炉的设计中，辐射段热负荷占全炉热负荷的百分率在逐渐减少，而对流段热负荷逐渐增加。辐射段、对流段的热负荷和热损失占总供给热量的百分数由过去的 50%、20%、30% 而达到现在的 40%、50%、10%。

圆筒炉辐射段的热负荷 Q_R可按下述情况估算：

对流段采用光管时：$Q_R=Q\times0.80$。

对流段采用钉头管或翅片管时：$Q_R=Q\times(0.70\sim0.75)$。

4.4.2 辐射管管壁平均温度

按下式估算：

$$t_w=\frac{\tau'_1+\tau_2}{2}+(30\sim60℃) \tag{4-14}$$

$$\tau'_1=\tau_2-(\tau_2-\tau_1)\times(0.7\sim0.8) \tag{4-15}$$

式中 t_w——辐射管管壁平均温度,℃；

τ_1——对流段油料入口温度,℃；

τ_2——辐射段油料出口温度,℃；

τ'_1——油料入辐射段温度,℃。

式(4-15)仅适用于加热一种油料，其他情况需按比焓计算辐射段入口温度。

式(4-14)中，辐射热强度在 31.4kW/m² 以上时，括号内数字为 50~60℃。辐射热强度在 23.26kW/m² 以下时，括号内数字为 30~40℃。

4.4.3 辐射管表面热强度

辐射段炉管表面热强度在设计中通常先根据经验数据选用。常用管式加热炉辐射炉管表面热强度的最佳值为 31.4~37.22kW/m²。

国内部分炼厂的操作数据为：冷油流速在 1.1~1.5m/s 时，圆筒炉辐射管表面热强度约为 18.61~36.05kW/m²。

表 4-4 是推荐的热强度数值，可供设计参考。

表 4-4　辐射管表面热强度与冷油流速(293K)的推荐值

序号	炉　别	辐射管表面热强度/(W/m^2)	冷油流速/(m/s)	压力降/10^5Pa
1	常压炉	立管 25580～34880(10 号碳钢)	0.61～1.52	6.86～14.71
		横管 40700～48840(Cr5Mo)	0.61～1.52	6.86～14.71
2	减压炉	立管 25580～34880(Cr5Mo)	0.15～1.36	2.94～5.88
		横管 38370～46510(Cr5Mo)	0.15～1.36	2.94～5.88
3	催化原料加热炉	横管 38370～46510(Cr5Mo)	1.02～1.36	—
		立管 2640～30230	1.02～1.36	—
4	延迟焦化炉	横管 32560～38370(Cr5Mo)	2.38	—
5	减黏炉	25580～29070	0.61～2.04	—
6	沥青加热炉	16280～19770	—	17.65～24.52
7	铂重整炉	26740～32560	1.52～1.72	—
8	铂重整热载体炉	25580～29070	—	—
9	加氢精制炉	25580～29070	—	—
10	酚精制炉	17440～23260	—	—
11	糠醛精制炉	17440～23260	—	—
12	丙烷脱沥青炉	18600～23260	—	—

4.4.4　辐射管加热表面积

根据选定的辐射管热强度 q_R，和由本章第一节估算出的辐射段热负荷 Q_R，由下式算出辐射段炉管表面积。

$$A_R = \frac{Q_R}{q_R} \tag{4-16}$$

式中　A_R——辐射管加热表面积，m^2；

Q_R——辐射段热负荷，kW；

q_R——辐射管表面热强度，kW/m^2。

4.4.5　辐射管管径及管程数

根据表 4-4 推荐的管内冷油流速 u，由下式算出所需管内径。

$$d_i = \frac{1}{30}\sqrt{\frac{W_F}{\pi N u \rho}} \tag{4-17}$$

式中　d_i——管内径，m；

u——管内冷油流速，m/s

W_F——管内流体流量，kg/h；

ρ——流体在 293K 的密度，kg/m^3。

N——管程数，选用适当的管程数 N 使计算出来的管径符合国产炉管规格。

一般用回弯头联结时，炉管外径不超过 219mm；用焊接弯头联结时，炉管外径不超过 250mm。常用的炉管外径为 60～152mm。减压蒸馏装置可以根据需要，在靠近炉出口处改变管径，使油料提前气化，以减少裂化的可能性。据文献介绍，最适宜的管径为 φ114mm，管径大对传热不利。管径小，管程数多，停留时间短，可减少裂化。

4.4.6 辐射管管心距

辐射段炉管管心距的大小直接影响到炉体结构尺寸及辐射传热量。采用较小的管心距，可使炉子结构尺寸减小，降低投资，但同时会减少辐射传热量。加大管心距，可以增加辐射传热量，但会使炉子结构尺寸庞大，增加投资。一般推荐辐射段采用管心距为管外径的 2 倍。对流段管心距光管为 1.7 倍管外径，钉头管与翅片管为 2 倍管外径。有时为了使油品加热到符合某些化学反应的时间-温度效应要求，可以在同一炉体内采用变更管心距的方法来达到目的。

4.4.7 辐射段炉体尺寸

(1)高径比(辐射炉管直段长度 L 与节圆直径 D'之比)。

根据加热炉热负荷，参考表 4-5 选取炉管直段长度与节圆直径比 L/D'。

表 4-5 圆筒炉辐射管直段长度与节圆直径比 L/D'

加热炉设计热负荷/10^4W	L/D'	
	最大	最小
≤290	2.0	1.5
291~582	2.5	1.5
≥583	2.75	1.5

(2)辐射管直段长度和炉膛高度

$$L = \frac{1}{\pi}\sqrt{\frac{A_R S(L/D')}{d}} \tag{4-18}$$

式中 S——辐射管管心距，m；

L——辐射段直段长度，m；

d——辐射管外径，m；

A_R——辐射管表面积，m^2。

根据选定的高径比和式(4-18)可以算出辐射段炉管长度和节圆直径。再根据国产炉管规格(见附表一)选用合适的管长。炉膛高度 H 与炉管长度的关系需参照炉体结构设计而定，一般应比炉管直段长度约高 1m。

(3)炉管数

$$n = \frac{A_R}{\pi \cdot d \cdot L} \tag{4-19}$$

式中 n——辐射段炉管数。

采用的炉管数 n 应为管程数 N 的偶数倍。

(4)炉膛直径

$$D = D' + 3d \tag{4-20}$$

式中 D——炉膛直径，m。

4.4.8 对流室的主要尺寸

为了较准确地计算辐射炉管的排管情况，需先计算出对流段的尺寸。

对流管横向排列时，圆筒炉对流段的尺寸计算方法如下：

(1)对流室的外形长度

考虑到检修时，便于向上抽出辐射管，对流室的外形长度按下式确定：

$$L_k = D' - (0.4 \sim 0.6) \tag{4-21}$$

式中 L_k——对流室外形长度，m；

D'——辐射室节圆直径，m。

(2)对流管的有效长度

$$L_C = L_k - 2(0.2 + h_1 + h_2) \tag{4-22}$$

式中 h_1——对流管弯头的高度，m；

h_2——对流室两端管板厚度(包括保温层)，m。

(3)对流室宽度

要确定对流室的宽度，首先应确定对流室每排炉管数。一般对流室选用与辐射管相同的直径及相同的管程数。而对流室每排炉管数应为管程数的整数倍。

对流室采用光管、三角形排列时：

$$b = (n_W + 0.5) S_c \tag{4-23}$$

对流室采用钉头管或翅片管、三角形排列时：

$$b = (n_W + 0.5) S_c + d_c + 2[l + (0.03 \sim 0.05)] \tag{4-24}$$

式中 b——对流室的净宽，m；

n_W——每排炉管根数；

S_c——对流室炉管管心距，m；

d_c——对流管外径，m；

l——钉头或翅片高度，m。

(4)烟气的质量流速

对流室最窄截面处烟气的质量流速应在规定范围内。当对流室采用光管时 $S_c = (1.5 \sim 2) d_c$，烟气的质量流速为 1.5~2kg/(m^2·s)；采用钉头管或翅片管时，$S_c = (2 \sim 2.4) d_c$，烟气质量流速为 2~4kg/(m^2·s)。是否在规定的范围内应按下式进行核算：

$$G_g = \frac{W_g}{3600(L_c b - a_f n_W)} \tag{4-25}$$

式中 a_f——每根光管或钉头管所占的流通截面积，m^2；

W_g——烟气的质量流量，kg/h；

n_W——每排对流管的根数；

G_g——烟气质量流速，kg/(m^2·s)；

L_c——对流管有效长度，m。

如果计算出来的 G_g 不符合要求，则应适当调整 n_W 或 L_c。

标准国产钉头管的有关尺寸见表4-6。钉头管或翅片管每根所占的流通截面积为：

$$a_f = (d_c + \frac{1}{d'''_p} \times d_s \times l \times 2) L_c \quad (4-26)$$

式中 d_s——钉头直径或翅片厚度，m；

l——钉头或翅片高度，m；

d_p'''——纵向钉头或翅片间距，m；

L_c——对流管有效长度，m。

表4-6 标准钉头管有关尺寸

管外径/mm	管周边上的钉头数	标准钉头规格
48	4	钉头直径 d_S = 12mm 钉头高 b = 25、37mm 纵向钉头间距 d_p''' = 15~16mm
60	6	
89	8	
100	10	
127	12	
152	14	
190	16	

4.4.9 当量冷平面

当量冷平面 αA_{cp} 等于管排当量平面 A_{cp} 乘以有效吸收因数(即形状因数)α。

4.4.9.1 当量平面

当量平面 A_{cp} 即装有管子的炉壁面积，它与管排具有相同的吸热能力，为一有效吸热面积。在设计中为了简化吸热过程的复杂状况，用当量平面来代替管排进行计算。当量平面可用下式计算 .

$$A_{cp} = nL_aS \quad (4-27)$$

式中 A_{cp}——当量平面，m^2；

n——辐射管根数；

L_a——辐射管有效长度，m；

S——辐射管管心距，m。

圆筒炉的当量平面也可用下式计算：

$$A_{cp} = \pi D' L_a \quad (4-28)$$

式中 D'——节圆直径，m。

4.4.9.2 有效吸收因数

有效吸收因数也叫角系数、形状因数、辐射系数、有效面积率或吸收效率系数，是管心距与管外径之比(S/d)的函数。

(1) 单排辐射管有效吸收因数

有效吸收因数 φ 随管心距的增大而减小。单排单面辐射管的 φ 值由图4-5a查得。

单排双面辐射管的有效吸收因数为单排单面辐射管有效吸收因数的2倍，也可由图4-5查得。

(2) 双排辐射管的有效吸收因数

双排单面及双面辐射管的有效吸收因数均为两排有效吸收因数之和，可由图4-5查得。

(3)遮蔽管的有效吸收因数

立式炉和对流管横向排列的无辐射锥圆筒炉对流段最下一排炉管称为遮蔽管，遮蔽管将辐射段与对流段分开。从传热的角度来看，遮蔽管属于辐射管的范畴，由于穿过遮蔽管的热量被后排对流管所吸收，为简化计算，取遮蔽管 $\varphi=1$。

(4)总当量冷平面

总当量冷平面等于壁管当量冷平面加遮蔽管当量冷平面。

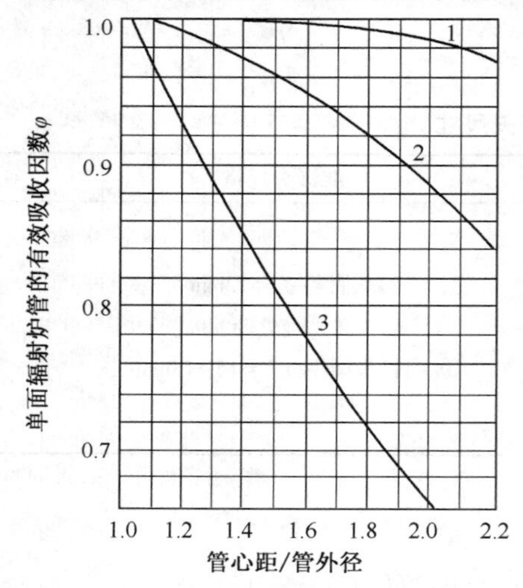

图4-5(a) 单面辐射炉管的有效吸收因数 φ

1—双排管的有效吸收因数 φ；

2—单排管的有效吸收因数 φ；

3—第一排管直接辐射的有效吸收因数 φ

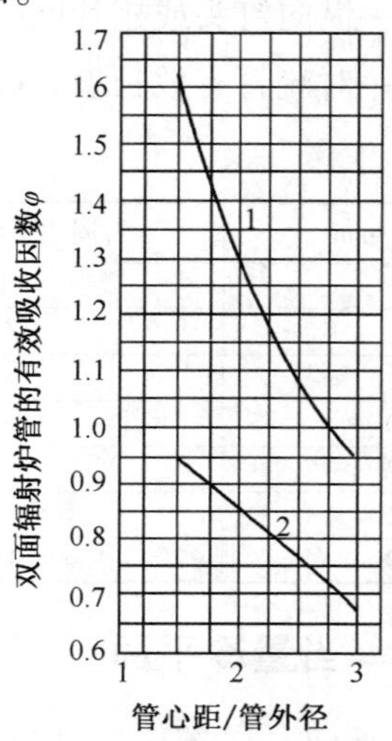

图4-5(b) 双面辐射炉管的有效吸收因数 φ

1—单排管的有效吸收因数 φ；

2—双排管每排管的有效吸收因数 φ

4.4.10 有效曝露砖墙面积

有效曝露砖墙面积为炉膛总面积减去当量冷平面。炉膛总面积包括炉膛内各种反射砖墙面积(炉壁、花墙等)。有效曝露砖墙面积用下式计算：

$$A_W = \sum F - \alpha A_{cp} \tag{4-29}$$

式中 A_W——曝露砖墙面积，m^2；

$\sum F$——炉膛总面积，m^2。

4.4.11 烟气平均辐射长度

烟气平均辐射长度也称为“有效辐射层厚度”或“辐射线平均行程”。对于不同形状的炉膛，其烟气平均辐射长度可用下式计算：

$$L = 3.6\frac{V}{F} \tag{4-30}$$

式中 L——烟气平均辐射长度，m；

V——炉膛空间体积，m^3；

F——炉膛内壁表面积，m^2。

圆筒炉的烟气平均辐射长度由表4-7查取。

表 4-7　烟气平均辐射长度

尺寸比例　直径：高	平均辐射长度 L/m
1 : 1	$\frac{2}{3}$ × 直径
1 : 2~1 : ∞	1 ×直径

4.4.12　烟气(或气体)辐射率(黑度)

烟气中的基本辐射成分是三原子气体 CO_2 和 H_2O 以及悬浮于烟气中的细小炭黑粒子。烟气中辐射率的大小决定于烟气中 CO_2 和 H_2O 的分压、炉型及尺寸、烟气温度、管壁温度、燃料性质及燃烧工况。管壁温度在 310~660℃范围内对烟气辐射率的影响所产生的误差小于 1%，所以管壁温度的影响可以忽略不计。

烟气中 CO_2+H_2O 的分压 p 与过剩空气系数有关，可由图 4-6 查得。

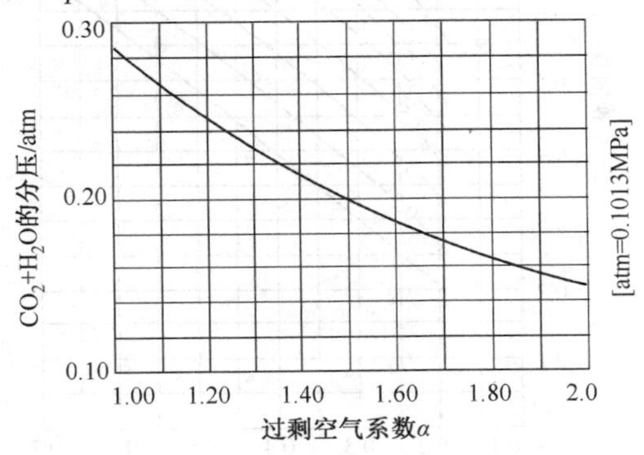

图 4-6　烟气中 CO_2 和 H_2O 的分压

根据烟气中 CO_2+H_2O 的分压 p 与烟气辐射长度 L 的乘积 pL 及假设的辐射段出口烟气温度 t_g 由图 4-7 可查得烟气辐射率 ε_g。

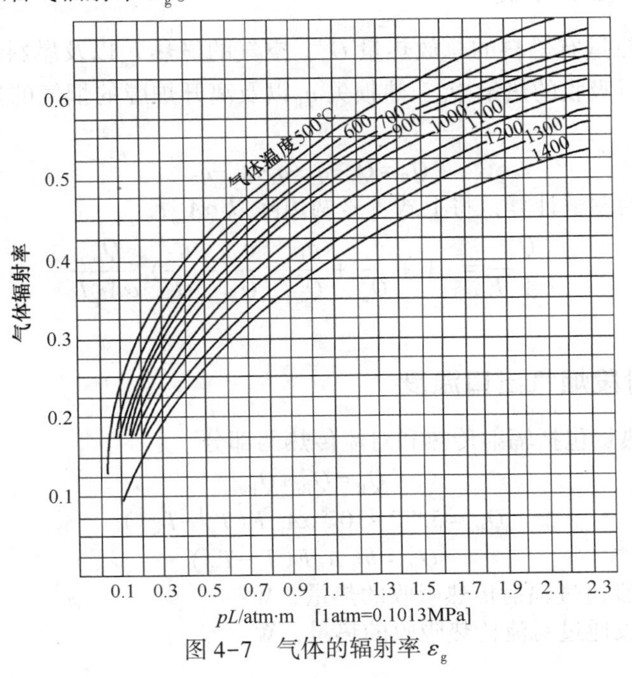

图 4-7　气体的辐射率 ε_g

4.4.13 交换因数

交换因数 F 随放热表面和吸收表面的辐射率和吸收率而变，所以与有效曝露砖墙的总反射面 A_W 有关，也与当量冷平面(即吸热面积) φA_{cp} 有关。热能射向耐火砖墙后，又向炉管反射回来，因此有大量有效曝露砖墙的炉子，较大部分砖墙被炉管遮蔽的炉子，其每单位炉管表面将传导更多的热量，其交换因数也较大。

由图 4-8 可以看出交换因数 F 随有效曝露砖墙面积的增加而增加，也随烟气辐射率 ε_g 的增加而增加。

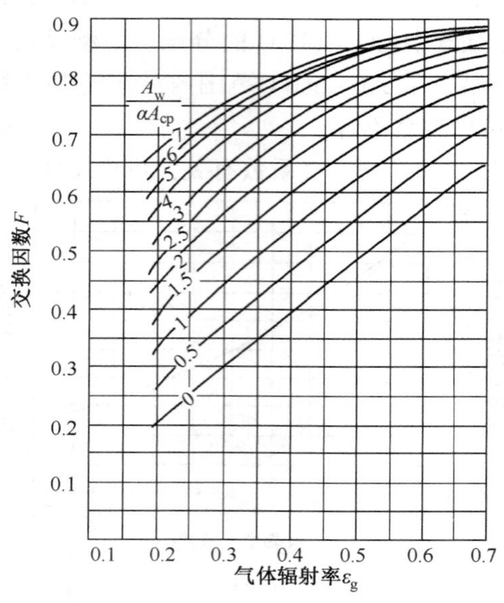

图 4-8 气体的交换因数 F

4.4.14 辐射段热平衡

输入辐射段的热量有燃料的总放热量 Q_n、空气的显热 q_a 以及燃料的显热 q_f。在辐射段输出的热量有管子所吸收的热量 Q_R、热损失 q_L 以及离开炉膛的烟气的显热 q_2。辐射段热平衡由下式计算：

$$Q_R = Q_n + q_a + q_f - q_L - q_2$$

为了便于以后的图解计算，将上式等号两边除以 $\alpha A_{cp} F$

$$\frac{Q_R}{\alpha A_{cp} F} = \left(1 + \frac{q_a}{Q_n} + \frac{q_f}{Q_n} - \frac{q_L}{Q_n} - \frac{q_2}{Q_n}\right)\frac{Q_n}{\alpha A_{cp} F} \tag{4-31}$$

式中，$Q_n = B \times Q_l$

4.4.15 辐射段烟气出口温度

辐射段的总吸热量包括辐射传热和对流传热两部分。

$$Q_R = Q_{Rr} + Q_{Rc} \tag{4-32}$$

$$Q_{Rr} = 5.72 \times 10^{-8} \alpha A_{cp} F (T_g^{\ 4} - T_W^{\ 4}) \tag{4-33}$$

$$Q_{Rc} = h_{Rc} A_R F (T_g - T_W) \tag{4-34}$$

式中 Q_{Rr}——辐射段通过辐射传热吸收的热量，W；

Q_{Rc}——辐射段通过对流传热吸收的热量，W。

对于无辐射锥圆筒炉对流传热系数 $h_{Rc}=14.18\mathrm{W/(m^2\cdot℃)}$，交换因数 $F=0.6$，辐射管表面积 $A_R=2A_{cp}$。所以对于无辐射锥圆筒炉：

$$\frac{Q_R}{\alpha A_{cp}F}=5.72\times10^{-8}(T_g^4-T_W^4)+47.2(T_g-T_W) \tag{4-35}$$

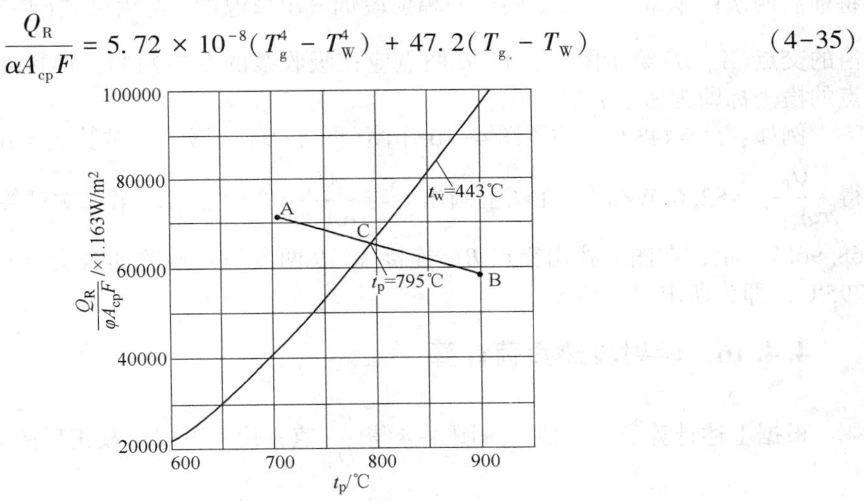

图 4-9　t_p 值图解计算图例

将(4-35)式绘制成图 4-10，利用图 4-10 可以求出辐射段炉膛烟气平均温度 t_g。根据罗伯—依万斯方法假设 $t_g=t_p$，所以可求出辐射段烟气出口温度 t_p。其图解法如下：图4-10

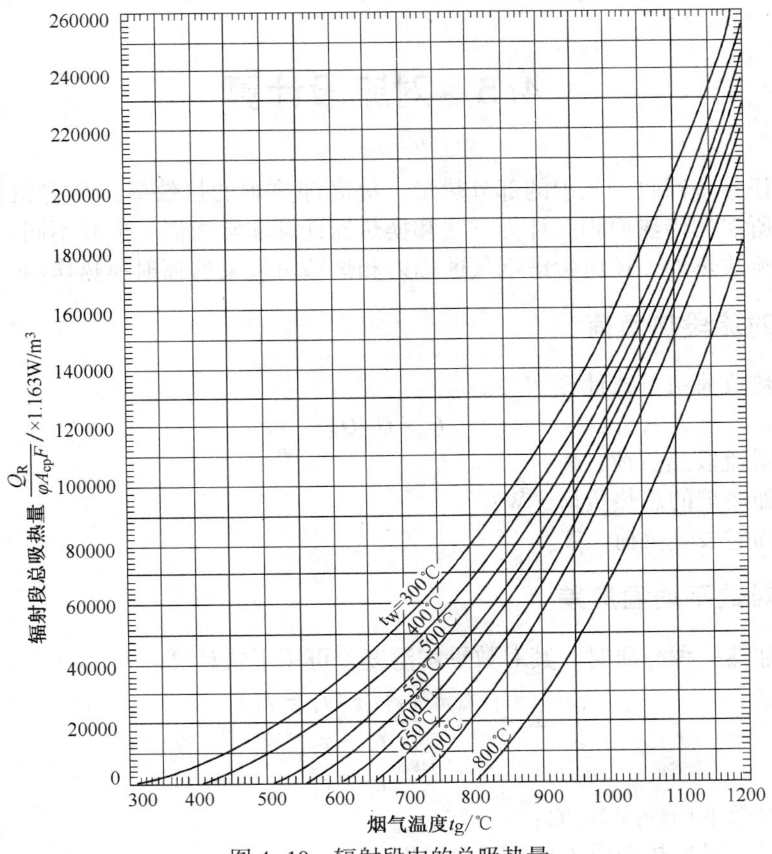

图 4-10　辐射段中的总吸热量

中的曲线为管壁温度为 t_W 时的吸收曲线，前面已经估算出 t_W 值，按 t_W 的估算值另作图。并将前后两次由本章第十二节假定的辐射段烟气出口温度 t_p 与由公式(4-31)计算出来的 $\frac{Q_R}{\alpha A_{CP}F}$ 值的交点(A、B)绘于图上，A、B 两点应在吸收线的左右两侧，连接 AB，与 t_W 吸收曲线交点的横坐标即为所求 t_p 值。

例如：$t_W=443℃$，仿照图4-10作图(图4-9)，第一次试算 $t_p=700℃$，由上述步骤算得 $\frac{Q_R}{\alpha A_{CP}F}=82.6\text{kW/m}^2$，在图上画出 t_p 与 $\frac{Q_R}{\alpha A_{CP}F}$ 之交点A。第二次试算 $t_p=900℃$，$\frac{Q_R}{\alpha A_{CP}F}=68.96\text{kW/m}^2$，在图上找出交点 B。连接 A、B 两点与 t_W 吸收曲线交于 C。C 点所示 t_p 温度为795℃，即为所求之 t_p 值。

4.4.16　辐射段热负荷计算

根据上述计算所得 t_p 值，查图4-4得 $\frac{q_2}{Q_n}$ 值，代入下式得校正后的 Q_R 值。

$$Q_R=(1+\frac{q_a}{Q_n}+\frac{q_f}{Q_n}-\frac{q_L}{Q_n}-\frac{q_2}{Q_n})Q_n \tag{4-36}$$

4.4.17　辐射管表面热强度核算

用由式(4-36)计算所得 Q_R 值代入式(4-16)得校正后的 q_R。

4.5　对流段计算

对流段的任务是回收烟气中的部分热量，提高加热炉的热效率，节省燃料。在设计时，应计算对流段所需的传热面积。计算方法和换热器计算非常相似，但其不同点是：管外除烟气对管束的对流放热外，还应考虑烟气的辐射和炉墙对管束的辐射换热作用。

4.5.1　对流段热负荷

对流段的热负荷由下式计算：

$$Q_c=Q-Q_R \tag{4-37}$$

式中　Q_c——对流段热负荷，W；

Q——加热炉的总热负荷，W；

Q_R——辐射段热负荷，W。

4.5.2　对数平均温度差

对流段只加热一种介质时，其对数平均温度差可用下式计算：

$$\Delta t=\frac{(t_p-\tau_2)-(t_s-\tau_1)}{\ln(\frac{t_p-\tau_2}{t_s-\tau_1})} \tag{4-38}$$

式中　Δt——对数平均温度差，℃；

τ_1、τ_2——对流段加热介质入口、出口温度，℃；

t_p、t_s——对流段烟气入口、出口温度,℃。

4.5.3 对流段炉管内膜传热系数

$$h_i = 0.027 \frac{\lambda}{d_i} \left(\frac{d_i G_F}{\mu}\right)^{0.8} \left(\frac{c_p \mu}{\lambda}\right)^{0.33} \left(\frac{\mu}{\mu_w}\right)^{0.14} \tag{4-39}$$

式中 h_i——炉管内膜传热系数，W/(m²·K)；

G_F——管内流体的质量流速，kg/(m²·s)；

μ、μ_w——分别为管内流体在平均温度和管壁温度下的黏度，Pa·s；

d_i——炉管内径，m；

λ——管内介质的导热系数，W/(m·K)；

c_p——管内介质的定压比热容，J/(kg·K)。

因为在加热油品时，对流段管外烟气膜的传热热阻比管内油品液膜的传热热阻大得多，即关键热阻在管外侧。所以，为了简化计算，可以根据经验选取管内油品的对流传热系数。当管内为原油时，h_i=1163W/(m²·K)；管内为裂化原油时，h_i=930W/(m²·K)；管内为重油时，h_i=698W/(m²·K)。

包括管内结垢热阻在内的管内对流传热系数 h_i^* 用下式计算：

$$\frac{1}{h_i^*} = \frac{1}{h_i} + R_i \tag{4-40}$$

式中 R_i——内膜结垢热阻；m²·K/W，结垢热阻数值由表4-8查得。

表4-8 炉管内膜结垢热阻

管内流体介质	R_i/(m²·℃/W)	管内流体介质	R_i/(m²·℃/W)
粗汽油和轻油，工业用干净循环油	0.00017	黑油、原油、塔底油和残渣油	0.00034
工业用有机溶剂	0.00017	进脱沥青装置原料	0.00034
从润滑油精制来的溶剂和精炼油	0.00017	脱水原油<260℃流速≥1.3m/s	0.00051
从脱沥青来的溶剂和精炼油	0.00017	脱水原油≥260℃流速≥1.3m/s	0.00068
从脱蜡装置来的溶剂，润滑油和蜡	0.00017	拔头原油，低硫常压蒸馏原料	0.00068
天然汽油	0.00017	未脱盐脱水原油<260℃	0.0008
轻烷烃	0.00034	未脱盐脱水原油≥260℃，流速≥1.3m/s	0.0008
天然汽油回收装置贫油	0.00034	相对密度小于0.93的减压塔底残油	0.0008
炼厂气体回收装置贫油	0.00034	拔头原油，含硫2%≥260℃	0.0008
进裂化装置的粗汽油原料<260℃	0.00034	塔底残油，残炭20%，硫4%	0.0008
进裂化装置的柴油原料<260℃	0.00034	工业用燃料油	0.0008
相对密度大于0.93的减压塔底馏出物	0.00034	从润滑油精制装置来的胶质和沥青	0.0008
进润滑油精制装置的溶剂油混合原料	0.00034	从脱沥青装置来的沥青和树脂物	0.0008
进裂化装置的柴油原料>260℃	0.00051	进减黏或焦化的残渣原料	0.0008
进裂化装置的粗汽油原料>260℃	0.00068	从裂化装置来的残渣	0.00042
粗汽油和轻油全部气化，温度超过干点	0.00068		

4.5.4 对流段炉管的外膜传热系数

4.5.4.1 对流段采用光管时，管外对流传热系数

(1)对流传热系数

$$h_{oc} = 1.123 \frac{(G_g)^{0.667} (T_g)^{0.3}}{(d_c)^{0.333}} \tag{4-41}$$

式中 h_{oc}——对流传热系数，W/(m^2·K)；

T_g——对流段烟气的平均温度，K；

d_c——对流管外径，m；

G_g——烟气质量流速，kg/(m^2·s)。

(2)烟气辐射传热系数 h_{or}

为了简化计算，当管心距约为两倍管径、炉管表面辐射率(即黑度)为0.9、CO_2+H_2O分压变化不大的情况下，气体辐射传热系数 h_{or} 值可由图4-11查得，图中平均气体温度为管内介质的平均温度加对流段烟气和管内介质的对数平均温差。平均管壁温度为管内介质平均温度加30℃。

(3)砖墙辐射传热系数

平均为气体辐射和对流传热系数的10%。即

$$h_{ow} = 0.1(h_{oc} + h_{or}) \tag{4-42}$$

式中 h_{ow}——以炉管表面积为基准的砖墙辐射系数，W/(m^2·K)。

(4)光管总外对流传热系数

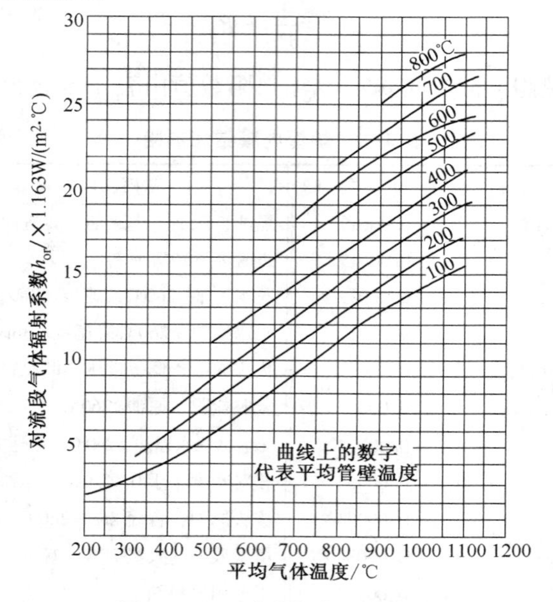

图4-11 对流段烟气辐射系数

$$h_o = h_{oc} + h_{or} + h_{ow} \tag{4-43}$$

包括结垢热阻在内的光管总外对流传热系数 h_o^* 用下式计算：

$$\frac{1}{h_0^*} = \frac{1}{h_0} + R_0 \tag{4-44}$$

式中 R_o——管外污垢热阻，m^2·K/W。

烧气体燃料或烧油采用吹灰设施时，结垢热阻可采用0.0043m^2·K/W，否则采用0.0086m^2·K/W。

4.5.4.2 对流段采用钉头管或翅片管时管外膜传热系数

对流段采用钉头管或翅片管时，必须保持清洁，结垢热阻应不大于 0.0043m^2 · K/W，最好烧气体燃料，如烧燃料油则必需带有强化吹灰装置，一般采用钉头管为宜。

在计算钉头管或翅片管管外对流传热系数时，由于烟气对钉头管或翅片管的对流传热系数很大，而烟气的辐射传热及砖墙的辐射传热影响很小，故后两项可忽略不计。

(1)对流段采用钉头管时管外对流传热系数

对流段采用钉头管时管外对流传热系数可按下述步骤计算：

(a) 钉头表面传热系数

$$h_s = 1.123\frac{(G_g)^{0.667}(T_g)^{0.3}}{(d_s)^{0.333}} \tag{4-45}$$

式中 h_s——钉头表面传热系数，W/(m^2 · K)；

d_s——钉头直径，mm。

包括结垢热阻在内的钉头表面传热系数用下式计算：

$$\frac{1}{h_s^*} = \frac{1}{h_s} + R_0 \tag{4-46}$$

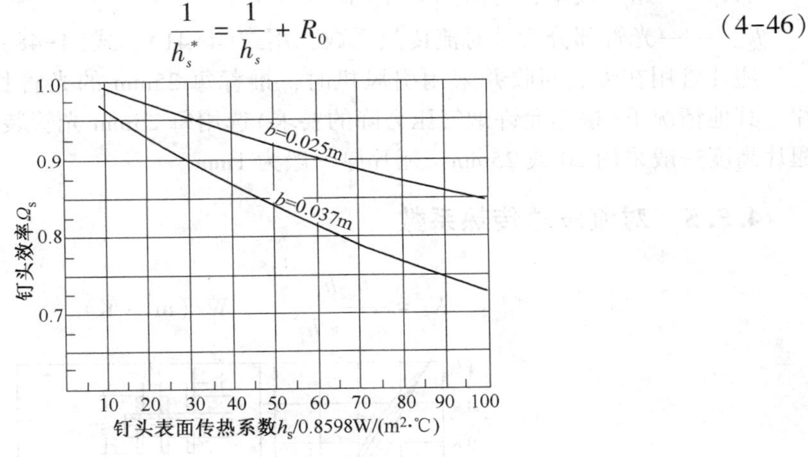

图 4-12 钉头效率 Ω_s

(b) 钉头效率

$$\Omega_s = \frac{\text{Th}mb}{mb} \qquad m = \left(\frac{h_s l_s}{\lambda_s a_x}\right) \tag{4-47}$$

式中 Ω_s——钉头效率；

l_s——钉头周边长，m；

λ_s——钉头材质导热系数，W/(m · K)[一般钢管：λ_s=43W/(m · K)]；

b——钉头高，m；

a_x——钉头的截面积，m^2；

Th——双曲正切。

对于标准钉头管，钉头直径 12mm，钉头高 25~37mm，钉头效率 Ω_s可由图 4-12 查得。

(c) 钉头管的光管部分管外对流传热系数 h_{oc}

h_{oc}的计算公式同式(4-40)。

包括结垢热阻在内的光管管外对流传热系数 h_{oc}^* 用下式计算：

$$\frac{1}{h_{oc}^*} = \frac{1}{h_{oc}} + R_o \tag{4-48}$$

(d) 钉头管外对流传热系数

$$h_{so} = \frac{h_s^* \Omega_s a_s + h_{oc}^* a_b}{a_o} \tag{4-49}$$

式中 h_{so}——钉头管外对流传热系数，W/(m² · K)；

a_s、a_b、a_o——每米长管子的钉头部分、光管部分及光管的外表面积，m²。

(2) 对流段采用环形翅片管时管外对流传热系数

环形翅片管的烟气对流传热系数 h_f 用式(4-50)进行计算：

$$h_f = h_{oc}^* \frac{(\Omega_f a_f + a_o)}{a_o} \tag{4-50}$$

式中 h_f——采用环形翅片管时管外对流传热系数，W/(m² · K)；

a_f——每米长翅片管的翅片表面积，m²；

a_o——每米长管子的光管面积，m²；

Ω_f——翅片效率，可由图 4-13 查得。

h_{oc}^*——光管部分管外对流传热系数，用式(4-41)、式(4-48)计算。

翅片管用在废热回收并采用引风机时，推荐每 25mm 的光管长度装环形翅片 4 片或 6 片。其他情况下(根据允许烟气压力降的要求)选用每 25mm 光管装有环形翅片 2 片或 4 片。翅片高度一般采用 20 或 25mm，翅片厚一般为 1mm。

4.5.5 对流段总传热系数

$$K_c = \frac{h_o^* h_i^*}{h_o^* + h_i^*} \quad W/(m^2 \cdot K) \tag{4-51}$$

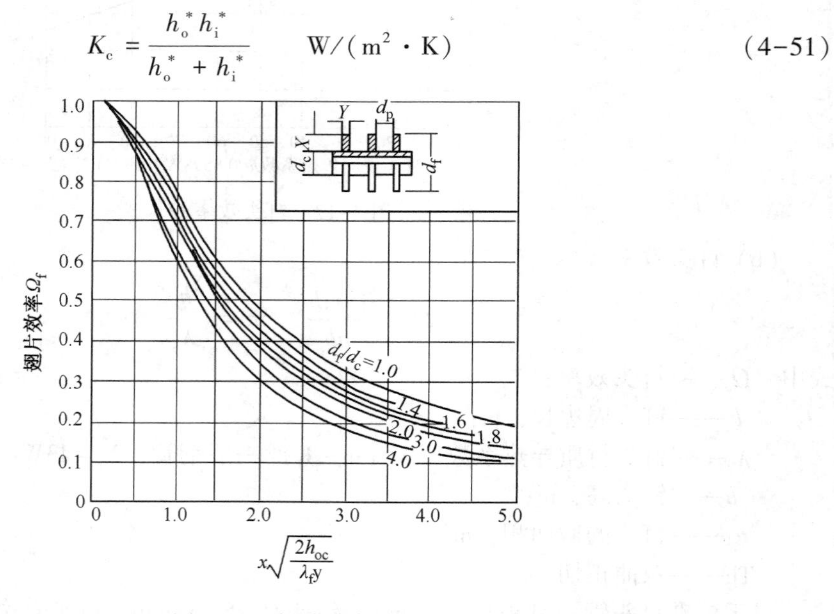

图 4-13 翅片效率

4.5.6 对流管表面积及管排数

$$A_c = \frac{Q_c}{K_c \Delta t} \tag{4-52}$$

$$N_c = \frac{A_c}{n_W L_c \pi d_c} \tag{4-53}$$

式中　A_c——对流管表面积，m^2；

N_c——对流管管排数，排；

n_W——每排炉管根数。

4.5.7　对流室高度

$$H_c = 0.866(N_c + 1)$$

式中　H_c——对流室高度，m。

4.5.8　对流管表面热强度

$$q_c = \frac{Q_c}{A_c} \tag{4-54}$$

式中　q_c——对流管表面热强度，W/m^2。

4.5.9　过热蒸汽管

对流段经常安装有过热蒸汽管，过热蒸汽管的对流传热系数 h_{OC} 可用式(4-41)计算，烟气辐射传热系数 h_{or} 可查图 4-11，砖墙辐射传热系数平均为烟气辐射和对流传热系数的10%，管外总传热系数用式(4-42)、式(4-44)求得。

过热蒸汽管的管壁对水蒸气的传热系数用下式计算：

$$h'_i = 5.82\frac{G_s^{0.8}}{d_c^{0.2}} \tag{4-55}$$

式中　h'_i——过热蒸汽管中管壁对水蒸气的传热系数，$W/(m^2 \cdot K)$；

G_s——过热蒸汽管中水蒸气的质量流速，$kg/(m^2 \cdot s)$；

d_c——过热蒸汽管内径，m。

计算出 h'_i 后，用式(4-40)、式(4-47)、式(4-51)计算出总传热系数，再用式(4-52)、式(4-53)计算出过热蒸汽管的表面积及管排数。

当对流段装有过热蒸汽管时，过热蒸汽管的位置需根据温差要求合理安排，此时对流段可能分为2~3段，需逐段进行计算。

4.6　炉管压力降计算

炉管内流体压力降计算的主要目的在于检查炉管管径和管程数的选择是否合适，以及确定流体进炉时的压力。炉管压力降的计算有两种情况，一种是油料在炉管内无相变化，另一种是有相变化。在有相变化时，需求出开始汽化的一点(汽化点)，然后再分别计算汽化点以后和以前的炉管压力降。

4.6.1　无相变化时的炉管压力降

(1)辐射段炉管压力降

$$\Delta p_R = 2f\frac{l_e}{d_i}u^2\rho_L \tag{4-56}$$

$$l_e = n'L + (n'-1)\varphi' d_i \tag{4-57}$$

$$u = \frac{W_F}{\rho_L \frac{\pi}{4}d_i^2 N} \tag{4-58}$$

式中　Δp_R——辐射段炉管压力降，Pa；

f——水力摩擦系数可根据 Re(动力黏度 μ 的单位为 mPa · s)由图 4-14 查得；

l_e——单程炉管的当量长度，m；

u——辐射段平均操作条件下的介质流速，m/s；

ρ_L——辐射段平均操作条件下流体的密度，kg/m^3；

L——辐射段每根炉管的长度，m；

N——管程数；

n'——每程炉管根数；

φ'——与炉管连接型式有关的系数，其数值可查表 4-9。

表 4-9　各种连接型式的 φ' 值

连接型式	φ'值
急转弯及内部局部急剧缩小弯头	100
急转弯回弯头	50~60
平缓转弯回弯头	30
半径 $R \geq 4d$ 的弯头	10

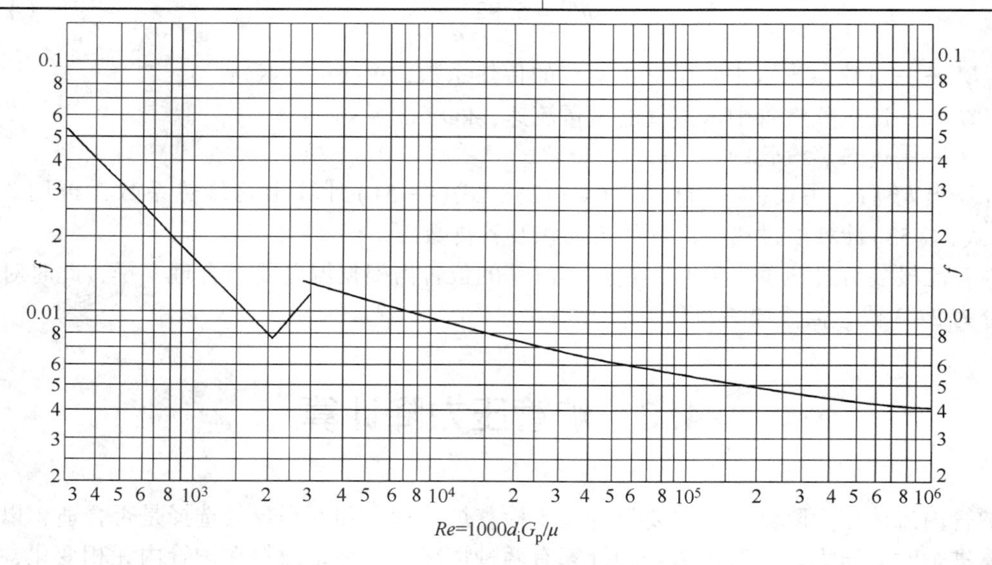

图 4-14　水力摩擦系数 f

当炉管内介质为石油蒸汽而其黏度数据查不到时，可利用下式计算其水力摩擦系数 f（下式的应用范围为 $Re \geq 10^6$）。

$$f = 0.00339 + \frac{0.000309 + 0.0025d_i}{d_i\sqrt{u}} \tag{4-59}$$

(2)无相变化时对流段炉管压力降 Δp_c

计算公式为式(4-56)、式(4-57)和式(4-58)，但均应按对流段的条件进行计算。

(3)液柱压头

炉子入口和出口的几何高度差乘以液体重度为液柱压头，可用下式计算：

$$\Delta p_h = \rho_L g h \tag{4-60}$$

式中 Δp_h——液柱压头，Pa；

h——液柱高度，m。

(4)炉子入口总压力

$$p_i = \Delta p_R + \Delta p_C + \Delta p_h + p_o \tag{4-61}$$

式中 p_i——炉入口总压力，Pa；

p_o——炉出口压力(一般 p_o 为给定值)，Pa。

4.6.2 有相变时的炉管压力降

(1)汽化点

假设开始汽化时的压力为 p_e，根据油料的平衡蒸发泡点曲线，求出油料在开始蒸发时的温度 T_i，令此点为汽化点。

(2)汽化段炉管的当量长度

根据油料的比焓用下式求得

$$l_V = \left(\frac{\bar{I}_t - I_e}{\bar{I}_t - I_i}\right) l_e \tag{4-62}$$

$$\bar{I}_V = e I_V + (1 - e) I_L \tag{4-63}$$

式中 $\bar{I}_V$——油料在炉出口处的平均比焓，J/kg；

l_V——汽化段炉管的当量长度，m；

I_V——炉出口处气相比焓，J/kg；

I_L——炉出口处液相比焓，J/kg；

e——炉出口处油料汽化百分率(质量)，以小数表示；

I_e——开始汽化时(温度为 T_e)油料的比焓，J/kg；

I_i——辐射段进口处油料的比焓，J/kg；

l_e——单程炉管的当量长度，m。

(3)汽化段的压力降

油料在汽化段逐渐汽化，由于流体的黏度、密度和流速等因素影响，汽-液两相流动状态是均相流动还是分层流动，沿管长很难确定，故假设汽-液两相在汽化段内是均相流动，这样可以简化计算过程。

油料在汽化段的汽化率沿管长而变，准确的汽化段内平均汽化率 e 应由积分求得，但是由于汽化段内压力、温度和密度的逐渐改变，积分值不易求得。取起始汽化率与最终汽化率的算术平均值作为平均汽化率，这样求得的汽化段压力降偏于安全。

a. 汽化段的汽-液混合密度

$$\rho_m = \frac{W_F}{\frac{\bar{e} W_F}{\rho_V} + \frac{(1 - \bar{e}) W_F}{\rho_L}} = \frac{1}{\frac{\bar{e}}{\rho_V} + \frac{1 - \bar{e}}{\rho_L}} \tag{4-64}$$

式中　ρ_m——汽化段的汽-液混合密度，kg/m^3；

$\bar{e}$——平均汽化率；

W_F——管内流体流量，kg/s；

ρ_L——汽化段平均条件下液相密度，kg/m^3；

ρ_V——汽化段平均条件下气相密度，kg/m^3。

$$\rho_V = \frac{M_V}{22.4} \times \frac{p_V}{101.3} \times \frac{273}{273 + t_V} \tag{4-65}$$

式中　M_V——油料汽化部分的摩尔质量，kg/kmol；

p_V——汽化段汽化部分平均压力，kPa；

t_V——汽化段汽化部分平均温度，℃。

b. 汽化段汽-液混合速度

$$u_m = \frac{W_F}{\rho_m \frac{\pi}{4} d^2 N} \tag{4-66}$$

式中　u_m——汽化段汽液混合速度，m/s。

c. 汽化段压力降

$$\Delta p_e = 2f \frac{l_V}{d_i} u_m^2 \rho_m \tag{4-67}$$

汽化段压力降 Δp_e 加上炉出口压力应与假设开始汽化时的压力相等，否则需重新假设开始汽化时的压力进行计算(可用下述图解法进行试算)。

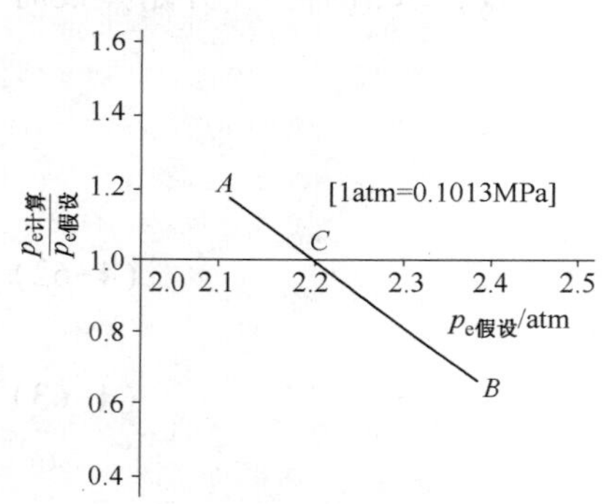

图 4-15　压力降图解试算图例

图解试算：如图 4-15 所示，横座标为假设值(开始汽化时的压力)，纵座标为计算值与假设值之比，A 点为第一次试算值与假设值之比值和第一次假设值的交点。B 点为第二次计算值与假设值之比值和第二次假设值的交点，连接 A、B 二点与横座标交于 C 点，即为所求开始汽化时的压力。

(4)汽化点前压力降

汽化点前压力降利用式(4-56)计算，汽化点前辐射管当量长度为辐射段炉管总当量长度减去汽化段炉管当量长度。对流段压力降的计算与无相变化时压力降的计算相同。

4.7　烟囱的设计和计算

在自然通风的加热炉中，烟囱必须有足够的抽力以克服除通过燃烧器、对流段、烟囱挡板及烟囱的阻力之和外，同时还要考虑到烟囱排出的烟气对周围环境污染的影响。如所用燃料含硫量较高，则烟囱的高度除了要克服烟气流动阻力之外，还要求排出的烟气不使周围地面大气中的二氧化硫等有害气体含量超出允许范围。所以，烟囱的实际高度往往要高于按满足抽力设计的烟囱高度。

国外某些炼油装置根据燃料含硫量，采用合适的高烟囱，以减少大气污染。如使用含硫量 1%燃料油的加热炉，所用烟囱高度为 106m，而使用含硫量 3%的燃料油的加热炉，则集中排往高为 213m 的高烟囱。

如果烟气流动的总压力降超过 200~300Pa，则应考虑装设引风机，即采取强制通风方式。在强制通风的炉子中，烟囱的实际高度是满足烟气排放达到有害气体排放标准的高度。

4.7.1 烟气通过对流段的阻力

对流段的阻力即烟气通过对流段管排的压力降，根据炉管的种类和排列方法采用下列方法之一进行计算：

4.7.1.1 烟气通过交错水平排列光管管排的阻力

$$\Delta H_1 = \frac{T_g}{9250} G_g^2 N_c \left(\frac{d_p G_g}{\mu_g}\right)^{-0.2} \tag{4-68}$$

式中 ΔH_1——烟气通过交错水平排列光管管排的阻力，mmH_2O；

T_g——烟气在对流段的平均温度，K；

G_g——烟气在对流段的质量流速，$kg/(m^2 \cdot s)$；

d_p——管子与管子之间的间隙，m；

μ_g——烟气的黏度，mPa · s。

烟气黏度可根据平均温度由 4-16 图查得。

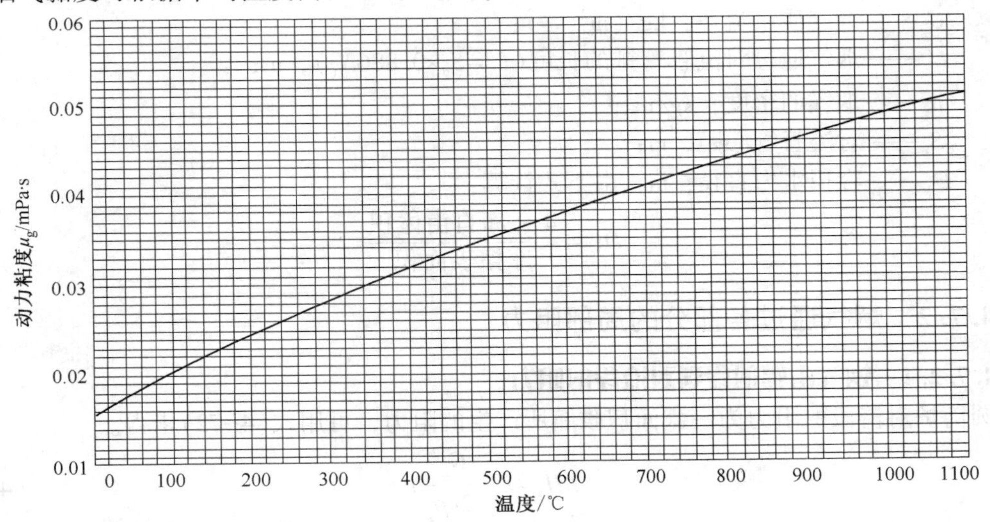

图 4-16 烟气的温度与黏度的关系图

4.7.1.2 烟气通过交错水平排列钉头管管排的阻力

当计算交错排列的钉头管管排的阻力时，先由式(4-69)计算出钉头区域外部的烟气质量流速 G_{go}，再用式(4-70)计算出钉头管管排的阻力 ΔH_2。

$$\left(\frac{W_g}{G_{go}} - A_{so}\right)^{1.8} = \frac{(A_{si})^{1.8}}{N_s} \left(\frac{d'_p}{d''_p}\right)^{0.2} \tag{4-69}$$

$$A_{so} = [S - (d_c + 2b) n_w] L_D \tag{4-69a}$$

$$A_{si} = SL_D - d_c L_D n_w - L_D n_w \frac{1000}{d'''_p} \times 2 d_s b - A_{so} \tag{4-69b}$$

$$\Delta H_2 = \frac{T_g}{9250} G_{go}^2 N_c \left(\frac{d''_p G_{go}}{\mu_g}\right)^{-0.2} \tag{4-70}$$

式中　W_g——烟气流量，kg/s；

G_{go}——烟气在钉头管区城外部的质量流速，kg/(m^2·s)；

A_{so}——钉头区域外部的流通面积按式(4-69a)计算，m^2；

A_{si}——钉头区域内部的流通面积按式(4-69b)计算，m^2；

N_s——每一圈的钉头数；

d'_p——钉头与钉头之间的间隙，m；

d''_p——两邻管钉头端头间的间隙，m；

d'''_p——纵向钉头间距，mm；

ΔH_2——钉头管管排的阻力，mmH_2O。

4.7.1.3　烟气通过环形翅片管管排的阻力

对流管通常为正三角形排列，烟气通过正三角形排列的环形翅片管管排的阻力用下式计算：

$$\Delta H_3 = 0.051 f' \left(\frac{G_g^2}{D_V \rho_g}\right) L' \left(\frac{D_V}{S_c}\right)^{0.4} \tag{4-71}$$

式中　ΔH_3——翅片管管排阻力，mmH_2O；

f'——烟气摩擦系数，由图4-17查得；

G_g——烟气质量流速，kg/(m^2·s)；

L'——烟气通过对流管管排的长度($L' = S_c \times 0.886 N_c$)，m；

ρ_g——烟气的密度，kg/m^3；

S_c——对流管管心距，m；

D_V——容积水力直径，m，由下式计算：

$$D_V = \frac{4 \times 净自由体积}{摩擦表面积}$$

4.7.2　烟气通过各部分的局部阻力

4.7.2.1　烟气由辐射段到对流段的阻力

圆筒炉对流段的阻力为一截面积收缩所产生的阻力，可用式(4-72)求得。

$$\Delta H_4 = \zeta_1 \left(\frac{G_g{}^2}{2g\rho_g}\right) \tag{4-72}$$

取燃烧气体的相对分子质量为29，则：

$$\rho_g = \frac{29}{22.4} \times \frac{273}{T_g} \times \frac{p_g}{760}$$

p_g为烟气压力，$p_g/760$近于1。

$$\rho_g = \frac{354}{T_g}$$

$$\Delta H_4 = \zeta_1 \left(\frac{T_g G_g{}^2}{6940}\right)$$

式中　ΔH_4——烟气由辐射段到对流段的阻力，mmH_2O；

T_g——烟气出辐射段温度，K；

G_g——对流段烟气质量流速，kg/(m^2·s)；

ζ_1——阻力系数，其值查表4-10。

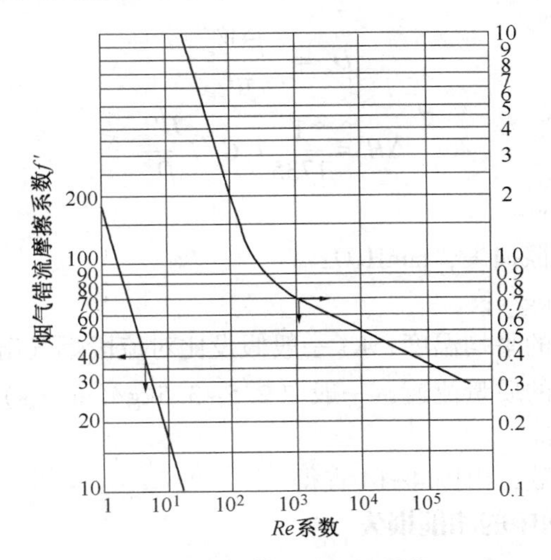

图4-17 烟气错流摩擦系数f'

表4-10 阻力系数ζ_1

A_2/A_1	0.1	0.2	0.3	0.4	0.5	0.6	0.7	0.8	0.9	1.0
ζ_1	0.47	0.43	0.39	0.34	0.30	0.26	0.21	0.16	0.08	0.00

注：A_1、A_2为气流入口、出口流通面积，m^2。

4.7.2.2 烟气由对流段到烟囱的阻力

圆筒炉由对流段到烟囱的阻力ΔH_5也为一截面积收缩所产生的阻力，其计算方法同ΔH_4，采用公式(4-72)，式中T_g为烟气出对流段温度，G_g为烟囱内烟气质量流速，一般为2.5~3.5kg/(m^2·s)。

4.7.2.3 烟气在烟道挡板或烟囱挡板处的阻力

烟气在烟道挡板或烟囱挡板处的阻力ΔH_6按下式计算：

$$\Delta H_6 = \zeta_2(\frac{T_g G_g^2}{6940}) \tag{4-73}$$

式中 ΔH_6——烟道挡板或烟囱挡板处的阻力，mmH_2O；

T_g——烟道或烟囱内烟气平均温度，K；

G_g——烟道或烟囱内烟气质量流速，kg/(m^2·s)；

ζ_2——挡板阻力系数，其值查表4-11。

表4-11 阻力系数ζ_2

自由截面占全截面的百分数/%	5	10	20	30	40	50	60	70	80	90	100
ζ_2	1000	200	40	18	8	4	2	1.0	0.5	0.22	0.1

4.7.3 烟气在烟囱中的摩擦损失及动能损失

4.7.3.1 烟气在烟囱中的摩擦损失

按烟囱内烟气的质量流速为2.5~3.5kg/(m^2·s)的要求，用式(4-74)计算出烟囱直径

D_s后，再假设烟囱高度 H'_s，用公式(4-75)计算出烟气在烟囱中的摩擦损失。

$$D_s = \sqrt{\frac{4W_g}{\pi G_g}} \tag{4-74}$$

$$\Delta H_7 = \frac{1}{1735} T_g G_g^2 f \frac{H'_s}{D_s} \tag{4-75}$$

式中 D_s——烟囱直径，m；

ΔH_7——烟囱中的摩擦损失，mmH_2O；

W_g——烟气流量，kg/s；

T_g——烟囱内烟气的平均温度，K(一般假设比对流段烟气出口温度少 50℃)；

G_g——烟囱内烟气的质量流速，一般取 2.5~3.5kg/(m^2·s)；

H'_s——烟囱高度，m；

f——水力摩擦系数，由图 4-14 查得。

4.7.3.2 烟气在烟囱中的动能损失

$$\Delta H_8 = \frac{T_g G_g^2}{6940} \tag{4-76}$$

式中 ΔH_8——烟气在烟囱中动能损失，mmH_2O。

4.7.3.3 烟气需克服的总阻力 ΔH_s

$$\Delta H_s = \Delta H_1 + \Delta H_2 + \Delta H_3 + \Delta H_4 + \Delta H_5 + \Delta H_6 + \Delta H_7 + \Delta H_8 + 2 \tag{4-77}$$

4.7.4 烟囱的抽力

烟囱的抽力应大于烟气总阻力。在上抽式加热炉中，辐射室产生的有效抽力足以克服燃烧器产生的阻力，所以既不考虑燃烧器的阻力，也不考虑辐射室的抽力。

4.7.4.1 烟囱所产生的抽力 Δp_I

$$\Delta p_I = (\rho_a - \rho_g) H'_s \cdot \frac{g}{g_c} = 354\left(\frac{1}{T_a} - \frac{1}{T_m}\right) H'_s \tag{4-78}$$

式中 Δp_I——烟囱所产生的抽力，mmH_2O；

H'_s——烟囱的最低高度，m；

g——重力加速度，m/s^2；

g_c——单位换算系数，$(N/m^2)/mmH_2O$；

ρ_g——烟气的平均密度，kg/m^3。

假定烟气的相对分子质量为 29，于是

$$\rho_g = \frac{354}{T_m}$$

式中 T_m——烟气在烟囱中的平均温度，K；一般取对流室出口烟气温度减去 50℃；

ρ_a——大气的密度，kg/m^3；大气的相对分子质量可取 29，故

$$\rho_a = \frac{354}{T_a} \tag{4-79}$$

式中 T_a——大气的温度，K。

由式(4-78)可以看出，烟囱的抽力与烟囱的高度及气体间的密度差成正比。烟囱越高则抽力越大；气体间的密度差越大，抽力也越大。

4.7.4.2 对流室所产生的抽力 Δp_{II}

$$\Delta p_{\mathrm{II}} = 354\left(\frac{1}{T_{a}} - \frac{1}{T_{f}}\right)H_{C} \tag{4-80}$$

式中 H_C——对流室高度，m；

T_f——对流室烟气的平均温度，K。

4.7.5 烟囱的最低高度

根据下式可以获得烟囱的最低高度 H_S，即

$$\Delta p_{\mathrm{I}} + \Delta p_{\mathrm{II}} = \Delta H_{s} \tag{4-81}$$

但为了避开邻近的建筑物以及满足炼油厂有关安全防火规范的要求，烟囱的实际高度应该比上述最低高度还要增加一定的高度。此外，对于烟囱设置在对流室之上的圆筒炉，尚需考虑在烟囱顶部装设环形吊梁作为检修时吊装炉管之用。为了能吊起辐射管，烟囱必须有如下的最低高度，即

$$H_{S} = \frac{2}{3}\text{辐射管有效长度} + 2.1 \tag{4-82}$$

同时，为了使烟囱排出的烟气不污染周围环境，还应遵照国家规定的环境保护法来设计烟囱的高度。

4.8 计算步骤

在加热炉工艺计算开始以前，首先需根据工艺要求和经验，参考表4-1，确定加热炉炉型；根据工艺要求，确定被加热介质通过加热炉的流程；根据工艺条件，取得4.2节中所列原料性质、出入炉温度、出炉压力、出炉气化率和燃料性质等基础数据，并选定过剩空气系数。

确定以上数据和条件后，可按以下步骤进行圆筒加热炉的工艺计算。

4.8.1 加热炉总热负荷计算

按式(4-1)计算 Q。

4.8.2 燃烧过程计算

(1)根据燃料组成，按式(4-3)或式(4-5)计算或参照表4-2或表4-3估计燃料的低发热值 Q_l。

(2)按式(4-6)或式(4-7)计算或由图4-1或图4-2查得燃烧所需理论空气量 L_o。

(3)计算炉效率 η：

①先假定离开对流段的烟气温度 t_s，并根据过剩空气系数 α 和 t_s，由图4-4查出烟气带走的热量 q_1'。

②根据经验确定辐射段和对流段的总散热损失 q_L'。

③按式(4-11)算出炉效率 η。

(4)按式(4-12)算出燃料用量 B。

(5)按式(4-13)算出烟气流量 W_g。

4.8.3 辐射段计算

(1)根据炉型和对流管的型式(光管、钉头管或翅片管)，估算辐射段热负荷 Q_R。

(2)按式(4-15)和式(4-14)分别估算油料入辐射段温度 τ'_1和辐射管壁平均温度 t_w。

(3)参考表4-4选取辐射管表面热强度 q_R。

(4)用式(4-16)计算辐射管加热表面积 A_R。

(5)确定辐射管管径及管程数。

①参考表4-4选定管内流体冷油流速 u，并在确定管程数后，用式(4-17)计算管内径 d_i。

②根据算出的 d_i，从附表一选定国产炉管规格。

(6)选定辐射管管心距。

(7)确定辐射段炉体尺寸。

①参考表4-5选定高径比。

②用式(4-18)估算辐射段炉管长度 L 和节圆直径 D'。

③根据估算的 L，由附表一选定炉管长度。

(8)决定对流段长度 L_c。

①选定对流管的管外径 d_o。

②由式(4-21)算出对流段长 L_c。

(9)决定对流段宽 b。

如果对流段采用光管，则选定烟气质量流速 G_g后，由式(4-23)、式(4-25)求出对流段宽 b 和对流管每排根数 n_w；如果对流管采用钉头管，则按表4-6选定钉头规格，由式(4-26)算出每米钉头管所占流通面积 α_f，选定烟气质量流速 G_g后，由式(4-24)和(4-25)求出对流段宽度 b 和对流管每排根数 n_w。

(10)确定节圆直径 D'、辐射段高度 H 和炉膛直径 D。

①根据以上得出的 L_c、n_w，求出遮蔽管的面积(相当于一排对流管面积)。

②由前面求得的 A_R减去遮蔽管面积，求出辐射壁管面积。

③根据辐射壁管面积和选定的辐射炉管规格，按式(4-19)求出辐射管根数 n。

④以节圆周长等于辐射管根数乘管心距的关系求出节圆直径 D'。

⑤根据选定的炉管长度和求出的 D'，得出辐射段高度 H 和炉膛直径 D 的初步尺寸。

(11)求当量冷平面 φA_{cp}。

①根据炉管长度、管心距和管数 n，由式(4-27)求出辐射壁管当量平面 A_{cp}。

②根据管心距，由图4-5查得有效吸收因数 φ。

③求出当量冷平面 φA_{cp}。

④用同样方法，求出遮蔽管的 φA_{cp}。

⑤将由前面步骤③、④得到的 φA_{cp}相加，得出辐射段总当量冷平面 φA_{cp}。

(12)求有效曝露砖墙面积 A_w与总当量冷平面之比 $A_W/\varphi A_{cp}$。

①根据步骤4.8.3中(10)部分⑤求出的 H、D 算出炉膛总面积 ΣF。

②按式(4-29)算出曝露砖墙面积 A_w，并算出曝露砖墙面积与总当量冷平面之比 $A_W/\varphi A_{cp}$。

(13)求烟气辐射率。

①根提辐射段过剩空气系数 α，由图 4-6 查得烟气中 CO_2+H_2O 的分压 $p_{CO_2+H_2O}$ 。

②由表 4-7 查得平均辐射长度 L，算出 $p_{CO_2+H_2O} \cdot L$。

③假定辐射段烟气出口温度 t_p。

④根据 $p_{CO_2+H_2O} \cdot L$ 和 t_p，由图 4-7 查得气体辐射率 ε_g。

(14)根据 $A_W/\varphi A_{cp}$，由图 4-8 查得交换因数 F。

(15)辐射段热平衡。

①求出空气和燃料进加热炉的显热 q_a、q_f(量小时可以忽略不计)。

②选取辐射段热损失或 q_L/Q_n 值。

③根据 t_p 和空气过剩系数 α，由图 4-4 查得烟气带走热量 q_L/Q_n。

④根据前面算出的 Q_1 和 B，算出燃料的发热量 Q_n。

⑤由公式(4-31)求出 $Q_R/\varphi A_{cp}F$。

(16)求辐射段烟气出口温度 t_p。

①根据步骤 4.8.3 中(2)求出的 t_w，用内插法仿图 4-10 作烟气温度与 $Q_R/\varphi A_{cp}F$ 关系图。

②将按步骤 4.8.3 中(13)部分③第一次假定的 t_p 与求出的 $Q_R/\varphi A_{cp}F$ 值的交点 A 绘在上一步骤的图上。

③第二次假设 t_p，由 4.8.3 中(11)至(14)步骤，得出第二个交点 B。

④连接上面得出的 A、B 两点，与步骤 4.8.3 中(13)的 t_w 曲线相交的点即为所求的 t_p。

(17)核算辐射段热负荷 Q_R。

①根据求出的 t_p，重复步骤 4.8.3 中(15)部分③，求出 q_2/Q_n。

②按公式(4-36)求出辐射段热负荷 Q_R。

(18)根据前面求出的辐射管和遮蔽管面积，用公式(4-16)核算辐射段表面热强度 q_R。

(19)核算辐射段油入口温度 τ'_1。

①根据计算开始前给出的基础数据，计算辐射段出口油料总热焓量。

②由上面求得的总热焓量减去 Q_R，得油料入辐射段的热焓量，进而求得油料在该处的比焓。查文献[8]中的油料焓图，得相应的油料温度 τ'_1。

(20)校核由步骤 4.8.3 中(17)、(18)和(19)求出的 Q_R、q_R 和 τ'_1 与 4.8.3 中(1)、(3)和(2)所估算和选定的值是否相符。如果相符则可以进行下列步骤的计算；如果不符或相差较大，则应重新计算。

4.8.4 对流段计算

(1)按式(4-37)计算对流段热负荷 Q_c。

(2)根据前面求得的 τ_1、τ'_1、t_p、t_s，由式(4-38)计算对数平均温度差 Δt。

(3)求对流段炉管内对流传热系数。

①求出对流段油料平均温度，由文献[8]查出在此温度下的油料平均黏度 μ。

②根据对流炉管的管径和管程数，求出油料在炉管内的质量流速 G_F。

③由式(4-39)求得对流段炉管的对流传热系数 h_i。

④由表 4-8 查得炉管内膜结垢热阻 R_i，代入式(4-40)求得包括管内结垢热阻在内的管内对流传热系数 h_i^*。

(4)求管外对流传热系数。

如果对流段采用光管时，按以下步骤计算管外对流传热系数：

①由烟气进、出对流段的温度 t_p、t_s 计算其对数平均温度 T_g(以绝对温度K表示)。

②计算通过对流段烟气流通面积的烟气质量流速 G_g。

③由式(4-41)求得对流传热系数 h_{oc}。

④根据平均烟气温度(对流段管内油料平均温度加对流段烟气和油的对数平均温度差)和平均管壁温度(对流管内油料平均温度加30℃)由图4-11查得气体辐射传热系数 h_{or}。

⑤由式(4-43)求得总外膜传热系数 h_o。

⑥由式(4-44)求得包括结垢热阻在内的管外总对流传热系数 h_o^*。

如果对流段采用钉头管时，按以下步骤计算管外对流传热系数：

①同步骤4.8.4中(4)的①，求出 T_g。

②由式(4-25)求得 G_g。

③由式(4-45)求得钉头表面传热系数 h_s。

④由式(4-46)求得包括结垢热阻在内的钉头表面传热系数 h_s^*。

⑤由式(4-47)求得钉头效率 Ω_s。

⑥同前面步骤4.8.4中(4)的③，求出钉头管光管部分管外对流传热系数 h_{oc}。

⑦由式(4-48)计算包括结垢热阻在内的光管管外对流传热系数 h_{oc}^*。

⑧由式(4-49)计算钉头管外膜传热系数 h_{so}。

(5)将前面求得的 h_i^*、h_o^*(或 h_{oc}^*)代入式(4-51)求得对流管的总传热系数 K_c。

(6)将求得的 Q_c、Δt 和 K_c 代入式(4-52)得对流管表面积 A_c，并由式(4-53)求得对流管管排数 N_c。

(7)由式(4-54)求得对流管表面热强度 q_c。

(8)过热蒸汽管的计算。

①计算水蒸气在对流段过热蒸汽管中的质量流速 G_s。

②由式(4-55)求得过热蒸汽管中管壁对水蒸气的传热系数 h_i^*。

③仿前面的步骤，用式(4-40)、式(4-48)和式(4-51)求出总传热系数 K_c，再用式(4-52)和式(4-53)算出过热蒸汽管的表面积和管排数。

4.8.5 炉管压力降计算

无相变化时，计算步骤如下：

(1)计算辐射段炉管压力降 Δp_R。

①根据每程辐射炉管根数 n'、每根辐射炉管长度 L、辐射管内径 d_i 和由表4-9查出的系数 φ 值，由式(4-57)求出单程辐射炉管的当量长度 l_e。

②根据已知的 W_F、d_i、辐射段管程数 N 和辐射段平均油料温度下的油料密度 ρ_L，由式(4-58)求得辐射段平均温度下的油料流速 u。

③根据油料在辐射炉管内的质量流速 G_F、辐射段平均温度下油料黏度 μ 和辐射炉管内径 d_i 求出油料的 Re，再根据 Re 由图4-14查得水力摩擦系数 f。如炉管内为石油蒸汽，且 $Re \geqslant 10^6$，可由式(4-59)求得 f。

④将前面求得的 f、l_e、u、ρ_L 等代入式(4-56)，求得辐射段炉管压力降 Δp_R。

(2)计算对流段炉管压力降 Δp_c。重复前面的步骤，但以对流段的条件进行计算，求得对流段炉管压力降 Δp_c。

(3)由式(4-60)求得液柱压头 Δp_h。

(4)由式(4-61)求得炉子入口总压力 p_i。

有相变化时，计算步骤如下：

(1)假定气化点

假设开始气化时的压力 p_e 值，由油料的平衡蒸发泡点曲线查得开始气化时的温度 T_e，令此点为气化点。

(2)求气化段炉管的当量长度 l_V

①由文献[22]查得油料出口处气相比焓 I_V、炉出口处液相比焓 I_L，开始气化时(T_e)液相比焓 I_e 和辐射段进口处(温度为 τ'_1)油料比焓 I_i。

②根据已知的炉出口处油料气化百分数(质量) e 和查得的比焓值，由式(4-63)求得油料在炉出口处的平均比焓 $\bar{I}_t$。

③同步骤 4.8.5 中(1)的①，求出单程辐射炉管(包括辐射壁管和遮蔽管)的当量长度 l_e。

④由式(4-62)求出气化段炉管的当量长度 l_V。

(3)计算气化段压力降 Δp_e

①求气化段的气液混合密度 ρ_m。

a. 计算气化段(气化点至炉出口)的算术平均气化率 $\bar{e}$、温度 t_V、压力 p_V。

b. 假定油料气化部分的摩尔质量 M_V 和气化段平均条件下的液相密度 ρ_L。

c. 由式(4-65)计算气化段平均条件下的气相密度 ρ_V。

d. 由式(4-64)计算气化段气-液混合密度 ρ_m。

②由式(4-66)计算气化段气-液混合速度 u_m。

③计算气化段压力降 Δp_e：由式(4-59)求得水力摩擦系数 f，代入式(4-67)，求得气化段压力降 Δp_e。

④校核气化点。

a. 校核 Δp_e 加上炉出口压力是否与前面假设的 p_e 相符。如不相符，第二次假设 p_e，重复前面的步骤，求出第二次的 Δp_e。

b. 第二次校核 Δp_e 加上炉出口压力是否与第二次假设的 p_e 相符。如不相符，用图 4-15 所示图解法求开始气化时压力 p_e。

(4)计算气化点前压力降

①根据最后求得的 p_e，查油料的平衡蒸发泡点曲线得气化点温度 T_e，并由文献[22]查得在此温度时比焓 I_e。

②再代入式(4-62)求出气化段炉管的当量长度 l_V。

③由前面求出的辐射段总炉管当量长度 l_e 减去 l_V 得气化段以前辐射炉管当量长度，用前面无相变化的同样步骤得出气化段以前辐射炉管的压力降。

④按前述无相变的相应步骤得出对流段炉管压力降。

(5)求总压力降

将气化段、气化段以前辐射段和对流段的压力降相加得炉管总压力降 Δp。

4.8.6 烟囱的计算

(1)计算烟气通过对流段的阻力

当对流段炉管为交错水平排列光管时，按以下步骤计算：

①求出烟气在对流段的平均温度 T_g 及在此温度下的烟气黏度 μ_g。

②由式(4-68)求得烟气通过对流段的阻力 ΔH_1。

当对流炉管为交错水平排列钉头管时，按以下步骤计算：

①由式(4-69a)求得钉头区域外部的流通面积 A_{so}。

②由式(4-69b)求得钉头区域内部的流通面积 A_{si}。

③由式(4-69)求得烟气在钉头区域外部的质量流速 G_{go}。

④由式(4-70)求得烟气通过对流段钉头管阻力 ΔH_2。

当对流段采用环形翅片管时，按以下步骤计算：

①计算烟气通过流通面积的质量流速 G_g。

②计算对流段烟气平均温度 T_g 下烟气密度 ρ_g。

③求出烟气通过对流段的容积水力直径 D_V。

④求出对流段烟气平均温度下的黏度 μ_g。

⑤由以上求出的 G_g、D_V、μ_g 算出烟气通过对流段的雷诺数 Re，由图 4-17 查得烟气水力摩擦系数 f'。

⑥由式(4-71)求得烟气通过对流段环形翅片管的阻力 ΔH_3。

(2)计算烟气在各部分的局部阻力

①由表 4-10 查得阻力系数 ζ_1，再由式(4-72)求出烟气由辐射段到对流段的阻力 ΔH_4。

②仿前面步骤，用式(4-72)求出烟气由对流段到烟囱的阻力 ΔH_5，但此时式(4-72)中的 T_g 为烟气出对流段温度，G_g 为烟囱内烟气质量流速。

③由表 4-11 查出挡板阻力系数 ζ_2，再由式(4-73)求出烟气在烟道挡板或烟囱挡板处的阻力 ΔH_6。

(3)计算烟气在烟囱中的摩擦损失和动能损失

①用式(4-74)求出烟囱直径 D_s。

②假设一个烟囱高度 H'_s 和烟气在烟囱内的平均温度 T_g。

③由烟囱内烟气质量流速 G_g、烟囱内烟气平均温度下的烟气黏度 μ 和 D_s 求出烟气的雷诺数 Re，根据 Re 由图 4-14 查得水力摩擦系数 f。

④由式(4-75)求得烟气在烟囱中的摩擦损失 ΔH_7。

⑤由式(4-76)求得烟气在烟囱中的动能损失 ΔH_8。

(4)计算总阻力

将以上各项阻力损失相加得总阻力 ΔH_s。

(5)计算烟囱的抽力和高度

①由式(4-78)求得烟囱产生的抽力 Δp_{I}。

②由式(4-80)求得烟囱产生的抽力 Δp_{II}。

③由式(4-81)求得烟囱的最小高度 H_{s1}。

④由式(4-82)求得烟囱的最小高度 H_{s2}。

⑤由环保要求求得烟囱的最小高度 H_{s3}。

⑥烟囱的最小高度为上述三者的最大值。

4.8.7 总结

将以上计算的主要结果汇总列于表 4-12。加热炉的工艺计算与结构设计是互为影响的。通过工艺计算可得出表 4-12 中的初步数据，根据这些初步数据进一步进行炉体结构设计，然后根据结构设计的结果再修正表 4-12 的数据，得出最后的加热炉工艺数据。

表 4-12 计算结果汇总表

项目	数值	项目	数值
炉子总热负荷/kW		炉效率/%	
辐射段热负荷/kW		炉体结构尺寸	
对流段热负荷/kW		辐射段 直径×高/m	
炉管表面热强度/(kW/m²)		对流段 长×高×宽/m	
辐射管热强度/(kW/m²)		烟囱直径/m	
对流管热强度/(kW/m²)		烟囱高度/m	
过热蒸汽管热强度/(kW/m²)		炉管排列情况	
出辐射段烟气温度/℃		辐射管外径×厚×长/m	
出对流段烟气温度/℃		根数	
管内介质流速/(m/s)		管心距/m	
辐射管/(m/s)		管程数	
对流管/(m/s)		对流管外径×厚×长/m	
炉管压力降/MPa		根数	
燃料油(气)用量/(kg/s)		管心距/m	
燃料低发热值/(kJ/kg)		管程数	

5 板式精馏塔的设计

5.1 概述

5.1.1 精馏过程及其对塔设备的要求

精馏是分离均相液体或气体混合物常用的典型单元操作之一，在化工、炼油、石化等工业生产装置中应用很广。

精馏装置的核心设备为精馏塔，其附属设备包括冷换设备、输送设备以及储存设备等。常见的精馏塔有板式塔和填料塔两大类，其内件分别为塔板和填料。板式塔的主要特征是气液两相在塔板上充分接触，其传热和传质具有明显的“级”式过程；而填料塔中气液两相接触主要发生在填料表面，其传热和传质过程以“微分”式连续进行。

在工业生产中，对塔设备的要求主要包括：

(1) 生产能力大，单位塔截面可通过较大的气、液相流量。

(2) 传质效率高，塔板结构有利于气液两相充分接触，具有较高的塔板效率或传质速率。

(3) 流动阻力小，气体通过塔板及其液层的压降低。

(4) 操作范围宽，操作弹性大。

(5) 结构简单可靠、造价低，方便安装及维修。

(6) 能满足物系某些工艺特殊要求，如腐蚀性、热敏性、起泡性等。

根据上述条件，对板式塔和填料塔的性能作简要比较，见表 5-1。

表 5-1 板式塔和填料塔的比较

项 目	塔设备型式	
	板式塔	填料塔
空塔气速(生产能力)	较大	小尺寸填料较小，大尺寸填料及规整填料较大
塔效率	效率较稳定，大塔效率比小塔有所提高	传统填料较低；新型乱堆及规整填料较高
压降	较大	小尺寸填料较大，大尺寸填料及规整填料较小
操作弹性	适应范围较大	对液体喷淋量有一定要求
持液量	较大	较小
材质要求	一般用金属材料制作	金属及非金属材料均可
安装维修	较易	较难
造价	直径大时一般比填料塔造价低	直径小于 800mm 时，造价一般比板式塔便宜；新型填料塔造价较高
重量	较轻	较重

实际生产中，任何一个塔设备都难以同时满足上述所有要求，况且上述要求中有些也是不能相互兼顾的。不同类型的塔板和填料均具有各自独特的优点和缺点，设计时应根据具体物系的性质特点和操作条件，抓住主要矛盾，进行选型。例如，对于热敏性物系的分离，要求全塔压降和持液量尽可能低，选用填料塔较为适宜；对于有侧线进料和出料的分离过程，选用板式塔较为适宜；对于含有悬浮物或容易聚合的物系，为防止堵塞，宜选用板式塔；对于液体喷淋密度极小的分离过程，宜选用板式塔，对于易发泡物系的分离，因填料层具有破碎泡沫的作用，宜选用填料塔。

本章重点介绍精馏过程的工艺计算和板式塔的基本设计方法。

5.1.2 板式精馏塔设计步骤

(1) 根据设计任务书和工艺要求，确定整个精馏装置的工艺流程、塔板结构型式和主要操作条件。

(2) 完成精馏工艺计算，包括物料衡算、热量衡算、理论板数、全塔效率、塔顶冷凝器和塔底再沸器热负荷等的计算。

(3) 确定塔径、塔高等工艺尺寸；进行塔板结构设计，包括溢流堰、降液管、塔板板面布置、塔板气体通道(筛孔或浮阀等)的设计及排列等。

(4) 进行塔板流体力学性能校核计算，并绘出塔板负荷性能图。

(5) 根据塔板负荷性能图，对塔板结构设计结果进行分析评价，若设计结果不够理想，可对相关结构参数进行调整，重复上述设计过程，直到满意为止。

(6) 计算精馏塔的主要接管尺寸，完成附属设备的计算与选型，如进料泵、再沸器、冷凝器及原料预热器等。

(7) 撰写精馏装置设计说明书。

(8) 绘制精馏过程工艺流程简图和精馏塔设备装配图。

5.2 精馏方案的确定

精馏方案是指确定精馏装置的具体流程、主要设备结构型式和主要操作条件，包括操作压力，进料热状态，加热方式和加热介质、冷却介质及其进、出口温度，精馏装置热能综合利用等。确定方案必须综合考虑以下几个方面：①能满足工艺要求，达到工艺要求的产品收率和质量标准；②操作平稳，易于调节；③经济合理；④符合安全生产。

5.2.1 操作压力

精馏操作可在常压、加压或减压下进行。确定操作压力时，必须根据所处理物料的相关性质，兼顾技术上的可行性和经济上的合理性综合考虑。常压精馏简单经济，一般来说，若无特殊要求，应尽量在常压下操作。

对于沸点低，常压下为气态的物料必须在加压下进行精馏。加压操作可提高平衡温度，有利于塔顶蒸汽冷凝相变焓的综合利用，或可以使用较便宜的冷却剂(如循环水)，减少塔顶蒸汽冷凝冷却费用。在相同塔径下，适当提高操作压力还可提高精馏塔的处理能力，但提高塔的操作压力，同时也会提高塔底再沸器的温度，并且物系的相对挥发度也有所下降，导致分离难度增加。

对于热敏性和高沸点物系的分离常采用减压精馏。降低操作压力，一方面可使组分间相对挥发度增大，有利于分离；另一方面减压操作降低了平衡温度，这样塔底再沸器可以使用较低温位的加热介质。但降低压力也必然导致塔径增大和塔顶蒸汽冷凝温度的降低，且塔顶必须使用抽真空设备，导致设备费用和操作费用增加。

5.2.2 进料热状态

原料入塔时的温度或状态称为进料的热状态。进料热状态不同，精馏段和提馏段的汽、液相流量的差别也不相同。进料热状态可用进料热状态参数 q 来表示。理论上来讲，可能的进料热状态共有 5 种，即过冷液体($q>1$)、饱和液体($q=1$)、汽液混合进料($0<q<1$)、饱和蒸汽进料($q=0$)和过热蒸汽进料($q<0$)。

在回流比 R 一定时，q 值的变化不影响精馏段操作线的位置，但明显改变了提馏段操作线的位置。进料预热温度越高，q 值越小，提馏段操作线越靠近平衡线，分离所需理论板数增加，导致设备费用增加。另外，原料预热温度降低，q 值增加，提馏段气相负荷增加，塔底再沸器负荷增加，导致操作费用增加。因此，设计中应综合考虑操作费用和设备费用，兼顾操作平稳等多种因素，一般将原料液预热至泡点或接近泡点才送入精馏塔。这样，进料温度就不受季节、气温变化和前道工序操作波动的影响，精馏塔的操作就比较容易控制。而且，泡点进料时精馏段和提馏段的气相摩尔流量相等，体积流量相近，塔径相同，设计制作也比较方便。

有时为了减小再沸器热负荷(如再沸器所需加热剂的温度较高，或物料容易在再沸器内结焦等)，可在原料液预热时加入更多的热量，甚至采用饱和蒸汽进料。

必须注意的是，在实际设计中进料热状态与总费用、操作调节方便与否有关，还与整个车间的流程安排有关，需从整体上综合考虑。

5.2.3 加热方式和加热介质

(1) 加热方式

精馏塔塔底再沸器通常采用间接蒸汽加热，为塔底提供足够的热量。若待分离物系为某种轻组分与水的混合物，也可采用直接蒸汽加热，即省去塔底再沸器，只需在塔釜内安装鼓泡管，把水蒸汽直接通入塔釜，使釜液中的轻组分汽化。这样可以利用压力较低的蒸汽进行加热，操作费用和设备费用均可降低。但与间接蒸汽加热相比可知，在产品组成要求相同的情况下，因蒸汽的直接通入必然导致塔底釜液排放量增加，使轻组分的回收率降低。另外，当塔顶轻组分回收率一定时，由于蒸汽冷凝水的稀释作用，使塔底残液中轻组分浓度降低，所需的塔板数稍有增加。若塔底产品轻组分浓度很低，并且在浓度较低时溶液的相对挥发度较大(如乙醇-水混合液)，增加的塔板数不多，此时采用直接蒸汽加热较为合适。若釜液黏度很大，采用间壁式换热器加热困难，采用直接蒸汽加热也可取得很好的效果。

在某些精馏流程中，为了充分回收利用低温位的热量，可在提馏段的某个部位设置中间再沸器。这样，设备费用虽然略有增加，但节约了操作费用，可获得很好的经济效益。对于高温下易变质、结焦的物料也可采用中间再沸器以减少塔釜的加热量。

(2) 加热介质

原料液预热和精馏塔釜的加热，可以采用电加热、饱和蒸汽加热和其他热载体加热。对于小型实验装置可考虑采用电加热，便于调节，使用方便。化工生产中温度不超过 180℃的场合，通常可采用饱和水蒸气加热。若要求加热温度超过 180℃时，则应考虑采用其他高温载体加热，如烟道气、熔盐、导热油等。

5.2.4 冷却介质与出口温度

冷却介质的选择由塔顶蒸汽温度决定。如果塔顶蒸汽温度低于或接近常温时，可选用冷冻盐水或其他冷却介质，还可以采用加压操作以提高塔顶蒸汽温度。如果能够采用循环水作冷却剂，是最经济的。循环水的入口温度取决于大气温度，出口温度则由设计者确定。设计中循环冷却水出口温度取得高些，可以减少循环水量，降低操作费用，但同时将导致传热温度差减小，所需传热面积增加。因此，循环冷却水出口温度的选择应根据当地水资源情况确定，但一般不宜超过 50℃。因为工业循环水中所含的许多盐类(主要是 $CaCO_3$、$MgCO_3$、$CaSO_4$、$MgSO_4$等)的溶解度随温度升高而减小，如出口温度过高，溶于水中的无机盐将析出，形成水垢附着在换热器的传热面上，导致污垢热阻增加而影响传热效果。

5.2.5 塔板类型的选择

《化工原理》教材中已对常用塔板型式，如泡罩塔板、浮阀塔板、筛板、舌形塔板、网孔塔板、垂直筛板、多降液管塔板、无溢流塔板等的构造和操作特性作了介绍，此处不再赘述。表 5-2 给出了各种常用塔板相关性能的比较，供设计选型时参考。

表 5-2 塔板性能比较

序号	内容	泡罩	条形泡罩	S形泡罩	溢流式筛板	导向筛板	圆形浮阀	条形浮阀	栅板	穿流式筛板	穿流式管排	波纹筛板	异孔径塔板	条孔网状塔板	舌形板	文丘里式塔板
1	高气液负荷	C	B	D	E	E	E	E	E	E	E	E	E	E	E	E
2	低气液负荷	D	D	D	C	D	F	F	C	D	C	D	D	E	D	B
3	操作弹性大	E	B	E	D	F	F	F	B	B	B	C	D	E	D	D
4	压降小	A	A	A	D	C	D	C	E	D	E	D	D	E	C	E
5	液沫夹带量少	B	B	C	D	D	D	E	E	E	E	E	E	E	E	F
6	板上持液量少	A	A	A	D	E	D	D	E	D	E	C	D	D	F	F
7	板间距小	D	C	D	E	F	E	E	F	F	E	E	F	F	E	E
8	效率高	E	D	E	E	E	F	E	E	E	D	E	E	E	D	E
9	塔单位体积生产能力大	C	B	D	E	F	E	E	E	E	E	E	E	E	E	F
10	气、液负荷的可变性	D	C	E	D	E	F	F	B	B	A	C	C	D	D	D
11	价格低廉	C	B	D	E	D	E	D	D	F	C	D	E	E	E	E
12	金属消耗量少	C	C	D	E	D	E	E	F	F	C	E	F	E	F	F
13	易于装卸	B	B	D	E	C	B	E	F	F	C	D	F	F	E	E
14	易于检查清洗和维修	C	B	D	D	C	D	D	F	E	E	E	E	D	D	D

续表

序号	内 容	泡罩	条形泡罩	S形泡罩	溢流式筛板	导向筛板	圆形浮阀	条形浮阀	栅板	穿流式筛板	穿流式管排	波纹筛板	异孔径塔板	条孔网状塔板	舌形板	文丘里式塔板
15	有固体沉积时用液体进行清洗的可能性	B	A	A	B	A	B	B	E	D	F	E	E	E	C	C
16	开工和停工方便	E	E	E	C	D	E	F	C	D	C	D	D	D	D	D
17	加热和冷却的可能性	B	B	B	D	A	C	C	D	D	F	D	D	C	A	A
18	对腐蚀介质使用的可能性	B	B	C	D	C	C	C	E	E	D	C	E	D	C	C

表中符号说明：A—不合适，B—尚可，C—合适，D—较满意，E—很好，F—最好。

5.3 精馏装置工艺计算

板式精馏塔的工艺计算内容有物料衡算、操作回流比的确定、理论板数的计算、实际塔板数的计算、塔板效率的估算和热量衡算等。

5.3.1 物料衡算

物料衡算的任务是：①根据设计任务书给定的原料处理量、原料浓度及分离要求(塔顶、塔底产品的浓度)，计算出每小时塔顶、塔底产品的流量；②在进料热状态和回流比 R 选定后，分别计算精馏段和提馏段的上升蒸汽量和下降液体量；③写出精馏段和提馏段的操作线方程，为计算理论板数、塔径及塔板结构参数提供设计依据。

通常，在生产实践中，原料量和产品量都以 kg/h 或 t/a 来表示，但在理论板数计算时均须转换为 kmol/h。在塔板结构设计时，汽液流量又需用 m^3/s 或 m^3/h 来表示。因此要注意不同场合应使用不同的流量单位。

5.3.1.1 二元常规精馏塔的物料衡算

常规精馏塔指的是塔体中间某块塔板仅有一股进料，塔顶、塔底各出一个高纯度的产品，塔釜采用间接加热的精馏塔。

(1) 全塔总物料衡算

对全塔作总物料衡算：

$$F=D+W \tag{5-1}$$

式中 F——进料流量，kmol/h；

D——塔顶产品(馏出液)流量，kmol/h；

W——塔底产品(釜残液)流量，kmol/h。

对全塔易挥发组分 A 作物料衡算：

$$Fx_F=Dx_D+Wx_w \tag{5-2}$$

式中 x_F——进料中易挥发组分 A 的摩尔分率；

x_D——馏出液中易挥发组分 A 的摩尔分率；

x_w——釜残液中易挥发组分 A 的摩尔分率。

若以塔顶易挥发组分为主要产品，则易挥发组分在塔顶产品中的回收率为：

$$\eta_A = \frac{Dx_D}{Fx_F} \tag{5-3}$$

式中 η_A——易挥发组分 A 在塔顶产品中的回收率。

若以塔底难挥发组分为主要产品，则难挥发组分在塔底产品中的回收率为：

$$\eta_B = \frac{W(1 - x_W)}{F(1 - x_F)} \tag{5-4}$$

式中 η_B——难挥发组分 B 在塔底产品中的回收率。

已知 F、D、W、x_F、x_D（或 η_A）和 x_w（或 η_B）六个参数中的四个，利用式（5-1）、式（5-2）或式（5-3）、式（5-4）可以计算出另外两个参数。

（2）操作线方程

若进料热状态参数 q 值和回流比 R 确定，根据恒摩尔流假设，则可分别求出精馏段、提馏段的汽、液两相流量。

精馏段上升蒸汽量：

$$V=(R+1)D \tag{5-5}$$

精馏段下降液体量：

$$L=RD \tag{5-6}$$

精馏段操作线方程：

$$y_{n+1} = \frac{L}{V}x_n + \frac{D}{V}x_D \tag{5-7}$$

$$y_{n+1} = \frac{R}{R+1}x_n + \frac{1}{R+1}x_D \tag{5-7a}$$

式中 V——精馏段上升蒸汽量，kmol/h；

L——精馏段下降液体量，kmol/h；

R——操作回流比；

n——自塔顶算起精馏段内任意第 n 块塔板；

x_n——精馏段内第 n 层板下降液体中易挥发组分的摩尔分率；

y_{n+1}——精馏段内第 $n+1$ 层板上升蒸汽中易挥发组分的摩尔分率。

提馏段上升蒸汽量：

$$V'=(R+1)D-(1-q)F \tag{5-8}$$

提馏段下降液体量：

$$L'=L+qF=RD+qF \tag{5-9}$$

提馏段操作线方程：

$$y'_{m+1} = \frac{L'}{V'}x'_m - \frac{W}{V'}x_W \tag{5-10}$$

$$y'_{m+1} = \frac{L+qF}{L+qF-W}x'_m - \frac{W}{L+qF-W}x_W \tag{5-10a}$$

式中 V'——提馏段上升蒸汽量，kmol/h；

L'——提馏段下降液体量，kmol/h；

q——进料热状态参数；

m——自进料板算起提馏段内任意第 m 块塔板；

x'_m——提馏段内第 m 层板下降液体中易挥发组分的摩尔分率；

y'_{m+1}——提馏段内第 $m+1$ 层板上升蒸汽中易挥发组分的摩尔分率。

对进料板作物料衡算，可得进料板处的操作线方程(q 线方程)。

$$y = \frac{q}{q-1}x - \frac{x_F}{q-1} \tag{5-11}$$

5.3.1.2 直接蒸汽加热精馏塔的物料衡算

(1) 全塔物料衡算

对全塔做总物料衡算：

$$S+F=D+W^* \tag{5-12}$$

对全塔易挥发组分 A 做物料衡算：

$$Sy_S + Fx_F = Dx_D + W^* x_W^* \tag{5-13}$$

式中 S——直接加热蒸汽的流量，kmol/h；

y_S——加热蒸汽中易挥发组分的摩尔分率，一般 $y_S=0$；

W^*——直接蒸汽加热时釜残液流量，kmol/h；

x_W^*——直接蒸汽加热时釜残液中易挥发组分的摩尔分率。

(2) 操作线方程

精馏段上升蒸汽量、下降液体量及精馏段操作线方程与常规精馏塔相同。

提馏段上升蒸汽量 $V'=S$，下降液体量 $L'=W^*$，则提馏段操作线方程：

$$y'_{m+1} = \frac{W^*}{S}x'_m - \frac{W^*}{S}x_W^* \tag{5-14}$$

由式(5-14)可知，当 $x_m'=x_W{}^*$，$y_{m+1}'=0$，即提馏段操作线与 x 轴的交点为($x_W{}^*$，0)。

5.3.2 塔内压力

精馏塔内的压力和温度分布是求取实际塔板数，进行塔板结构设计的重要依据。设计任务书给定的操作压力通常是指塔顶压力。由于气体自下而上穿过各层塔板时都有压降，所以从塔顶到塔底压力是逐渐增加的，各塔板的温度也有相应的变化，因此沿塔高各层塔板上的物性和气相负荷也随之变化。尤其对减压操作的精馏塔，设计时务必注意这一点。由于塔内压力分布与塔板的结构型式、汽液相负荷及物性等多种因素有关，很难直接计算，一般先假设，再校核，经多次试差后才能确定。

对于常压或加压操作的精馏塔，如果塔板压降不是很大，在工艺计算时可假定全塔各处压力相等。这样，简化处理计算误差不大，却会给工艺计算带来了很大的方便。

5.3.3 回流比的确定

回流比是精馏塔设计及操作的重要参数之一，回流比大小不仅影响到全塔所需的理论板数、塔内汽液相负荷、塔径和塔板的结构尺寸，还影响塔底再沸器加热介质和塔顶冷凝冷却器冷却介质的消耗量，进而影响精馏塔的设备费用和操作费用。回流比的选择原则是力求使精馏塔的设备费用和操作费用之和最低，同时也应考虑操作时的调节弹性。在精馏操作中常采用改变回流比来调节精馏塔的分离能力。设计时若选用的回流比过大，分离所需的理论板数虽然较少，但在操作时改变回流比所能起的调节作用就极小，不利于精馏操作调节。因此，从调节弹性角度来看，回流比不宜选得过大。

要得到在经济上最适宜的回流比，应进行最优化设计。但设计时往往难以获得完整、准确的技术经济资料和数据，并且此项工作量很大。在课程设计中对此只能定性考虑。通常回流比的确定方法有以下几种：

① 参考现有同类装置(与设计物系相同，分离要求相近，操作情况良好的工业精馏塔)运行过程中采用的回流比。

② 根据经验，适宜回流比取最小回流比的 1.1~2 倍。近年因能源紧缺，以及相平衡数据准确性的提高，回流比倾向于取比较小的值。但对于难分离物系的精馏过程，适宜回流比可能大于上述范围。

③ 先按设计条件求出最小回流比 R_{min} 及全回流条件下的最少理论板数 N_{min}。然后在 R/R_{min}=1.0~3.0 的范围内，选取若干数值计算一系列的回流比 R，再采用简捷法计算每一回流比 R 对应的理论板数 N。以 R/R_{min} 为横坐标，以 $N(R+1)$ 为纵坐标绘制曲线，如图 5-1 所示。一般情况下，曲线有一最低点，此点对应的横坐标 R/R_{min} 即可认为是适宜的回流比比值。该方法的理依据是：适宜的回流比应使得总理论板数 N 与精馏段上升蒸汽量[$V=(R+1)D$]的乘积为最小。

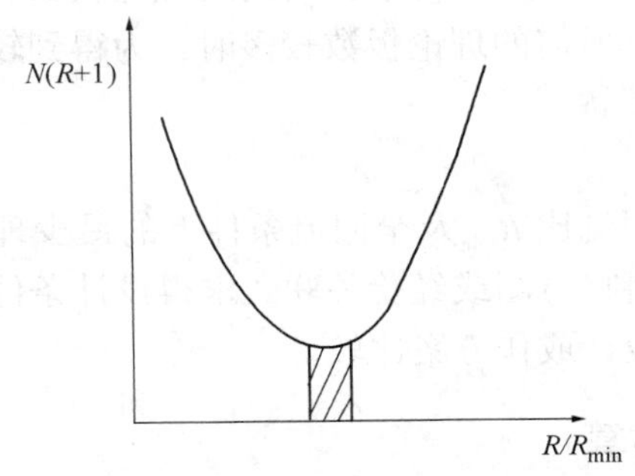

图 5-1　适宜回流比的选择

5.3.4　理论板数的计算

精馏塔理论板数的计算，可采用逐板计算法、图解法和简捷计算法。所需要的基础数据、方程包括物系的汽液相平衡关系、精馏段操作线方程、提馏段操作线方程、q 线方程、回流比 R 等。

(1) 汽液相平衡关系

汽液相平衡数据主要来源于实验测定，常见物系的汽液相平衡数据可查阅各种期刊、专著或手册。如果没有汽液相平衡数据，也可通过实验测定或热力学方法计算得到。

对双组分理想物系或偏差较小的非理想体系，相平衡关系可用相对挥发度来表示。

$$y=\frac{\alpha x}{1+(\alpha-1)x} \tag{5-15}$$

或

$$x=\frac{y}{\alpha-(\alpha-1)y} \tag{5-16}$$

式中　α——物系的相对挥发度，无因次。

相对挥发度 α 的计算，可取塔顶、塔釜温度下相对挥发度的几何平均值，即：

$$\alpha=\sqrt{\alpha_{顶}\ \alpha_{底}} \tag{5-17}$$

式中 $\alpha_{顶}$——物系在塔顶温度下的相对挥发度，无因次；

$\alpha_{底}$——物系在塔底温度下的相对挥发度，无因次。

对于非理想物系的汽液相平衡关系，可采用有关热力学模型进行计算，也可根据相平衡数据进行曲线拟合得到相平衡关系式。

(2) 逐板计算法

复杂精馏塔严格的逐板计算必须应用计算机编程或相关化工流程模拟软件，其计算基础是三对角矩阵法。即对精馏塔内每块塔板列出物料衡算方程、热量衡算方程、相平衡方程及总和方程，联立求解计算。

对两组分理想物系或接近理想物系，可引入恒摩尔流假设，省去能量衡算而作简化逐板计算。即从塔顶或塔底组成开始，交替使用相平衡方程、精馏段操作线方程或提馏段操作线方程，逐板计算出各理论板上升气相和下降液相的摩尔组成，直至达到规定的分离要求为止。

(3) 图解法

在 y-x 相图上，分别绘出相平衡曲线、精馏段操作线、提馏段操作线和 q 线。由塔顶开始，在平衡线和操作线之间画梯级，即可求得所需的理论板数和最优的进料板位置。当分离要求较高或物系较难分离，其所需的理论板数较多时，为得到较准确的结果，宜采用适当比例将有关部分放大后再进行图解。

(4) 简捷法

简捷法是通过求取最小回流比 R_{min} 及全回流条件下的最少理论板数 N_{min}，选定适宜的回流比 R 后，利用 Gilliland(吉利兰)图或经验关联式求得设计条件下的理论板数。简捷法为一种快速估算法，常用于初步设计或作方案比较。

5.3.5 全塔效率的估算

实际塔板上气液两相由于接触时间有限，离开塔板时并未达到相平衡。实际塔板与理论板传质效果之间的偏差用塔板效率来修正。全塔所需的理论板数与实际塔板数之比为全塔效率(或总板效率)。在设计计算中，需采用全塔效率求出实际塔板数，因此全塔效率取值是否合理，对于精馏塔设计极为重要。而全塔效率与处理物系的组成及物性，塔板结构及尺寸，塔板上汽液两相的流量及其流动状态密切相关。由于全塔效率的影响因素多且相互关系复杂，目前尚难以找到各种因素之间的定量关系。一般可采用如下方法确定全塔效率。

(1) 参考同类生产装置或中试装置中取得的经验数据，这种数据最可靠。

(2) 采用经验关联图或关联式估算。

① O′connell 方法

对蒸馏塔，O′connell 用进料液相黏度与关键组分相对挥发度的乘积与全塔效率关联，得到图 5-2 所示的曲线。

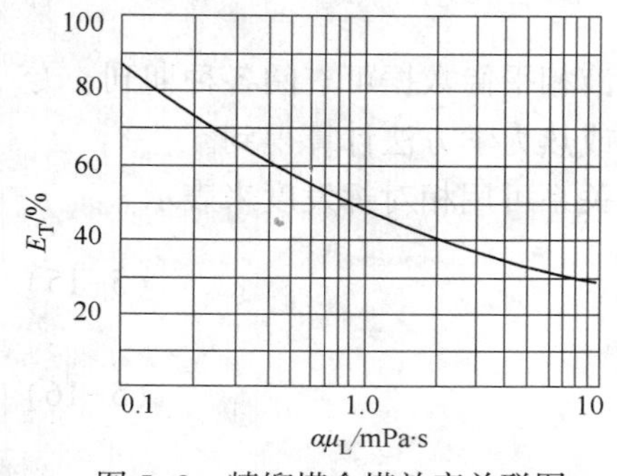

图 5-2　精馏塔全塔效率关联图

图 5-2 中的曲线可近似以式(5-18)表示。

$$E_T=0.49(\alpha\mu_L)^{-0.245} \tag{5-18}$$

式中　E_T——全塔效率；

α——塔顶、塔底平均温度下轻关键组分对重关键组分的相对挥发度，或取塔顶、塔底温度下相对挥发度的平均值；

μ_L——塔顶、塔底平均温度下以进料组成计算的液体的黏度，mPa·s。

混合物的黏度值可从手册中查出，若手册中缺乏时，可按式(5-19)估算。

$$\mu_L = \sum x_i \mu_{Li} \tag{5-19}$$

式中　μ_{Li}——i 组分在平均温度下的液相黏度，mPa·s；

x_i——进料液相中 i 组分的摩尔分率。

应当指出，图5-2和式(5-19)是对泡罩塔、筛板塔等几十个工业塔进行试验得到的，对浮阀塔也可参照使用。适用于 $\alpha\mu_L=(0.1\sim7.5)$ mPa·s，塔板上液流长度≤1m的塔。

O′connell关联图或关联式只考虑了物系性质(相对挥发度 α 与液相黏度 μ_L)对全塔效率的影响，而对塔板结构参数及操作条件对全塔效率的影响并未考虑。

② 朱汝瑾公式

朱汝瑾等在O′connell方法的基础上，进一步考虑了板上液层高度及液汽比对全塔效率的影响，提出了式(5-20)。

$$\lg E_T = 1.67 + 0.30\lg\left(\frac{L}{V}\right) - 0.25\lg(\alpha\mu_L) + 0.301h_L \tag{5-20}$$

式中　L，V——流过塔板的液相、气相摩尔流量，kmol/h；

h_L——塔板上的液层高度，$h_L=h_w+h_{ow}$，m。

5.3.6　实际塔板数

实际塔板数等于全塔理论板数除以全塔效率，即：

$$N_{实} = \frac{N_T}{E_T} \tag{5-21}$$

式中　$N_{实}$——实际塔板数；

N_T——不包括塔顶分凝器、塔底再沸器在内的理论板数。

实际进料板位置可由式(5-22)确定。

$$N_m = \frac{N_{T精}}{E_T} + 1 \tag{5-22}$$

式中　N_m——实际进料板位置；

$N_{T精}$——精馏段所需的理论板数。

由于在计算中引用了诸多简化假定，进料板位置与实际情况有一定的偏差。另外，考虑到生产操作过程中的波动，设计时一般在最优进料板位置的上下各多设一个进料口，待开车调试时再确定最佳进料板位置。

5.3.7　精馏塔的热量衡算

精馏塔热量衡算的任务就是确定冷凝器和再沸器的热负荷 Q_C、Q_B，进而估算塔顶冷却介质和塔底加热介质用量。既可为换热设备设计提供设计基础数据，又可确定该设计方案的技术经济指标。

（1）塔顶冷凝器的热量衡算

精馏塔的冷凝方式有全凝器冷凝和分凝器冷凝两种。工业上采用全凝器的情况较多。

对塔顶全凝器做热量衡算，以单位时间为基准，忽略冷凝器的热损失，则

$$Q_C = Q_V - Q_D - Q_L = D(R+1)(I_V - i_D) \tag{5-23}$$

式中　Q_C——塔顶冷凝器热负荷，kJ/h；

Q_V——塔顶上升蒸汽带入冷凝器的热量，kJ/h；

Q_D——塔顶产品带出冷凝器的热量，kJ/h；

Q_L——塔顶回流液带出冷凝器的热量，kJ/h；

I_V——塔顶馏出蒸汽的焓值，kJ/mol；

i_D——塔顶产品或回流液相的焓值，kJ/mol。

若塔顶回流液的状态为泡点回流，$I_V - i_D = \gamma$，则

$$Q_C = D(R+1)\gamma \tag{5-23a}$$

式中　γ——塔顶上升蒸汽的汽化相变焓，kJ/kmol。

塔顶冷凝器冷却介质的消耗量可按式(5-24)计算。

$$m_C = \frac{Q_C}{c_p(t_2 - t_1)} \tag{5-24}$$

式中　m_C——冷却介质的消耗量，kg/h；

c_p——冷却介质的定压比热容，kJ/(kg·℃)；

t_1、t_2——冷却介质进、出冷凝器的温度，℃。

（2）塔底再沸器的热量衡算

精馏塔塔底再沸器的加热方式分为直接蒸汽加热和间接蒸汽加热两种方式。直接蒸汽加热时，加热蒸汽的消耗量可通过精馏塔的物料衡算求得，而间接蒸汽加热时加热蒸汽的消耗量需要通过全塔或再沸器的热量衡算求得。

对全塔做热平衡，再沸器热负荷：

$$Q_B = Di_D + Wi_W + Q_C - Fi_F \tag{5-25}$$

式中　Q_B——塔底再沸器热负荷，kJ/h；

i_W——塔底产品的焓值，kJ/mol；

i_F——进料的焓值，kJ/mol。

根据经验，全塔向环境散失的热量可取再沸器总热负荷的10%。则再沸器加热介质的消耗量为：

$$m_h = \frac{Q_B(1 + 10\%)}{I_{B1} - I_{B2}} \tag{5-26}$$

式中　m_h——加热介质的消耗量，kg/h；

I_{B1}、I_{B2}——加热介质进、出再沸器的焓，kJ/kg。

5.4　板式塔结构设计

板式塔的塔板结构型式有很多，本节只讨论浮阀塔和筛板塔的设计。

塔板设计是以流经塔板的气液相的体积流量、物性数据（如密度、黏度及表面张力等）、

操作压力和温度为依据，设计出具有良好操作性能的塔板结构尺寸，即通量大、压降小、传质效率高、操作弹性大、造价低的塔板。

操作正常的精馏塔内，沿塔高方向上存在着浓度梯度、温度梯度和压力梯度，同时沿塔高方向汽、液两相的体积流量和物性数据均有所变化。一般先选取某一塔板(气相或液相体积流量最大)作为塔板设计的依据，初步确定塔径及塔板的主要结构参数，然后进行流体力学性能校核计算，并绘制出塔板负荷性能图。塔板的设计操作点必须位于负荷性能图适宜操作区的适中位置，如不符合要求，就必须修改塔板结构参数，再进行流体力学性能校核计算，直到满意为止。另外，还需对其他塔板的操作点进行校核，若其他塔板的操作点也位于负荷性能图适宜操作区的合适区域，则不必另行设计，若不在适宜操作区内或靠近某一操作界限时，则应对该塔板的结构参数进行调节或另行设计(一般应保持塔径不变)。

5.4.1 板间距和塔径

(1) 板间距

板间距的大小不仅影响塔高，还与塔的生产能力、操作弹性和全塔效率密切相关。对于相同的气液相负荷，板间距取大些，允许空塔气速增加，所需塔径减小；塔径一定时，增加板间距可减少雾沫夹带，并提高塔的操作弹性，但会导致塔高增加。因此存在一个经济上最佳的板间距，实际设计中板间距的选择还需考虑制造、安装与维修的方便。

浮阀塔、筛板塔的塔板间距的标准系列参见表 5-3 和表 5-4。

表 5-3　筛板塔的塔板间距

塔径 D/mm	塔板间距 H_T/mm										
800~1200	300	350	400	450	500	—	—	—	—	—	—
1400~2400	—	—	400	450	500	550	600	650	700	—	—
2600~6600	—	—	—	450	500	550	600	650	700	750	800

表 5-4　浮阀塔的塔板间距

塔径 D/mm	塔板间距 H_T/mm					
600~700	300	350	450	—	—	—
800~1000	—	350①	450	500	600	—
1200~1400	—	350①	450	500	600	800①
1600~3000	—	—	450①	500	600	800
3200~4200	—	—	—	—	600	800

注：①不推荐采用。

(2) 塔径

板间距选定之后，可根据气相体积流量与气体的空塔气速来计算塔径。气相体积流量取决于生产要求，空塔气速的设计方法是，先按过量液沫夹带原则确定一个液泛气速 u_f，空塔气速可取(0.5~0.8)倍的液泛气速 u_f，据此初步估算塔径，然后反过来核算液沫夹带量，检查其是否满足要求。

根据空塔气速 u 和气相体积流量 V_s，按照式(5-27)初步估算塔径。

$$D'_T = \sqrt{\frac{4V_s}{\pi u}} \tag{5-27}$$

由式(5-27)求得的塔径 D'_T还应按照塔径标准系列尺寸进行圆整。当塔径小于 1m 时，塔径系列间隔按 100mm 进行圆整；当塔径大于 1m 时，塔径系列间隔按 200mm 进行圆整。同时必须按圆整后的塔径 D_T校核实际气体流通截面积、空塔气速和泛点率。另外，还应参照表 5-3~表 5-4 校核此前选定的塔板间距 H_T是否合适，否则需另选 H_T，并重新进行塔径的计算。

根据过量液沫夹带计算液泛气速的计算式见式(5-28)。

$$u_f = C\sqrt{\frac{\rho_L - \rho_V}{\rho_V}} \tag{5-28}$$

式中 u_f——液泛气速，m/s；

ρ_V——气相密度，kg/m^3；

ρ_L——液相密度，kg/m^3；

C——气体负荷因子。

气体负荷因子 C 值与气液相负荷、物系性质及塔板结构有关，一般由实验来确定。这里介绍两种计算气体负荷因子 C 的方法。

① Smith 关联图

Smith 等人汇集了若干泡罩、筛板和浮阀塔的数据，整理成如图 5-3 所示的关系曲线。注意该图不能用于喷射型塔板的设计。

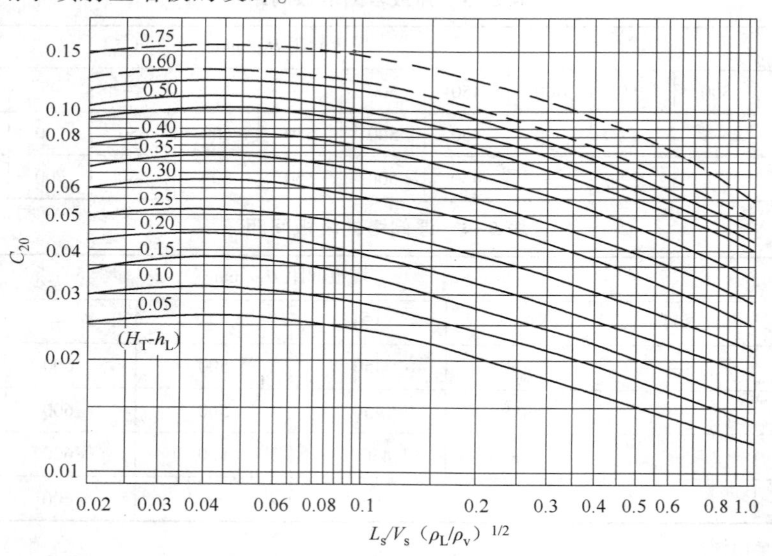

图 5-3 塔的泛点关联图

图中参数(H_T-h_L)反映塔板上液滴沉降空间高度对气体负荷因子的影响。板上液层高度 h_L由设计者选定，常压操作取 0.05~0.08m；加压操作时大于 0.06m；减压操作可取 0.03~0.04m。横坐标为 $L_s/V_s(\rho_L/\rho_V)^{1/2}$为无因次比值，称为气液流动参数，以 FP 表示，它反映气液两相的负荷及密度对气体负荷因子的影响；纵坐标 C_{20}为物系表面张力为20mN/m时的负荷因子。

由图 5-3 可以看出，分离物系和气液负荷一定时，H_T-h_L越大，C_{20}值越大。这是因为随着分离空间增大，液沫夹带减少，液泛气速也越大。

为便于计算机编程，有人将 Smith 图中的曲线回归成如下方程式。

$$C_{20}=\exp[-4.531+1.6562H+5.5496H^2-6.4695H^3+(-0.474675+0.079H-1.39H^2+1.3212H^3)\ln FP+(-0.07291+0.088307H-0.49123H^2+0.43196H^3)(\ln FP)^2] \tag{5-29}$$

其中

$$H=H_T-h_L \tag{5-30}$$

$$FP=\frac{L_s}{V_s}\sqrt{\frac{\rho_L}{\rho_V}} \tag{5-31}$$

式中 H_T——塔板间距，m；

h_L——板上清液层高度，$h_L=(h_w+h_{ow})$，m；

L_s，V_s——分别为液相、气相体积流量，m^3/s。

② Fair 关联图

Fair 等人以气液流动参数 FP、板间距 H_T 和 C_{20} 为参数，对许多文献上的液泛数据进行了关联，结果如图 5-4 所示。Fair 关联图只适用于筛板塔。

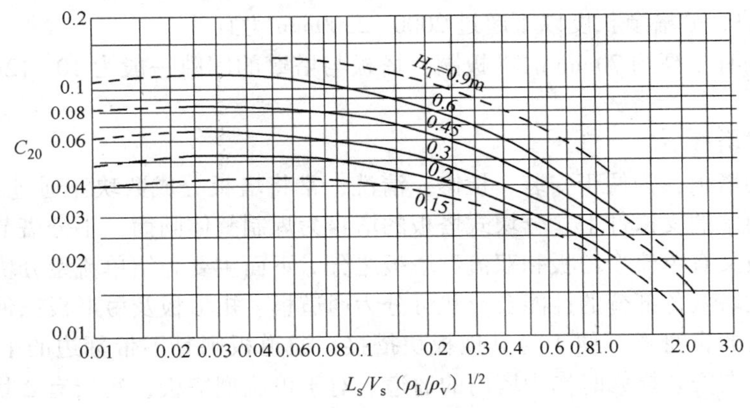

图 5-4 筛板塔气体负荷因子关联图

由 Smith 关联图或 Fair 关联图得到的 C_{20} 仅适用于液体表面张力为 20mN/m 的情况，当液体的表面张力不等于 20mN/m，气体负荷因子应按式(5-32)进行校正。

$$C=C_{20}\left(\frac{\sigma}{20}\right)^{0.2} \tag{5-32}$$

式中 σ——液体的表面张力，mN/m。

求得气体负荷因子 C 值后，即可利用式(5-28)计算液泛气速 u_f。适宜空塔气速 u 应小于液泛气速 u_f，二者之比 u/u_f 称为泛点率。对于一般液体，设计泛点率可取 0.7~0.8，对于易起泡的液体，可取 0.5~0.6。

(3) 几点说明

① 以上计算出的塔径只是初估值，还需根据流体力学性能校核进行验算。

② 估算塔径时需要已知气相体积流量，实际生产中，同一塔段内上升蒸气的流量随塔高而有所变化，因此应按最大流量计算塔径。一般来说，精馏段与提馏段的蒸气流量是不同的，因此两段的塔径应分别求算，但为制造方便一般还是采用同一直径，仅在流量变化比较大的场合，才有必要采用不同的塔径。

③ 通常按气相体积流量设计塔径，但在液相体积流量较大时，需充分考虑液体通道的

要求。

5.4.2 塔板结构及板面布置

5.4.2.1 整块式和分块式塔板

根据塔板的装配特点，可分为整块式和分块式两种。整块式即塔板为一整块，多用于直径小于800mm的小塔。对直径大于900mm的塔，人已能在塔内进行拆装，为此常用分块式塔板。

（1）整块式塔板

整个塔体由若干塔节组成，塔节之间用法兰连接。每个塔节内装若干块塔板，塔板之间用管子支撑，并保持一定的塔板间距。

塔节长度取决于塔径和支撑结构。当塔径为300~500mm时，只能伸入手臂进行安装，塔节长度以800~1000mm为宜；塔径为600~700mm时，人的上半身可伸入塔筒体内进行安装，塔节长度可以取1200~1500mm，当塔径大于800mm时，人可以进入筒体内安装，但在采用定距管的支撑结构中，由于受到拉杆长度限制，为避免安装困难，一般每个塔节的塔板数不超过5~6块，故塔节长度以不超过2000~2500mm为宜。

塔板沿圆周有一高约70mm的塔板圈，塔板与塔壁的间隙一般为10~12mm，用密封填料压紧密封。

（2）分块式塔板

直径较大的塔板，为便于安装、检修、清洗，常将塔板分成数块，通过人孔送入塔内，装在焊于塔体内壁的支撑件上。分块式塔板的塔身为焊制整体圆筒，不分塔节。根据塔径不同，分块式塔板又有单流型塔板和双流型塔板之分。下面主要介绍单流型分块式塔板。

根据分块式塔板各部分的性能及形状可分为通道板、矩形板及弓形板三种。弓形板和矩形板都带有翻边的自身梁，便于与其他板块搭接。通道板则是不带翻边的平板，其上有把手，便于拆卸，在安装检修时作为塔内的通道。对于单流型塔板，每层有2块弓形板、1块通道板及若干矩形板组成，每层的通道板最好设置在同一垂直位置上，以利于采光和拆装。塔板划分块数与塔径大小有关，参见表5-5。

板块的宽度应以能通过塔体内径为450mm的人孔为宜，一般通道板宽400mm，矩形板宽420mm，弓形板宽度随塔径不同而异。为便于搬运，单件质量最好不超过30kg。

表5-5 塔板分块数目表

塔径/mm	800~1200	1400~1600	1800~2000	2000~2400
弓形板数	2	2	2	2
通道板数	1	1	1	1
矩形板数	0	1	2	3

分块式塔板有自身梁式和槽式两种结构，这里仅介绍自身梁式，自身梁式即梁和塔板构成一个整体，见图5-5。

① 矩形板 矩形板的一个长边无自身梁，另一边有自身梁。长边尺寸与塔径和堰长有关；短边尺寸统一取420mm，以便塔板能够通过直径为450mm的人孔进入塔内。自身梁宽度为43mm，板之间用安装在梁上的螺栓连接起来，因此自身梁部位要开螺栓孔。跨过支撑梁两排浮阀中心距应不小于110mm；筛板塔的筛孔中心线距离可取较小数值。

② 通道板　通道板为无自身梁的一块矩形平板，搁在弓形板或矩形板的自身梁上，长边尺寸与矩形板尺寸相同，短边尺寸取400mm。筛孔或浮阀孔按工艺要求排列。

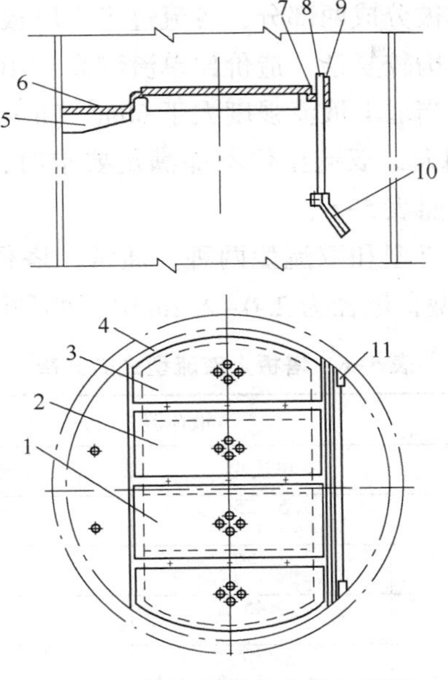

图5-5　单流型塔板分块示意图

1—通道板；2—矩形板；3—弓形板；4—支撑圈；5—筋板；6—受液盘；7—支持板；8—降液板；9—可调堰板；10—可拆降液；11—连接板

③ 弓形板　弓形板的弦边作自身梁，其长度与矩形板相同，弧边直径 D 与塔径 D_T 和弧边到塔壁的径向距离 f 有关。当塔径小于等于2000mm时，f 取20mm；当塔径大于2000mm时，f 取30mm。弧边直径 $D=D_T-2f$，弓形板的弓高 e 与 D_T、f 和塔板分块数 n 有关。

$$e=0.5[D_T-377(n-3)-18(n-1)-400-2f] \tag{5-33}$$

5.4.2.2　液流型式

液流在塔板上均匀分布非常重要，特别是当液体流量很小或塔板直径很大时，影响尤其显著。溢流型塔板液流行程长有利于气液两相接触，但会引起塔板液面落差增加。如果液面落差过大，将会引起气流分布不均，甚至会出现倾向性漏液，影响塔板效率。然而喷射型塔板利用气相动能推动液流向前流动，因而液面落差很小。因此，应根据气液相流量及塔板结构特点，选择合适的液流型式。

常用的液流型式有以下几种(见图5-6)。

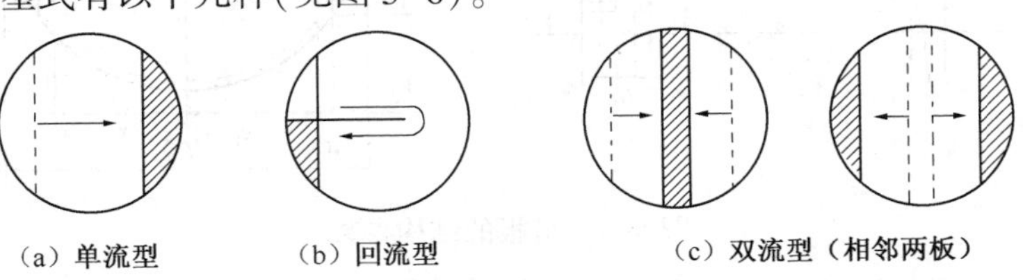

图5-6　塔板上液流型式

(1) 单流型　液体从受液盘流出，横向流过整个塔板，进入降液管。结构简单，液流行程长，有利于提高分离效率。但塔径及液相流量过大时，易造成气流分布不均。

(2) 回流型　降液管和受液盘设置在塔板的同一侧，用高于液层的挡板沿直径把塔板分割成"U"形，这样可以控制液流以增长行程，但液面落差大。适用于小塔径及低液体流量的场合。

(3) 双流型　塔板上液体被分成两部分，各流过半个塔板，使液体的流程减少一半，借此降低液面落差。但双流型结构较复杂，造价比单流型高约10%~15%。主要用于直径较大及液体流量较大的场合。通常当堰上液流强度大于$60m^3/(h \cdot m)$时，宜改为双流型。

当塔径及液体流量都特别大，双流型仍不能满足要求时，可以采用四流型、阶梯流型等。塔板液流型式的选择可参照表5-6。

目前生产中，一般采用单流型和双流型两种。通常，塔径小于2.0m时多采用单流型，塔径大于2.2m时多采用双流型，塔径为2.0~2.2m时，两种流型均有采用。

表5-6　塔板上液流型式的选择

塔径/mm	液体流量/(m^3/h)			
	回流型	单流型	双流型	阶梯流型
600	<5	5~25	—	—
900	<7	7~50	—	—
1000	<7	<45	—	—
1400	<9	<70	—	—
2000	<11	<90	90~160	—
3000	<11	<110	110~200	200~300
4000	<11	<110	110~230	230~350
5000	<11	<110	110~250	250~400
6000	<11	<110	110~250	250~450

5.4.2.3　塔板板面布置

板式塔的整个塔板面积通常可分为以下几个区域(以单流型为例)，见图5-7。

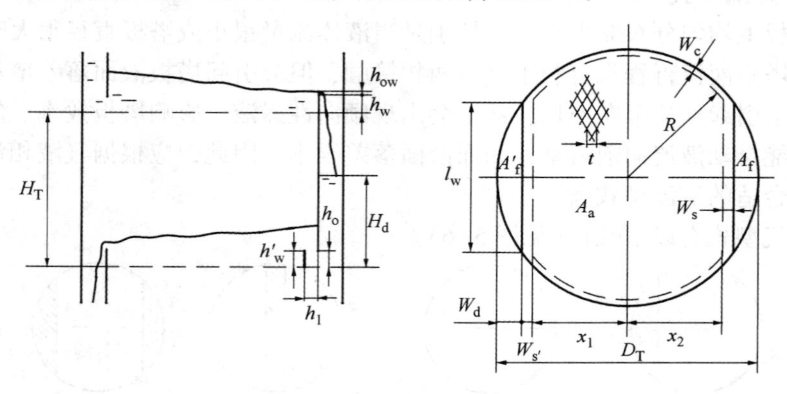

图5-7　塔板的结构参数

H_T—板间距；h_{ow}—堰上液层高度；h_w—堰高；H_d—降液管液层高度；h_o—降液管底隙高度；h'_w—进口堰高；h_1—进口堰与降液管水平距离；l_w—堰长；A'_f—受液盘面积；A_f—降液管面积；W_c—支撑区宽度；W_d—降液管宽度；W_s—出口安定区宽度；W'_s—入口安定区宽度；D_T—塔径；t—孔心距；A_a—开孔区面积

(1) 受液区和降液区　即受液盘和降液管所占的区域，降液面积A_f与受液面积A_f'相等，均可按降液管截面积A_f计算。弓型降液管的宽度为W_d，弦长(溢流堰长)为l_w。

（2）安定区　塔板上开孔区与堰之间需要设置一个不开孔的区域，称为安定区，安定区宽度是指堰与距其最近的一排孔的中心线的距离。在液体进入塔板处，设入口安定区，用于防止因降液管流出液流的冲击而漏液，其宽度 W'_s 为 50～80mm。在靠近溢流堰处，设有出口安定区，使液体在进入降液管前，有一定时间脱除其中所含气体，以免含有大量泡沫的液体流入降液管。出口安定区的宽度 W_s 为 60～100mm。

（3）支撑区　塔板安装在塔内，需要在塔壁边缘留出宽度为 W_c 的环形区域，用于固定塔板。W_c 一般为 50～75mm 左右。对分块式塔板，不同板块间需设支撑梁或自身梁，宽度通常为 40～60mm。对大直径的塔，除支撑梁外还需设主梁。

（4）塔板开孔区　即塔板有效开孔区的面积 A_a，由塔截面积扣除降液管、受液盘、安定区、支撑区等不开孔部分之外的区域。

对单流型塔板，塔板开孔区的面积见式(5-34)。

$$A_a = \left(x_1\sqrt{r^2 - x_1^2} + r^2\arcsin\frac{x_1}{r}\right) + \left(x_2\sqrt{r^2 - x_2^2} + r^2\arcsin\frac{x_2}{r}\right) \tag{5-34}$$

由图 5-7 的几何关系可知，$x_1 = D_T/2-(W_d+W_s')$，$x_2 = D_T/2-(W_d+W_s)$，$r=(D_T/2)-W_c$。

（5）气液接触区　也称鼓泡区，是塔板上进行气液接触的传质区域。由于塔板上气液接触过程中的湍动作用，塔板上的气液接触区，不仅仅限于开孔区，上述安定区及支撑区也包括在气液接触区之内，则汽液接触区面积 $A_n = A_T-2A_f$。

5.4.2.4　溢流装置

塔板上的溢流装置包括降液管、溢流堰和受液盘等几部分(见图 5-7)，其结构和尺寸对塔的性能有着重要影响。

降液管是塔板间液体流动的通道，也是使溢流液体中夹带气体得以分离的场所。降液管有圆形和弓形之分，圆形降液管对于小塔制作简单，但流通截面较小，适用于液相负荷很小、塔径较小的情况。弓形降液管塔板面积利用率高，溢流堰与塔壁之间的全部区域均作为降液空间，直径较大的塔一般多采用弓形降液管。现以弓形降液管为例，简要介绍溢流装置的设计方法。

（1）溢流堰

溢流堰又称出口堰或外堰，设置在塔板的液体出口处，其作用是维持塔板上有一定的液层高度，并促使液体较均匀地流过塔板。常用弓形降液管溢流堰长度范围为：单流型 $l_w=(0.6～0.8)D_T$，双流型 $l_w=(0.5～0.7)D_T$。

溢流堰堰长 l_w 对溢流堰上方的液层高度 h_{ow} 及塔板上的液层高度有重大影响。为使塔板上液层高度不过大，通常应使堰上液流强度 L_w 最好小于 $60m^3/(m \cdot h)$。有些文献 L_w 推荐不大于 $100～130m^3/(m \cdot h)$，液流强度 L_w 大于 $100～130m^3/(m \cdot h)$ 的大塔，可采用双流型或四流型塔板。

堰上液流强度 L_w 按式(5-35)计算。

$$L_w = \frac{L'_h}{l_w} \tag{5-35}$$

式中 L_w——堰上液流强度，$m^3/(h \cdot m)$；

L'_h——流过堰的液体体积流量，m^3/h。

溢流堰堰高 h_w 需根据工艺条件与操作要求确定。设计时，一般应保持塔板上液层高度在 50~100mm。板上液层高度 h_L 为堰高 h_w 与堰上液层高度 h_{ow} 之和，h_L 通常由塔板上的气液接触元件类型与塔的操作压力来确定，再根据堰上液层高度计算堰高。不同操作压力下堰高的参考值见表 5-7。

表 5-7　不同操作压力下堰高参考值

操作压力		真空	常压	加压
堰高 h_w/mm	最小值	10	20	40
	最大值	20	50	80

堰上液层高度 h_{ow} 对塔板的操作性能有很大影响。堰上液层高度太小，会造成液体在堰上分布不均，影响传质效果，设计时应使 h_{ow}>6mm，若小于此值须采用齿形堰。堰上液层高度太大，会增大塔板压降及液沫夹带量，设计时 h_{ow} 不宜大于 60~70mm，超过此值可改用双流型。

平直堰上的液层高度 h_{ow} 可按式(5-36)计算。

$$h_{ow} = 0.00284E\left(\frac{L_h}{l_w}\right)^{2/3} \tag{5-36}$$

式中 L_h——单流型时为塔内液体体积流量，双溢流时为塔内液体流量的一半，m^3/h；

E——弓形堰的液流收缩系数，由图 5-8 查取，一般情况下近似取 $E=1$。

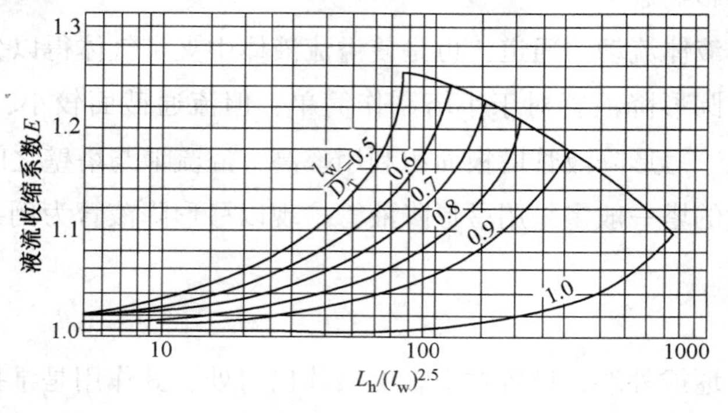

图 5-8　液流收缩系数

齿形堰的齿深 h_n 一般在 15mm 以下。当采用齿形堰，且堰上液层高度不超过齿顶时，由齿根算起的堰上液层高度为：

$$h_{ow} = 1.17\left(\frac{L_s h_n}{l_w}\right)^{2/5} \tag{5-37}$$

当液层超过齿顶时，由齿根算起的液层高度为

$$L_s = 0.735 \frac{l_w}{h_n}[h_{ow}^{5/2} - (h_{ow} - h_n)^{5/2}] \tag{5-38}$$

式中 h_n——齿形堰的齿深，m；

L_s——液体体积流量，m^3/s。

（2）降液管

降液管截面积 A_f 常以其与塔截面积 A_T 之比 A_f/A_T 表示。常用弓形降液管，降液管截面积与塔截面积之比 A_f/A_T 选定后，堰长与塔径之比 l_w/D_T 由几何关系随之而定。表 5-8 列出了单流型塔板弓形降液管的堰宽、堰长及面积，供设计时参考。为便于设计和加工，塔板的结构参数已经系列化，表 5-9 列出了单流型塔板(弓形降液管)系列参数，表 5-10 列出了双流型塔板(弓形降液管)系列参数，表 5-11 为小直径塔板参数表。

降液管截面积与塔截面积之比 A_f/A_T 可在 0.05～0.25 范围内选取，一般不宜小于 0.05～0.08。单流型弓形降液管一般取 A_f/A_T = 0.06～0.12，双流型可适当取得大些。

双流型塔板中间降液管的宽度 W'_d 一般可取 200～300mm，并尽量使中间降液管面积等于两侧降液管面积之和。

降液管底隙高度 h_o 是指降液管底边与塔板间的距离。h_o 的确定原则是：保证液体夹带的悬浮固体通过底隙时不致沉降下来堵塞通道；同时又要有良好的液封，防止气体通过降液管造成短路。

降液管底隙高度可按式(5-39)计算。

$$h_o = \frac{L_s}{l_w u'_o} \tag{5-39}$$

式中 L_s——通过降液管的液体体积流量，m^3/s；

u'_o——液体流过底隙时的流速，m/s。

根据经验，液体流过底隙时的流速一般取 u_o' = 0.08～0.15m/s，对性质和水相近的液体，可适当提高，最大不能超过 0.4m/s。

降液管底隙高度 h_o 应低于出口堰高 h_w，才能保证降液管底部有良好的液封，一般 h_o 比 h_w 低 6mm。另外，h_o 一般不宜小于 20～25mm，否则易于堵塞，或因安装偏差而使液流不畅，造成液泛。设计中，小直径的塔，h_o = 25～30mm，大直径塔，$h_o \geqslant$ 40mm。

另外，液体在降液管内应有足够的停留时间，使液体中夹带的气泡得以分离。液体在降液管中的停留时间，即降液管中清液体积与液相体积流量之比。

$$\tau = \frac{A_f H_d}{L_s} \tag{5-40}$$

式中 L_s——液体流量，m^3/s；

H_d——降液管内当量清液高度，m。

目前，国内习惯上用板间距 H_T 代替 H_d 来计算停留时间 τ。

液体在降液管的停留时间太短，容易造成降液管气泡夹带，既降低了塔板效率，又增加了降液管液泛的机会，这种不正常操作状况称为降液管超负荷。根据实践经验，液体在降液管内的停留时间一般应大于 3～5s。对低发泡及中等发泡系统，停留时间 $\tau \geqslant$ 3～4s；对较高发泡及严重发泡的系统，停留时间 $\tau \geqslant$ 5～7s。各类物系的发泡情况详见表 5-12。另外，若求得的停留时间 τ 过小，可适当增加降液管面积 A_f。

表 5-8　单流型塔板弓形的宽度和面积

W_d/D_T	l_w/D_T	A_f/A_T	W_d/D_T	l_w/D_T	A_f/A_T	W_d/D_T	l_w/D_T	A_f/A_T
0.0400	0.3919	0.0134	0.0850	0.5578	0.0410	0.1300	0.6726	0.0764
0.0410	0.3966	0.0139	0.0860	0.5607	0.0417	0.1310	0.6748	0.0773
0.0420	0.4012	0.0144	0.0870	0.5637	0.0424	0.1320	0.6770	0.0781
0.0430	0.4057	0.0149	0.0880	0.5666	0.0431	0.1330	0.6791	0.0790
0.0440	0.4102	0.0155	0.0890	0.5695	0.0439	0.1340	0.6813	0.0798
0.0450	0.4146	0.0160	0.0900	0.5724	0.0446	0.1350	0.6834	0.0807
0.0460	0.4190	0.0165	0.0910	0.5752	0.0453	0.1360	0.6856	0.0816
0.0470	0.4233	0.0171	0.0920	0.5781	0.0460	0.1370	0.6877	0.0825
0.0480	0.4275	0.0176	0.0930	0.5809	0.0468	0.1380	0.6898	0.0833
0.0490	0.4317	0.0181	0.0940	0.5837	0.0475	0.1390	0.6919	0.0842
0.0500	0.4359	0.0187	0.0950	0.5864	0.0483	0.1400	0.6940	0.0851
0.0510	0.4400	0.0193	0.0960	0.5892	0.0490	0.1410	0.6960	0.0860
0.0520	0.4441	0.0198	0.0970	0.5919	0.0498	0.1420	0.6981	0.0869
0.0530	0.4481	0.0204	0.0980	0.5946	0.0505	0.1430	0.7001	0.0878
0.0540	0.4520	0.0210	0.0990	0.5973	0.0513	0.1440	0.7022	0.0886
0.0550	0.4560	0.0215	0.1000	0.6000	0.0520	0.1450	0.7042	0.0895
0.0560	0.4598	0.0221	0.1010	0.6027	0.0528	0.1460	0.7062	0.0904
0.0570	0.4637	0.0227	0.1020	0.6053	0.0536	0.1470	0.7082	0.0913
0.0580	0.4675	0.0233	0.1030	0.6079	0.0544	0.1480	0.7102	0.0922
0.0590	0.4712	0.0239	0.1040	0.6105	0.0551	0.1490	0.7122	0.0932
0.0600	0.4750	0.0245	0.1050	0.6131	0.0559	0.1500	0.7141	0.0941
0.0610	0.4787	0.0251	0.1060	0.6157	0.0567	0.1510	0.7161	0.0950
0.0620	0.4823	0.0257	0.1070	0.6182	0.0575	0.1520	0.7180	0.0959
0.0630	0.4859	0.0263	0.1080	0.6208	0.0583	0.1530	0.7200	0.0968
0.0640	0.4895	0.0270	0.1090	0.6233	0.0591	0.1540	0.7219	0.0977
0.0650	0.4931	0.0276	0.1100	0.6258	0.0598	0.1550	0.7238	0.0986
0.0660	0.4966	0.0282	0.1110	0.6283	0.0606	0.1560	0.7257	0.0996
0.0670	0.5000	0.0288	0.1120	0.6307	0.0614	0.1570	0.7276	0.1005
0.0680	0.5035	0.0295	0.1130	0.6332	0.0623	0.1580	0.7295	0.1014
0.0690	0.5069	0.0301	0.1140	0.6356	0.0631	0.1590	0.7314	0.1023
0.0700	0.5103	0.0308	0.1150	0.6380	0.0639	0.1600	0.7332	0.1033
0.0710	0.5136	0.0314	0.1160	0.6404	0.0647	0.1610	0.7351	0.1042
0.0720	0.5170	0.0321	0.1170	0.6428	0.0655	0.1620	0.7369	0.1051
0.0730	0.5203	0.0327	0.1180	0.6452	0.0663	0.1630	0.7387	0.1061
0.0740	0.5235	0.0334	0.1190	0.6476	0.0671	0.1640	0.7406	0.1070
0.0750	0.5268	0.0341	0.1200	0.6499	0.0680	0.1650	0.7424	0.1080
0.0760	0.5300	0.0347	0.1210	0.6523	0.0688	0.1660	0.7442	0.1089
0.0770	0.5332	0.0354	0.1220	0.6546	0.0696	0.1670	0.7460	0.1099
0.0780	0.5363	0.0361	0.1230	0.6569	0.0705	0.1680	0.7477	0.1108
0.0790	0.5395	0.0368	0.1240	0.6592	0.0713	0.1690	0.7495	0.1118
0.0800	0.5426	0.0375	0.1250	0.6614	0.0721	0.1700	0.7513	0.1127
0.0810	0.5457	0.0382	0.1260	0.6637	0.0730	0.1710	0.7530	0.1137
0.0820	0.5487	0.0389	0.1270	0.6659	0.0738	0.1720	0.7548	0.1146
0.0830	0.5518	0.0396	0.1280	0.6682	0.0747	0.1730	0.7565	0.1156
0.0840	0.5548	0.0403	0.1290	0.6704	0.0755	0.1740	0.7582	0.1166

续表

W_d/D_T	l_w/D_T	A_f/A_T	W_d/D_T	l_w/D_T	A_f/A_T	W_d/D_T	l_w/D_T	A_f/A_T
0. 1750	0. 7599	0. 1175	0. 2170	0. 8244	0. 1600	0. 2590	0. 8762	0. 2055
0. 1760	0. 7616	0. 1185	0. 2180	0. 8258	0. 1610	0. 2600	0. 8773	0. 2066
0. 1770	0. 7633	0. 1195	0. 2190	0. 8271	0. 1621	0. 2610	0. 8784	0. 2077
0. 1780	0. 7650	0. 1204	0. 2200	0. 8285	0. 1631	0. 2620	0. 8794	0. 2088
0. 1790	0. 7667	0. 1214	0. 2210	0. 8298	0. 1642	0. 2630	0. 8805	0. 2100
0. 1800	0. 7684	0. 1224	0. 2220	0. 8312	0. 1652	0. 2640	0. 8816	0. 2111
0. 1810	0. 7700	0. 1234	0. 2230	0. 8325	0. 1663	0. 2650	0. 8827	0. 2122
0. 1820	0. 7717	0. 1244	0. 2240	0. 8338	0. 1674	0. 2660	0. 8837	0. 2133
0. 1830	0. 7733	0. 1253	0. 2250	0. 8352	0. 1684	0. 2670	0. 8848	0. 2145
0. 1840	0. 7750	0. 1263	0. 2260	0. 8365	0. 1695	0. 2680	0. 8858	0. 21156
0. 1850	0. 7766	0. 1273	0. 2270	0. 8378	0. 1705	0. 2690	0. 8869	0. 2167
0. 1860	0. 7782	0. 1283	0. 2280	0. 8391	0. 1716	0. 2700	0. 8879	0. 2178
0. 1870	0. 7798	0. 1293	0. 2290	0. 8404	0. 1727	0. 2710	0. 8890	0. 2190
0. 1880	0. 7814	0. 1303	0. 2300	0. 8417	0. 1738	0. 2720	0. 8900	0. 2201
0. 1890	0. 7830	0. 1313	0. 2310	0. 8429	0. 1748	0. 2730	0. 8910	0. 2212
0. 1900	0. 7846	0. 1323	0. 2320	0. 8442	0. 1759	0. 2740	0. 8920	0. 2224
0. 1910	0. 7862	0. 1333	0. 2330	0. 8455	0. 1770	0. 2750	0. 8930	0. 2235
0. 1920	0. 7877	0. 1343	0. 2340	0. 8467	0. 1781	0. 2760	0. 8940	0. 2246
0. 1930	0. 7893	0. 1353	0. 2350	0. 8480	0. 1791	0. 2770	0. 8950	0. 2258
0. 1940	0. 7909	0. 1363	0. 2360	0. 8492	0. 1802	0. 2780	0. 8960	0. 2269
0. 1950	0. 7924	0. 1373	0. 2370	0. 8505	0. 1813	0. 2790	0. 8970	0. 2281
0. 1960	0. 7939	0. 1383	0. 2380	0. 8517	0. 1824	0. 2800	0. 8980	0. 2292
0. 1970	0. 7955	0. 1393	0. 2390	0. 8529	0. 1835	0. 2810	0. 8990	0. 2304
0. 1980	0. 7970	0. 1403	0. 2400	0. 8542	0. 1845	0. 2820	0. 8999	0. 2315
0. 1990	0. 7985	0. 1414	0. 2410	0. 8554	0. 1856	0. 2830	0. 9009	0. 2326
0. 2000	0. 8000	0. 1424	0. 2420	0. 8566	0. 1867	0. 2840	0. 9019	0. 2338
0. 2010	0. 8015	0. 1434	0. 2430	0. 8578	0. 1878	0. 2850	0. 9028	0. 2349
0. 2020	0. 8030	0. 1444	0. 2440	0. 8590	0. 1889	0. 2860	0. 9038	0. 2361
0. 2030	0. 8045	0. 1454	0. 2450	0. 8602	0. 1900	0. 2870	0. 9047	0. 2372
0. 2040	0. 8059	0. 1465	0. 2460	0. 8614	0. 1911	0. 2880	0. 9057	0. 2384
0. 2050	0. 8074	0. 1475	0. 2470	0. 8625	0. 1922	0. 2890	0. 9066	0. 2395
0. 2060	0. 8089	0. 1485	0. 2480	0. 8637	0. 1933	0. 2900	0. 9075	0. 2407
0. 2070	0. 8103	0. 1496	0. 2490	0. 8649	0. 1944	0. 2910	0. 9084	0. 2419
0. 2080	0. 8118	0. 1506	0. 2500	0. 8660	0. 1955	0. 2920	0. 9094	0. 2430
0. 2090	0. 8132	0. 1516	0. 2510	0. 8672	0. 1966	0. 2930	0. 9103	0. 2442
0. 2100	0. 8146	0. 1527	0. 2520	0. 8683	0. 1977	0. 2940	0. 9112	0. 2453
0. 2110	0. 8160	0. 1537	0. 2530	0. 8695	0. 1988	0. 2950	0. 9121	0. 2465
0. 2120	0. 8174	0. 1547	0. 2540	0. 8706	0. 1999	0. 2960	0. 9130	0. 2477
0. 2130	0. 8189	0. 1558	0. 2550	0. 8717	0. 2010	0. 2970	0. 9139	0. 2488
0. 2140	0. 8203	0. 1568	0. 2560	0. 8728	0. 2010	0. 2980	0. 9148	0. 2500
0. 2150	0. 8216	0. 1579	0. 2570	0. 8740	0. 2033	0. 2990	0. 9156	0. 2511
0. 2160	0. 8230	0. 1589	0. 2580	0. 8751	0. 2044	0. 3000	0. 9165	0. 2523

表 5-9　单流型塔板系列参数(弓形降液管)

塔径 D_T/mm	塔截面积 A_T/m^2	塔板间距 H_T/mm	堰长 l_w/mm	降液管宽度 W_d/mm	降液管面积 A_f/m^2	A_f/A_T	l_w/D_T
600注	0.2610	300	406	77	0.0188	7.2	0.677
		350	428	90	0.0238	9.1	0.714
		450	440	103	0.0289	11.02	0.734
700注	0.3590	300	466	87	0.0248	6.9	0.666
		350	500	105	0.0325	9.06	0.714
		450	525	120	0.0395	11.0	0.750
800	0.5027	350	529	100	0.0363	7.22	0.661
		450 500	581	125	0.0502	10.0	0.726
		600	640	160	0.0717	14.2	0.800
1000	0.7854	350	650	120	0.0534	6.8	0.650
		450 500	714	150	0.0770	9.8	0.714
		600	800	200	0.1120	14.2	0.800
1200	1.1310	350	794	150	0.0816	7.22	0.661
		450 500 600	876	190	0.1150	10.2	0.730
		800	960	240	0.1610	14.2	0.800
1400	1.5390	350	903	165	0.1020	6.63	0.645
		450 500 600	1029	225	0.1610	10.45	0.735
		800	1104	270	0.2065	13.4	0.790
1600	2.0110	450	1056	199	0.1450	7.21	0.660
		500 600	1171	255	0.2070	10.3	0.732
		800	1286	325	0.2918	14.5	0.805
1800	2.5450	450	1165	214	0.1710	6.74	0.647
		500 600	1312	284	0.2570	10.1	0.730
		800	1434	354	0.3540	13.9	0.797
2000	3.1420	450	1308	244	0.2190	7.0	0.654
		500 600	1456	314	0.3155	10.0	0.727
		800	1599	399	0.4457	14.2	0.799
2200	3.8010	450	1598	344	0.3800	10.0	0.726
		500 600	1686	394	0.4600	12.1	0.766
		800	1750	434	0.5320	14.0	0.795
2400	4.5240	450	1742	374	0.4524	10.0	0.726
		500 600	1830	424	0.5430	12.0	0.763
		800	1916	479	0.6430	14.2	0.798

注：对 ϕ600 及 ϕ700 两种塔径是整块塔盘，降液管为嵌入式，弓弧部分比塔的内径小一圈，表中的 l_w 及 W_d 为实际值。

表 5-10　双流型塔板系列参数

塔径 D_T/mm	塔截面积 A_T/m^2	塔板间距 H_T/mm	弓形降液管 堰长 l_w/mm	管宽 W_d/mm	管宽 W'_d/mm	降液管面积 A_f/m^2	A_f/A_T	l_w/D_T
2200	3. 8010	450	1287	208	200	0. 3801	10. 15	0. 585
		500 600	1368	238	200	0. 4561	11. 8	0. 621
		800	1462	278	240	0. 5398	14. 7	0. 665
2400	4. 5230	450	1434	238	200	0. 4524	10. 1	0. 597
		500 600	1486	258	240	0. 5429	11. 6	0. 620
		800	1582	298	280	0. 6424	14. 2	0. 660
2600	5. 3090	450	1526	248	200	0. 5309	9. 7	0. 587
		500 600	1606	278	240	0. 6371	11. 4	0. 617
		800	1702	318	320	0. 7539	14. 0	0. 655
2800	6. 1580	450	1619	258	240	0. 6158	9. 3	0. 577
		500 600	1752	308	280	0. 7389	12. 0	0. 626
		800	1824	338	320	0. 8744	13. 75	0. 652
3000	7. 0690	450	1768	288	240	0. 7069	9. 8	0. 589
		500 600	1896	338	280	0. 8482	12. 4	0. 632
		800	1968	368	360	1. 0037	14. 0	0. 655
3200	8. 0430	600 800	1882	306	280	0. 8043	9. 75	0. 589
			1987	346	320	0. 9651	11. 65	0. 620
			2108	396	360	1. 1420	14. 2	0. 660
3400	9. 0790	600 800	2002	326	280	0. 9079	9. 8	0. 594
			2157	386	320	1. 0895	12. 5	0. 634
			2252	426	400	1. 2893	14. 5	0. 661
3600	10. 1740	600 800	2148	356	280	1. 0179	10. 2	0. 597
			2227	386	360	1. 2215	11. 5	0. 620
			2372	446	400	1. 4454	14. 2	0. 659
3800	11. 3410	600 800	2242	366	320	1. 1340	9. 94	0. 590
			2374	416	360	1. 3609	11. 9	0. 624
			2516	476	440	1. 6104	14. 5	0. 662
4200	13. 8500	600 800	2482	406	360	1. 3854	9. 88	0. 584
			2613	456	400	1. 6625	11. 7	0. 622
			2781	526	480	1. 9410	14. 1	0. 662

表 5-11 小直径塔板参数表

D_T/mm	A_T/m^2	l_w/mm	W_d/mm	l_w/D_T	A_f/cm^2	A_f/A_T
300	0.0706	164.4	21.4	0.60	20.9	0.0296
		178.1	26.9	0.65	29.2	0.0413
		191.8	33.2	0.70	39.7	0.0562
		205.5	40.4	0.75	52.8	0.0747
		219.2	48.8	0.80	69.3	0.0980
350	0.0960	194.4	26.4	0.60	31.1	0.0323
		210.6	32.9	0.65	43.0	0.0447
		266.8	40.3	0.70	57.9	0.0602
		243.0	48.8	0.75	76.4	0.0794
		259.2	58.8	0.80	100.0	0.1039
400	0.1253	224.4	31.4	0.60	43.4	0.0345
		243.1	38.9	0.65	59.6	0.0474
		261.8	47.5	0.70	79.8	0.0635
		280.5	57.3	0.75	104.7	0.0833
		299.2	68.8	0.80	136.3	0.1085
450	0.1590	254.4	36.4	0.60	57.7	0.0363
		275.6	44.9	0.65	78.8	0.0495
		296.8	54.6	0.70	104.7	0.0658
		318.0	65.8	0.75	137.3	0.0863
		339.2	78.8	0.80	178.1	0.1120
500	0.1590	284.4	41.4	0.60	74.3	0.0373
		308.1	50.9	0.65	100.6	0.0512
		331.8	61.8	0.70	133.4	0.0679
		355.5	74.2	0.75	174.0	0.0886
		379.2	88.8	0.80	225.5	0.1148
600	0.282	340.8	50.8	0.60	110.7	0.0392
		369.2	62.2	0.65	148.8	0.0526
		397.6	75.2	0.70	196.4	0.0695
		426.0	90.1	0.75	255.4	0.0903
		454.4	107.6	0.80	329.7	0.1166

注：只摘 $D_T=300\sim600$mm。

表 5-12 物系发泡程度

发 泡 程 度	物 系
低发泡系统	轻碳氢化合物、石脑油、煤油等
中等发泡系统	吸收塔、脱吸塔、原油分离塔及轻碳氢化合物中的重组分
较高发泡系统	无机油的吸收
严重发泡系统	甘油、乙二醇、酮、碱、胺类及氨的吸收脱吸

（3）受液盘及进口堰

塔板上接受降液管流下液体的区域称为受液盘，有平型和凹型两种，如图 5-9、图 5-10 所示。

对直径较小及处理易聚合物系时，要求塔板上没有死角存在，宜采用平型受液盘。平型受液盘一般需设置进口堰（又称内堰），以保证降液管底部的液封，并使液体在塔板入口处分布均匀。进口堰高 h'_w 可按下述原则考虑：当出口堰高 h_w 大于降液管底隙高度 h_o 时（一般都是这样），可取 $h'_w \leq h_o$。个别情况下，$h_w < h_o$ 时，$h'_w > h_o$，以保证降液管底部液封。进口堰与降液管的水平距离 h_1 应大于 h_o。

直径大于 0.8m 的塔或有侧线抽出时，常采用凹型受液盘，此时不需设置进口堰。凹形受液盘既可在低液体流量时形成良好的液封，又有改变液体流向的缓冲作用，并便于液体侧线抽出。凹型受液盘的深度一般在 50mm 以上，有侧线出料时宜取深些。凹型受液盘不适用于易聚合及含有悬浮固体物料的情况，因易造成死角而堵塞。

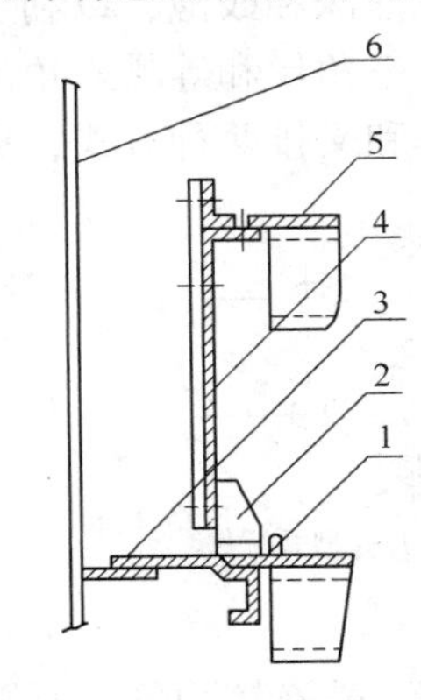

图 5-9　可拆式平型受液盘

1—进口堰；2—支撑筋；3—受液盘；
4—降液管；5—塔盘板；6—塔壁

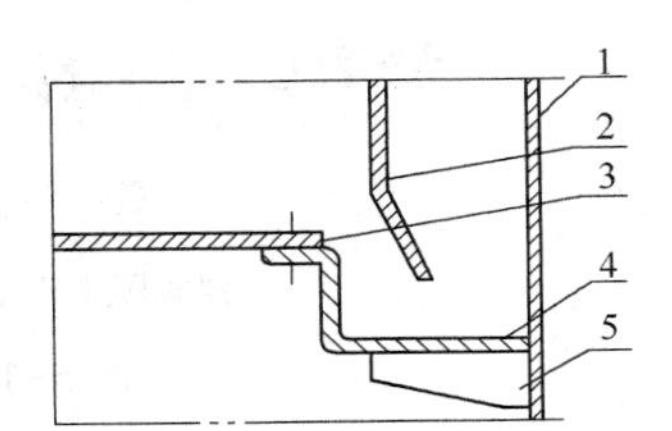

图 5-10　凹型受液盘结构

1—塔壁；2—降液管；3—塔盘板；
4—受液盘；5—筋板

5.4.2.5　浮阀塔的阀孔数及排列

浮阀按形状可分为圆形、条形及方形，其中圆形和条形在生产中应用较为广泛。圆形浮阀有多种型式，我国应用最广泛的是 F-1 型（相当国外的 V-1 型）和 V-4 型。其中 F-1 型浮阀已定为部颁标准 JB1118-2001。

（1）阀孔直径

阀孔直径由所选浮阀的型号决定，常用的 F1 型浮阀的阀孔直径 d_0 为 39mm。

（2）浮阀数

当塔板上所有浮阀刚全开时，浮阀塔的操作性能最好，此时塔板的漏液量及压降都比较小，而塔板效率和操作弹性都较大，所以一般希望将操作状态控制在浮阀刚全开时。

根据阀孔气速与气相密度关联定义了阀孔动能因数 F_0。

$$F_0 = u_0 \sqrt{\rho_V} \tag{5-41}$$

式中　F_0——阀孔动能因数，m/s·(kg/m^3)$^{1/2}$；

　　　u_0——阀孔气速，m/s。

工业装置的监测数据表明，对F1型浮阀(重阀)，当塔板上所有浮阀刚全开时的阀孔动能因数为9~12m/s·(kg/m³)$^{1/2}$。设计时，可先在此范围内选一数值，然后由式(5-41a)计算阀孔气速。

$$u_0=\frac{F_0}{\sqrt{\rho_V}} \tag{5-41a}$$

已知气相体积流量 V_s、阀孔直径 d_0、阀孔气速 u_0时，由式(5-42)计算塔板上的浮阀数。

$$n=\frac{V_s}{\frac{\pi}{4}d_0^2u_0} \tag{5-42}$$

在实际生产中，常压塔的阀孔气速一般为3~7m/s，减压塔则大于10m/s，而加压塔的阀孔气速小些，为0.5~3m/s。

(3) 阀孔排列与开孔率

浮阀在塔板鼓泡区内的排列，应使塔板上大部分液体形成泡沫和鼓泡，以利于两相密切接触。试验证明，三角形排列最好。常用的阀孔排列方式有正三角形和等腰三角形两种。按照阀孔中心连线与液流方向的关系，正三角形排列又分为顺排和叉排两种方式，见图5-11。

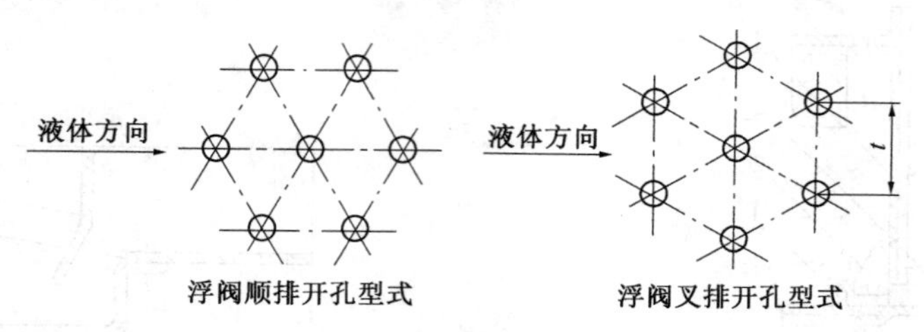

图5-11 浮阀塔板开孔型式

叉排时相邻阀孔吹出的气流对液层的搅动作用比顺排显著，鼓泡较均匀，所以一般多采用叉排。对整块式塔板，多采用正三角形叉排，孔心距 t 有75mm、100mm、125mm、150mm等几种。对分块式塔板，为便于塔板分块也可采用等腰三角形叉排。此时常把三角形底边孔中心距固定为75mm，三角形高度为65mm、70mm、80mm、90mm、100mm、110mm几种，必要时还可调整。系列中推荐使用的高度为65mm、80mm和100mm。

阀孔按等边三角形排列时：

$$t=d_0\sqrt{\frac{0.907A_a}{A_0}} \tag{5-43}$$

阀孔按等腰三角形排列时，底边 $t'=0.075$m，高 h 由式(5-44)计算。

$$h=\frac{A_a}{t'n}=\frac{A_a}{0.075n} \tag{5-44}$$

式中 t——等边三角形排列时的阀孔中心距，m；

d_0——阀孔直径，m；

A_a——塔板上的开孔区面积，m²；

A_0——塔板上所开阀孔的总面积，$A_0=V_s/u_0$，m²；

t'——等腰三角形排列时底边孔中心距，m；

h——等腰三角形排列时的高，m；

n——阀孔数。

式(5-42)计算的阀孔数只是初值，需根据实际确定的阀孔排列方式、阀孔中心距及等腰三角形的高绘制排列草图，得到实际布置的阀孔总数。实际阀孔数目和计算值可能稍有不同，应按实际阀孔数目重新计算阀孔气速 u_0，并核算阀孔动能因数 F_0是否仍在 9~12m/s·(kg/m³)$^{1/2}$范围内，若超出此范围，则应调整阀孔中心距，并重新绘制排列草图，直到满足要求为止。

浮阀塔板的开孔率 φ 是指阀孔总面积占塔截面积的百分数，也是空塔气速与阀孔气速之比。

$$\varphi = \frac{n\frac{\pi}{4}d_0^2}{\frac{\pi}{4}D_T^2} = n\frac{d_0^2}{D_T^2} \tag{5-45}$$

工业生产中，浮阀塔板开孔率一般取4%~15%。常压或减压塔开孔率取10%~14%，加压塔开孔率一般小于10%，通常为6%~9%。

5.4.2.6 筛板塔筛孔直径及排列

(1) 筛孔孔径

筛孔孔径的大小直接影响筛板塔的流体力学性能和传质性能，是影响气相分散和汽液接触的主要工艺尺寸。采用较小的筛孔孔径，可使气泡分散均匀，不易泄漏，塔板压降及雾沫夹带也较小。但如果孔径过小，则孔数过多，筛板加工困难，操作时易被堵塞。在相同的开孔率下增加孔径，则漏液点气速降低，干板压降及雾沫夹带量增加，操作弹性变小，但加工简单，造价低，不易堵塞。

工业塔中筛板常用的孔径 d_0为 3~8mm，推荐孔径为 3mm、4.5mm、6mm、8mm、10mm 五种。近年来，也有逐渐采用大孔径(10~25mm)筛板的趋势。因为大孔径塔板加工简单，不易堵塞，只要设计合理，同样可以得到满意的塔板效率。但一般来说，大孔径塔板操作弹性会小一些。

(2) 孔中心距与开孔率

筛板上总开孔面积 A_0与有效开孔区面积 A_a之比为开孔率。筛孔按正三角形排列时，开孔率 φ 与 t/d_0的关系见式(5-46)。

$$\varphi = \frac{A_0}{A_a} = \frac{0.9069}{(t/d_0)^2} \tag{5-46}$$

式中 φ——开孔率；

A_0——筛孔总面积，m²；

A_a——塔板上的开孔区面积，m²；

t——筛孔中心距，mm；

d_0——筛孔直径，mm。

由式(5-46)可知，t/d_0的选择直接决定了筛板开孔率 φ 的大小。若 t/d_0选得过小，气流互相干扰，使传质效率下降，且由于开孔率过大将导致干板压降小而漏液点气速高，塔板操作弹性下降；若 t/d_0选得过大，则鼓泡不均匀，气液相间接触界面减少，不利于传质，且开孔率过小会导致塔板压降增大，雾沫夹带量大，易造成液泛，限制塔的生产能力。一般情况下可取 t/d_0为 2.5~5，而实际设计过程中，常压蒸馏取 3~4，减压蒸馏取 2.5~3，加压蒸馏和吸收操作取 3.5~4.5。

当塔内精馏段和提馏段的气相负荷变化较大时，应根据需要采用不同的开孔率，使全塔有较好的操作稳定性。在塔设备改造过程中，也可以采用堵孔的方法来改变开孔率。

(3) 筛孔数

根据选择的 t/d_0 值，由式(5-46)求得塔板的开孔率和开孔总面积 A_0，则筛孔数可按(5-47)来计算。

$$n_0 = \frac{A_0}{\frac{\pi}{4}d_0^2} \tag{5-47}$$

塔板上实际筛孔数还需通过绘制筛板布置草图来确定。绘制的方法是先在方格纸上画出各区域的范围，然后根据孔中心距 t 在开孔区内排列筛孔。对分块式塔板，应先决定塔板的分块数，在排孔时，应考虑在塔板搭接处留出足够的空隙面积，此处不排筛孔。

(4) 筛板厚度 δ

筛孔孔径与塔板厚度的关系，主要应考虑加工的可能性。碳钢塔板 δ 一般为 3~4mm，孔径应不小于板厚；不锈钢塔板 δ 一般为 2~2.5mm，孔径应不小于 1.5~2 倍的板厚。

5.4.3 塔板的流体力学性能校核

塔板流体力学性能校核的目的在于检验初步设计的塔板结构参数是否恰当，塔板能否正常操作，以及是否需要对某些塔板结构参数进行调整。最后，为了全面形象地揭示该塔板的操作性能，还需通过计算绘制出塔板的负荷性能图，计算出正常操作时的操作弹性。

板式塔的流体力学性能包括塔板压降、液沫夹带量、液泛、漏液等。

5.4.3.1 塔板压降

在塔板设计时，对塔板压降往往有一定要求，即必须小于某一数值。因此，需要校核塔板压降是否超过规定数值。即使设计时对塔板压降没有提出要求，也应计算塔板压降，以了解塔内的压力分布情况，并计算塔釜的操作压力。

设计中，习惯以清液层(柱)高度 h_f 来表示塔板压降。气体通过塔板上的浮阀阀孔或筛孔时，需要克服塔板本身的干板压降(即塔板上各部件所造成的局部阻力) h_c、塔板上泡沫层的压降 h_e 及液体表面张力造成的压降 h_σ，此三项之和即为塔板的总压降 h_f。

$$h_f = h_c + h_e + h_\sigma \tag{5-48}$$

$$\Delta p_f = h_f \rho_L g \tag{5-49}$$

式中 h_c——与气体通过塔板的干板压降相当的清液柱高度，m 液柱；

h_e——与气体通过塔板上泡沫层的压降相当的液柱高度，m 液柱；

h_σ——与克服液体表面张力引起压降相当的液柱高度，m 液柱；

Δp_f——气体通过塔板的总压降，Pa；

ρ_L——液相密度，kg/m^3。

(1) 干板压降 h_c

① 浮阀塔的干板压降

气流通过干浮阀塔板的压降在阀全开前后是不相同的。阀全开前，干板压降主要是由阀重引起的，而全开后，干板压降则随阀孔气速的平方而变化。对 F1 型重阀(质量约 33g，阀孔直径为 39mm)，浮阀全开前后的干板压降可按式(5-50)、式(5-51)计算。

浮阀全开前($u_0<u_{0C}$)：

$$h_c = 19.9\frac{u_0^{0.175}}{\rho_L} \tag{5-50}$$

浮阀全开后($u_0 \geqslant u_{0C}$)：

$$h_c = 5.34\frac{u_0^2\rho_V}{2g\rho_L} \tag{5-51}$$

联立式(5-50)、式(5-51)求解，即可得到临界阀孔气速 u_{0C}。

$$u_{0C} = \sqrt[1.825]{\frac{73.1}{\rho_V}} \tag{5-52}$$

计算时应先计算出临界阀孔气速 u_{0C}，与实际阀孔气速 u_0 比较后，再选择合适的公式计算 h_c。

② 筛板塔的干板压降

一般认为筛板的干板压降由气体通过筛孔时的突然收缩又突然扩大时的局部阻力所引起。筛板塔的干板压降与筛孔孔径 d_0、板厚 δ 及开孔率等因素有关，可按式(5-53)计算。

$$h_c = \frac{1}{2g}\left(\frac{u_0}{C_0}\right)^2\frac{\rho_V}{\rho_L} \tag{5-53}$$

式中　u_0——气体通过筛孔的速度，m/s；

　　C_0——孔流系数。

孔流系数 C_0 的求取方法较多，其中较好的有两种，如图 5-12、图 5-13 所示。

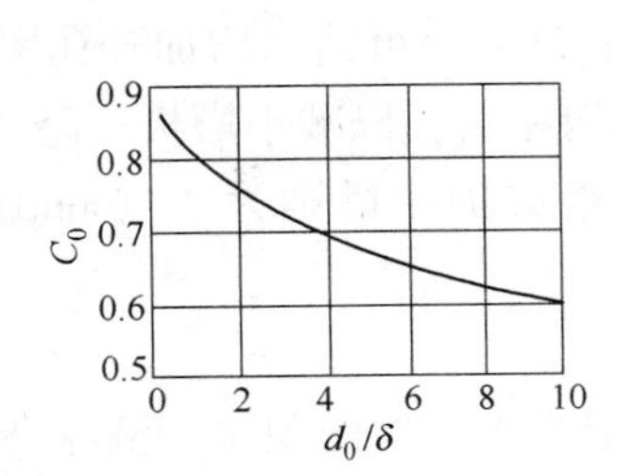

图 5-12　筛板的孔流系数(Ⅰ)

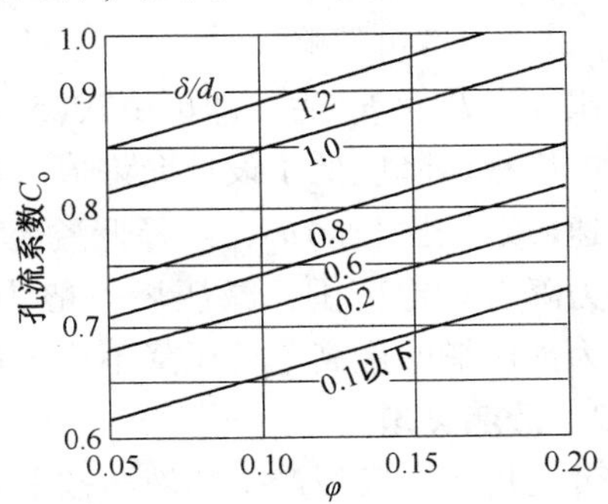

图 5-13　筛板的孔流系数(Ⅱ)

$$\varphi = \sqrt{\frac{开孔截面积}{塔截面积-降液管截面积}}$$

(2) 气体通过泡沫层的压力降 h_e

气体通过液层的压降与塔板上清液层的高度及气泡状况等许多因素有关，其计算方法很多，设计中常采用式(5-54)估算。

$$h_e = \beta(h_w + h_{ow}) \tag{5-54}$$

式中　h_{ow}——堰上液层高度，m 液柱；

β——充气系数，反映塔板上液层的充气程度，浮阀塔取 $\beta = 0.5$，筛板塔可由图 5-14查取。

图 5-14 中，横坐标为动能因子 $F_a = u_a\sqrt{\rho_V}$，u_a是以气液接触区面积 A_n（$A_n = A_T - 2A_f$）计算的气相速度。

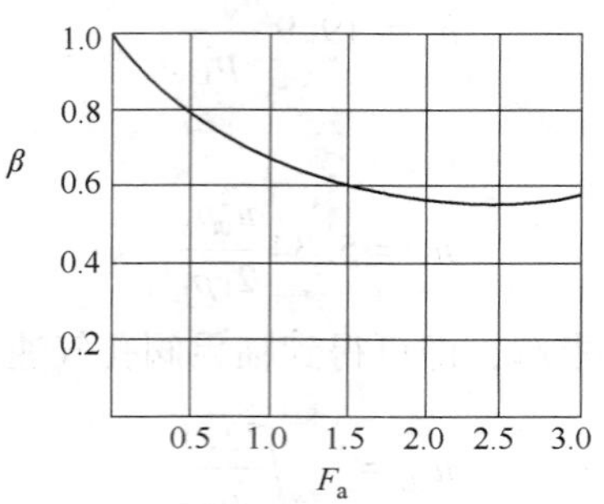

图 5-14　筛板塔充气系数

（3）克服液体表面张力的压力降 h_σ

对浮阀塔，克服液体表面张力的压力降 h_σ 可由式(5-55)计算：

$$h_\sigma = \frac{2\sigma}{H\rho_L g} \tag{5-55}$$

式中　σ——液体表面张力，mN/m；

H——浮阀的最大开度，m。

对筛板塔，克服液体表面张力的压力降 h_σ 可由式(5-56)计算。

$$h_\sigma = \frac{4 \times 10^{-3}\sigma}{\rho_L g d_0} \tag{5-56}$$

式中　d_0——筛孔直径，m。

一般 h_σ 很小，常可忽略不计。

分别求出 h_c、h_e及 h_σ 后，即可由式(5-48)、式(5-49)计算出气体通过塔板的压降。

计算出的塔板压降应低于设计允许值。若计算的塔板压降 h_f过大，可适当增加开孔率以减小阀孔气速(或筛孔气速)u_0，或降低溢流堰堰高 h_w等塔板结构参数，以减小塔板压降。

塔板压力降有一定范围，减压塔一般为 1～3mmHg，常压塔或加压塔则为 3～6mmHg。有些文献认为加压塔的最高单板压降不应超过 10mmHg。

5.4.3.2　液沫夹带

液沫夹带是指下层塔板产生的液沫被上升气流夹带进入上层塔板液层的现象。液沫夹带造成了塔板间的液相返混，严重的液沫夹带会引起塔板效率急剧降低，并严重影响塔板的正常操作。

液沫夹带的程度通常用液沫夹带量和液沫夹带分率来表示。这里仅讨论液沫夹带量的计算。液沫夹带量有多种表示方法，最常用的是 1kg 上升气流夹带至上层塔板的液体量，即 kg 液体/kg 气体。液沫夹带量的大小与板间距、塔板液层厚度、气速、液体物性及塔板结构等有关。一般在设计和操作过程中，都将液沫夹带量控制在 e_v<0.1kg 液体/kg 气体。

（1）浮阀塔板的液沫夹带量

浮阀塔板的液沫夹带量一般用泛点率作为间接衡量指标。泛点率是指设计负荷与泛点负荷之比，以百分率表示。

根据经验，泛点率 F_1 控制在如下范围时，可保证液沫夹带量 e_v<0.1kg 液体/kg 气体：

直径大于 900mm 的塔，$F_1<80\% \sim 82\%$；

直径小于 900mm 的塔，$F_1<65\% \sim 75\%$；

减压操作的塔，$F_1<75\% \sim 77\%$。

泛点率可由式(5-57)、式(5-58)来计算，并取二者中较大者验算是否满足上述要求。

$$F_1=\frac{100V_s\sqrt{\dfrac{\rho_V}{\rho_L-\rho_V}}+136L_s\cdot Z}{A_b\cdot K\cdot C_F} \tag{5-57}$$

$$F_1=\frac{100\sqrt{\dfrac{\rho_V}{\rho_L-\rho_V}}}{0.78A_T\cdot K\cdot C_F} \tag{5-58}$$

式中 F_1——泛点率,%；

V_s、L_s——气相和液相的体积流量，m^3/s；

Z——液相流程长度，m，单流型时，$Z=D_T-2W_d$；双流型时，$Z=0.5(D_T-2W_d-W'_d)$，其中 W'_d 为中间降液管的宽度，m；

A_T——塔截面积，m^2；

A_b——塔板上的液流面积，单流型塔板 $A_b=A_T-2A_f$，m^2；

C_F——泛点负荷因数，查图 5-15；

K——物性系数，查表 5-13。

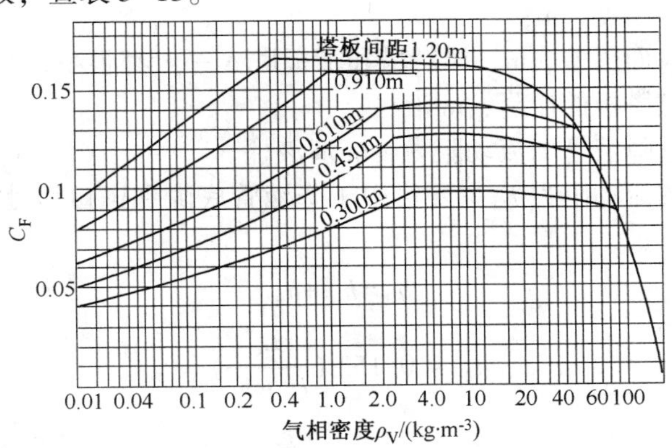

图 5-15 泛点负荷因数

表 5-13 物性系数 K

系 统	K
无泡沫，正常系统	1.0
氟化物(如 BF_3、氟立昂)	0.90
中等起泡沫(如油吸收塔、胺及乙二醇再生塔)	0.85
多泡沫系统(如胺和乙二醇吸收塔)	0.73
严重起泡沫(如甲乙酮装置)	0.60
形成稳定泡沫系统(如碱再生塔)	0.30

(2) 筛板塔的液沫夹带量

筛板塔的液沫夹带量可用 Hunt 关联式计算，见式(5-59)。

$$e_V = \frac{0.0057}{\sigma}\left(\frac{u_G}{H_T - h_L'}\right)^{3.2} \tag{5-59}$$

式中 e_V——液沫夹带量，kg 液体/kg 气体；

σ——液相的表面张力，mN/m；

H_T——板间距，m；

h'_L——塔板上泡沫层高度，一般取 $h'_L = 2.5(h_w + h_{ow})$，m；

u_G——液层上部的气体速度，对单流型塔板，$u_G = V_s/(A_T - A_f)$，m/s。

式(5-59)的适用范围：$u_G/(H_T - h'_L) < 12$。筛板塔的液沫夹带量也可利用泛点率来关联，比较常用的是 Fair 法，此处不再赘述。

5.4.3.3 液泛

根据形成液泛的原因不同，液泛可分为降液管液泛和液沫夹带液泛。因设计中已对液沫夹带量进行了校核，故通常只对降液管液泛进行校核。

为使降液管内液体顺利地流入下层塔板，降液管内须维持一定的液层高度 H_d，用来克服相邻两层塔板间的压降、板上清液层阻力和液体流过降液管的阻力。但降液管内清液层高度 H_d 过大，有可能因液体携带的泡沫充满降液管而发生“淹塔”(降液管液泛)，使正常操作受到破坏。

降液管内液层高度 H_d 代表液体通过一层塔板时所需的液位高度，可用式(5-60)计算。

$$H_d = h_w + h_{ow} + \Delta + h_f + h_d \tag{5-60}$$

式中 h_w——溢流堰高度，m；

h_{ow}——堰上液层高度，m；

Δ——塔板上液面落差，m，浮阀塔和筛板塔 Δ 一般都很小，可忽略不计；

h_f——气体通过塔板的压降，m 液柱；

h_d——液体通过降液管的流动阻力，m 清液柱。

液体通过降液管的流动阻力 h_d 主要集中于降液管底隙和进口堰处，可由式(5-61)~式(5-63)计算。

$$h_d = h_{d1} + h_{d2} \tag{5-61}$$

$$h_{d1} = 0.153\left(\frac{L_s}{l_w \cdot h_o}\right)^2 \tag{5-62}$$

$$h_{d2} = 0.1\left(\frac{L_s}{A_o'}\right)^2 \tag{5-63}$$

式中 h_{d1}——液体流经降液管底隙的压力降，m 液柱；

h_{d2}——液体流经进口堰的压力降，m 液柱；

l_w——堰长，m；

h_o——底隙高度，m；

A'_o——液体流经进口堰时的最窄截面面积，m^2，如果采用凹型受液盘，则 A'_o 应为降液管下沿到受液盘直边的水平截面积，通常 $A'_o = l_w \cdot h_o$。

按式(5-61)~式(5-63)计算出的是降液管中清液层高度 H_d，而降液管中液体由于充气形成的泡沫层实际高度大于此值。为了防止液泛，应保证降液管内充气液层高度 H'_d 低于上层塔板的出口堰，即：

$$H_d' \leqslant H_T + h_w \tag{5-64}$$

H_d'由式(5-65)计算：

$$H_d' = H_d / \phi \tag{5-65}$$

式中　H_d——降液管内清液层高度，m；

ϕ——降液管中泡沫层的相对密度。

容易起泡的物系 $\phi=0.3\sim0.4$；对不易起泡的物系 $\phi=0.6\sim0.7$；一般物系 $\phi=0.5$。

如果求得的 H'_d过大，应调整塔板结构参数，例如增加板间距或增加降液管面积，并重新进行流体力学性能计算。如上述调整无效，则应考虑改变塔径。

5.4.3.4　漏液

若气相负荷过小或塔板上开孔率过大，筛孔或阀孔的气速太小，部分液体会由阀孔或筛孔直接落下，这种现象称为漏液。漏液会导致塔板效率下降，严重时将使塔板上不能积液而无法操作。根据经验，当漏液量小于塔板上液体流量的 10%时，对塔板效率影响不大。故漏液量等于塔板上液体流量的 10%时的气速称为漏液点气速，它是塔板操作气速的下限，以 u_{0min}表示。

（1）浮阀塔板

浮阀塔板有可随气速大小升降的浮阀，其漏液量相当小。浮阀塔板的泄漏量随阀重的增加、阀孔气速的增大、开度的减小及板上液层高度的降低而减小。对 F1 型浮阀(30～34g)，可取阀孔动能因子 $F_0=5\sim6\text{m/s}\cdot(\text{kg/m}^3)^{1/2}$ 作为气相负荷下限，此时漏液点的气速由式(5-66)计算。

$$u_{0min} = \frac{F_0}{\sqrt{\rho_V}} \tag{5-66}$$

式中　u_{0min}——漏液点气速，m/s；

F_0——阀孔动能因子，$\text{m/s}\cdot(\text{kg/m}^3)^{1/2}$。

（2）筛板塔板

筛板塔漏液点气速的计算与浮阀塔不同，设计中可采用式(5-67)～式(5-69)计算。

$$u_{0min} = 4.4C_0\sqrt{\frac{(0.0056 + 0.13h_L - h_\sigma)\rho_L}{\rho_V}} \tag{5-67}$$

当 h_L<30mm，或筛孔直径 d_0<3mm 时，漏液点气速可用式(5-68)计算。

$$u_{0min} = 4.4C_0\sqrt{\frac{(0.051 + 0.05h_L)\rho_L}{\rho_V}} \tag{5-68}$$

对于孔径大于 12mm 的大孔筛板，漏液点气速可用式(5-69)计算。

$$u_{0min} = 4.4\beta C_0\sqrt{\frac{(0.01 + 0.13h_L - h_\sigma)\rho_L}{\rho_V}} \tag{5-69}$$

式中　u_{0min}——漏液点气速，m/s；

h_L——塔板上液层高度，以(h_w+h_{ow})计，m；

h_σ——克服液体表面张力的阻力，m 液柱；

C_0——孔流系数，可由图 5-12、图 5-13 查得；

β——修正系数，可取$\beta=1.15$。

气体通过筛孔的实际速度 u_0 与漏液点气速 $u_{0\min}$ 之比，称为稳定系数 k。设计中通常要求 k 不小于 1.5~2.0。

5.4.4 塔板的负荷性能图

塔板是气液两相进行传质的主要场所，对于一个结构参数已确定的塔板，为保证其稳定操作，气液相流量(塔板负荷)的变化范围将受到塔板漏液量、液沫夹带量、降液管液泛、液体的非均匀分布及降液管超负荷等因素的限制。通常，以气相负荷 V_s(m^3/s)为纵坐标，液相负荷 L_s(m^3/s)为横坐标，按上述各限制因素的函数关系绘制成图，称为塔板负荷性能图，见图 5-16。负荷性能图一般由下列 5 条线组成。

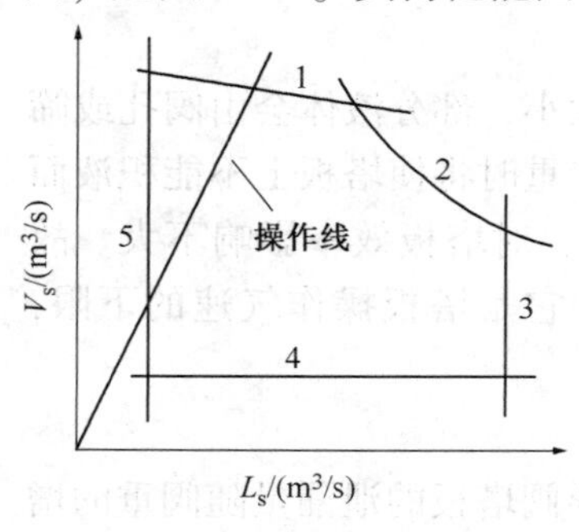

图 5-16 塔板负荷性能图

(1) 过量液沫夹带线

曲线 1 为过量液沫夹带线。当气相负荷超过此线时，液沫夹带量过大，使塔板效率大为降低。一般以 $e_V=0.1$kg 液体/kg 气体为界限，代入液沫夹带量的计算公式，即可得出 L_s 和 V_s 的曲线方程。

浮阀塔的液沫夹带线按式(5-57)或式(5-58)作出。

筛板的液沫夹带线按式(5-59)作出。

(2) 降液管液泛线

曲线 2 为降液管液泛线。当降液管内泡沫层高度 $H'_d=H_T+h_w$ 时，将发生液泛。

$H'_d=H_d/\varphi$，而 H_d 可按式(5-60)计算。将各关系式代入即可解出降液管液泛时 V_s 和 L_s 的曲线方程，据此可绘出液泛线 2。

(3) 液相负荷上限线

垂直线 3 为液相负荷上限线，该线又称降液管超负荷线。液体流量超过此线，表明液体流量过大，液体在降液管内停留时间过短，进入降液管的气泡来不及与液相分离而被带入下层塔板，造成严重气相返混，使塔板效率降低。一般规定最小停留时间为 3~5s，代入停留时间的计算式(5-40)，即可解出液相负荷上限值，并作出液相负荷上限线。

(4) 严重漏液线

曲线 4 为严重漏液线。又称为气相负荷下限线。气相负荷低于此线将发生严重的漏液现象，气液不能充分接触，使塔板效率下降。

对 F1 型浮阀，阀孔动能因子 F_0 下限为 5~6m/s·(kg/m^3)$^{1/2}$(减压塔可适当提高 F_0 值)，代入式(5-66)即可求解出漏液气速和气相负荷下限值。

对筛板塔，可由式(5-67)~式(5-69)计算出筛板塔的漏点气速和气相负荷下限值。

(5) 液相负荷下限线

垂线 5 为液相负荷下限线。液相负荷低于此线，就不能保证塔板上液流的均匀分布，将导致塔板效率下降。对于平直堰，一般取 $h_{ow}=6$mm 作为下限，代入式(5-36)求出液相负荷下限值。

由上述 5 条曲线所包围的区域，就是塔的适宜操作区。将气相流量与液相流量在负荷性能图上标绘出来，即可得到操作点，连接原点和操作点可得操作线(斜率为气液比 V/L)。操作线与上限线、下限线的交点确定了操作的上、下限及操作弹性。操作弹性是指气相负荷(或液相负荷)上、下限的比值。

为了保证塔能够正常稳定操作，操作点应落在适宜操作区中心位置，尽量远离5条线。若操作点靠近某条线，生产中操作条件如果发生波动，有可能使操作点移出适宜操作区，导致塔的正常操作被破坏，这在设计过程中是不允许的，需要对塔板结构参数进行调整。

必须指出，塔板结构型式不同，负荷性能图中所包括的5条极限线的形状可能有所不同。同一板型如果结构参数发生变化，5条线的相对位置也会随之改变。在进行塔板设计时，可根据操作点在负荷性能图中的位置，适当调整塔板结构参数来满足所需的操作弹性。

5.4.5 塔高的计算

板式塔的高度不仅要考虑板间距、塔顶空间和塔底空间高度、进料板空间高度以及人孔数目等，还需考虑塔底裙座的高度。

（1）塔顶空间

塔顶空间高度指塔顶第一层塔板到顶部封头切线的距离。为减少塔顶出口气体夹带的液体量，顶部空间一般取1.2~1.5m。有时为了提高塔顶产品质量，需要除去离开塔顶气体夹带的液沫，可在塔顶设置除沫器，除沫器到第一层塔板的距离一般不小于板间距。

（2）塔底空间

塔底空间高度是指塔底最后一层塔板到底部封头切线的距离。其值由如下因素决定：

① 考虑釜液在塔底的停留时间。若塔进料系统有15min的缓冲容量时，釜液在塔底的停留时间可取3~5min，否则须取15min。但对釜液流量较大的塔，停留时间一般也可取3~5min；对于易结焦的物料，应缩短其在塔底的停留时间，一般取1~1.5min。

② 塔底空间高度要考虑塔底再沸器的安装方式及其安装高度的要求。

③ 塔底液面至塔底最后一层塔板之间要留有1~2m的间距。

（3）进料板空间高度

进料板空间高度取决于进料板的结构型式及进料状态。液相进料时，其高度可与板间距相同或稍大些，如果是气相进料，则取决于气体进料口的型式。

（4）人孔和手孔

对于直径$D \geqslant 1000$mm的板式塔，为安装、检修的需要，一般每隔10~20层塔板或5~10m塔段设置一个人孔。对直径大于800mm的填料塔，人孔可设在每段填料层的上、下方，同时兼作填料装卸孔用。人孔一般设置在气、液进、出口等需要经常维修清理的部位，另外，在塔顶和塔釜也各设一个人孔。塔设备常用人孔、手孔公称直径见表5-14。

表5-14　人孔、手孔的公称直径

塔径/mm	人孔 *DN*/mm	手孔 *DN*/mm
<800	—	≥150
800	400或450	—
>800~1600	450或500	—
>1600~3000	500	—
>3000	500或600	—

人孔所在处的塔盘间距应根据人孔的直径确定，不宜小于人孔公称直径加塔盘支撑梁高度加 50mm，且不小于 600mm。人孔中心线至塔平台上表面的距离宜为 600~1000mm，且不超过 1200mm。人孔中心线与降液管垂直中心线的夹角宜 90°，且所有人孔宜在同一方位上；但当塔的公称直径小于 1m 且人孔(或手孔)的间距较小时，不宜将人孔(或手孔)开设在同一方位上，以免焊后塔壳体产生较大的弯曲变形。当人孔所在处的塔内部没有供进入塔内人员落脚的地方时(如塔釜人孔处)，应在塔内设置出入人孔用的扶手和爬梯，必要时还可在塔内设置临时平台用的支耳或支架。

人孔和手孔的结构型式应满足下列要求：

① 塔体人孔宜采用垂直吊盖人孔。当必须采用回转盖人孔时，应注意回转盖开启方向上是否存在障碍物(如工艺配管、外部附件等)或打开后是否妨碍检修人员的出入。

② 符合下列情况之一者，宜选用带颈对焊法兰人孔或手孔：

a. 设计压力大于或等于 1.6MPa，且介质为易燃的塔器；

b. 设计压力大于 2.5MPa 的塔器；

c. 介质的毒性程度为极度和高度危害的内压塔器；

d. 设计温度大于或等于 350℃的内压塔器；

e. 低温内压塔器。

减压塔的人孔和手孔的公称压力应符合以下规定：

a. 减压塔的设计真空度≤80kPa(即 600mmHg)时，标准人孔、手孔的公称压力不应低于 0.6MPa。

b. 减压塔的设计真空度大于 80kPa 时，标准人孔、手孔的公称压力不应低于 1.6MPa。

c. 对易燃介质及毒性程度为中度或高度危害的介质，人孔、手孔的公称压力不应低于 1.0MPa。

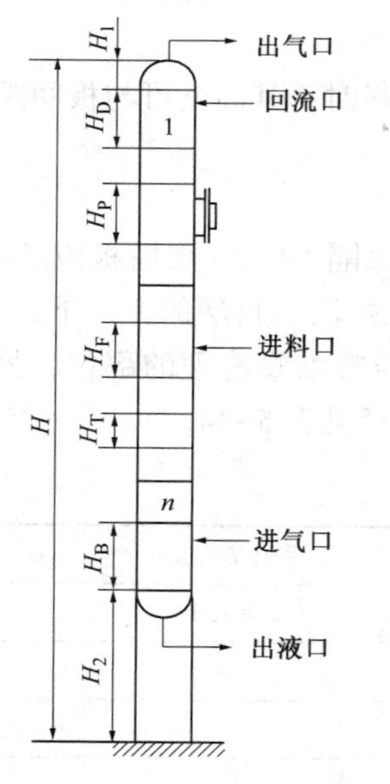

图 5-17　板式塔塔高示意图

d. 毒性程度为极度危害或强渗透性介质，人孔、手孔的公称压力应不低于 1.6MPa。

(5) 塔高

如图 5-17 所示，板式塔塔高可按式(5-70)计算。

$$H=(n-n_F-n_P-1)H_T+n_FH_F+n_PH_P+H_D+H_B+H_1+H_2 \quad (5-70)$$

式中　H——塔高，m；

n——实际塔板数；

n_F——进料板数；

H_F——进料板处板间距，m；

n_P——人孔数；

H_P——设人孔处的板间距，m；

H_B——塔底空间高度，m；

H_D——塔顶空间高度，m；

H_1——封头高度，m；

H_2——裙座高度，m。

5.5 板式塔附属部件

板式塔的附属部件主要有接管、塔顶吊柱、裙座等。其中裙座在第七章介绍。

5.5.1 塔体主要接管尺寸与结构

板式塔主要接管有塔顶蒸汽管、回流液管、进料管、塔釜出料管和塔底蒸汽入口管等。

(1) 气体接管

气体接管管径的可先由式(5-71)计算，再根据管子的规格尺寸选取。

$$d_{\mathrm{D}} = \sqrt{\frac{4V_{\mathrm{s}}}{\pi u_{\mathrm{V}}}} \tag{5-71}$$

式中 V_{s}——气体流量，m^3/s；

u_{V}——气体在管道内的流动速度，m/s。

常压操作时，u_{V}可取12~20m/s；绝压为6~14kPa时，可取30~50m/s；绝压小于6kPa时，可取50~70m/s。

进气管结构如图5-18所示。对气体分布要求不高时可采用图5-18(a)、图5-18(b)所示结构；当塔径较大且进气要求分布均匀时，可采用图5-18(c)所示结构。图5-18(c)所示结构一般在管上开有3排小孔，小孔直径通常为5~10mm，各孔中心距为孔径的5~10倍。全部小孔的截面积应为进气管截面积的1.25~1.5倍。当用蒸汽直接加热釜液时，蒸汽入口管安装在液面以下，管上的小孔应朝向下方或斜下方；当用蒸汽间接加热釜液时，蒸汽入口管安装在液面上方，管上的小孔应朝上方或斜上方。

出气管结构如图5-19所示。

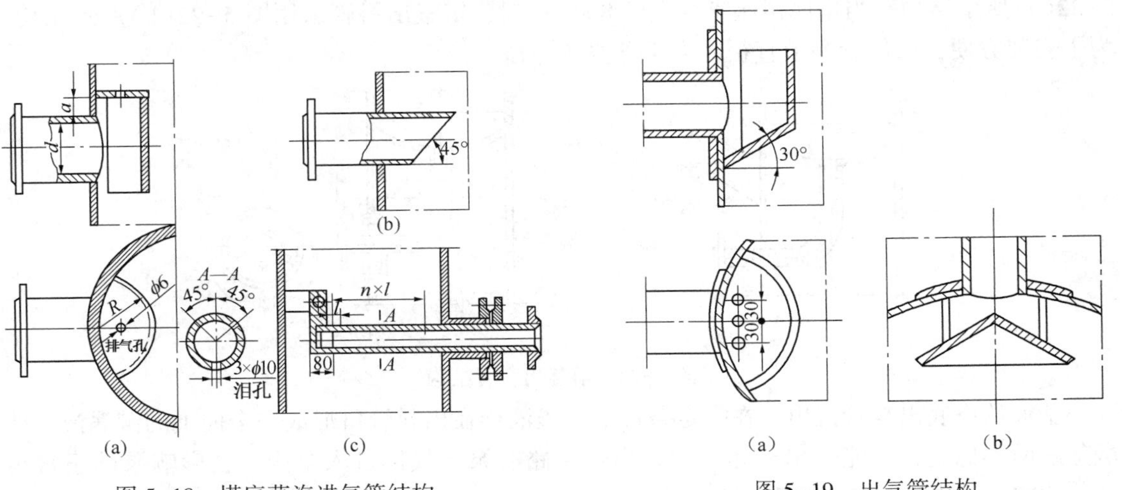

图5-18 塔底蒸汽进气管结构

图5-19 出气管结构

（2）液流管

液流管指的是进料管、回流液管、塔釜出料管。管径的大小可按式(5-72)计算。

$$d_R = \sqrt{\frac{4L_s}{\pi u_R}} \tag{5-72}$$

式中 L_s——液体体积流量，m^3/s；

u_R——液体在管道内流动速度，m/s。

回流管内的适宜流速为：重力回流可取 0.2～0.5m/s；强制回流（泵送）取 1.5～2m/s。进料管内液体的适宜流速为：料液由高位槽入塔时，可取 0.4～0.8m/s；由泵输送时，可取 1.5～2m/s。塔釜出料管内液体的适宜流速一般取 0.5～1.0m/s。根据计算尺寸参照钢管规格选取。

液体进料管应保证液体不直接加到塔盘的鼓泡区，尽量使液体均匀分布。常见的液体进料管有直管进料管（图 5-20）与弯管进料管（图 5-21）。进料管（包括回流管）有可拆和不可拆两种结构。当塔径 $D_T \geq 800$mm，且物料清洁不易聚合时，常采用不可拆结构，直接与塔壁焊死即可。当塔径 $D_T < 800$mm，人不能进入塔内检修，为了维护方便，进料管应采用带外套管的可拆结构。

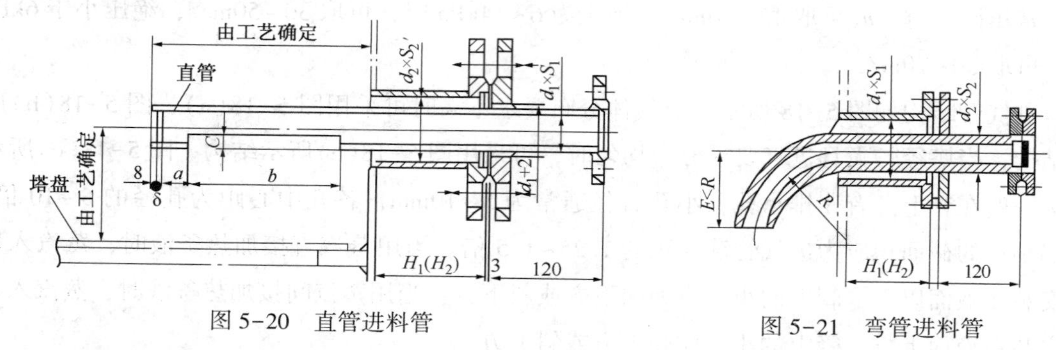

图 5-20　直管进料管　　　图 5-21　弯管进料管

塔釜出料管结构如图 5-22 所示。当塔支座直径小于 800mm 时，塔釜出料管一般采用图 5-22(a)所示结构；当塔底裙座直径大于 800mm 时，塔釜出料管采用图 5-22(b)所示结构。为了安装方便，引出管通道直径应大于管法兰外径。

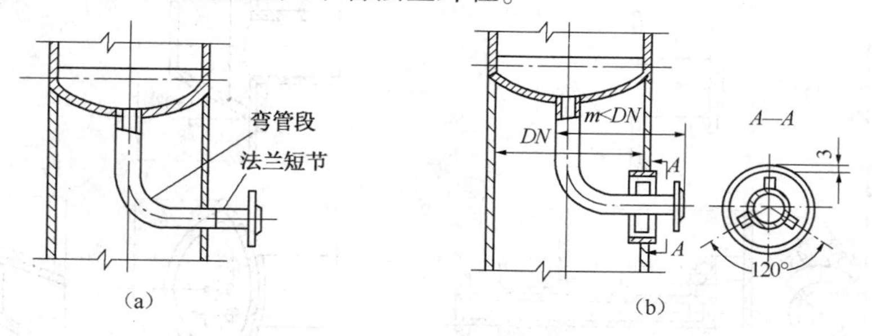

图 5-22　塔釜出料管结构

釜液从塔底出料管流出，在一定条件下，釜液会在出料管口形成一个向下的漩涡流，使塔釜液面不稳定，且能带出气体。如果出口管路有泵，气体进入泵内，会影响泵的正常运转，故在釜液出口处应装设防涡流挡板。

用于介质较清洁的防涡流挡板的结构及尺寸见图 5-23 及表 5-15。

表 5-15　清洁介质的防涡流挡板结构尺寸

DN/mm	A/mm	B/mm	碳钢		不锈钢	
			t/mm	质量/kg	t/mm	质量/kg
<80	150	100	6	1.11	4	0.74
80	200	100		1.18		0.78
100	200	100		1.76		1.17
150	300	150		2.47		1.65
200	400	200		4.24		2.83
250	500	250		12.87		8.58
300	600	300		18.27		12.18
350	700	350		24.61		16.4
400	800	400		31.94		21.3

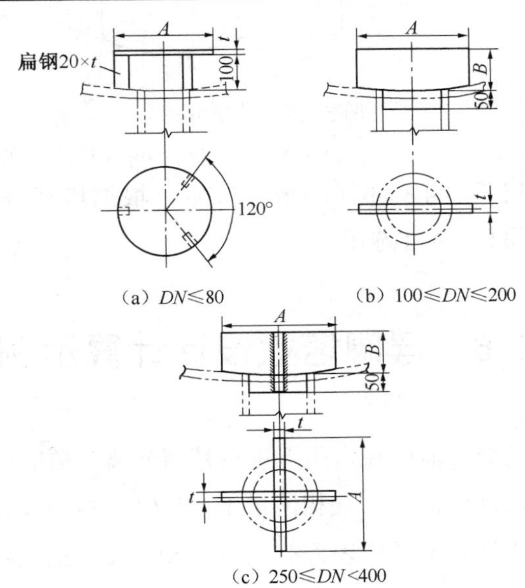

（a）DN≤80　（b）100≤DN≤200　（c）250≤DN<400

图 5-23　清洁介质的防涡流挡板

5.5.2　塔顶吊柱

对于较高的室外无框架塔设备，需在塔顶设置吊柱(图 5-24)，以便安装和拆卸塔内件。一般高度在 15m 以上的塔，都设置吊柱。对于分节的塔，内件的拆卸经常在塔体拆开后进行，故不设吊柱。

吊柱安装方位应使吊柱中心线与人孔中心线间有合适的夹角 θ，当操作人员站在平台上操作手柄时，使钓钩的垂直线可以转到人孔附近，以便从人孔装入或取出塔内件。

吊柱的吊杆应采用整根钢管制造。若钢管长度不够时，允许拼接，拼接焊缝不得超过一条。最短管长度不应小于 300mm，弯管部分包括至少 50mm 直管段不得有拼接焊缝。吊杆材料一般采用 20 号无缝钢管，当使用温度小于或等于-20℃时，应采用正火状态的 10 号无缝钢管。除吊杆和支座垫板材料外，其他零件材料为 Q235-A。当使用温度小于或等于-20℃时，吊柱部件中支撑封头和手柄把应选用 10 号无缝钢管。下支座、上支座和封板选用 16Mn

钢板。挡销、止动插销和钓钩选用16Mn。

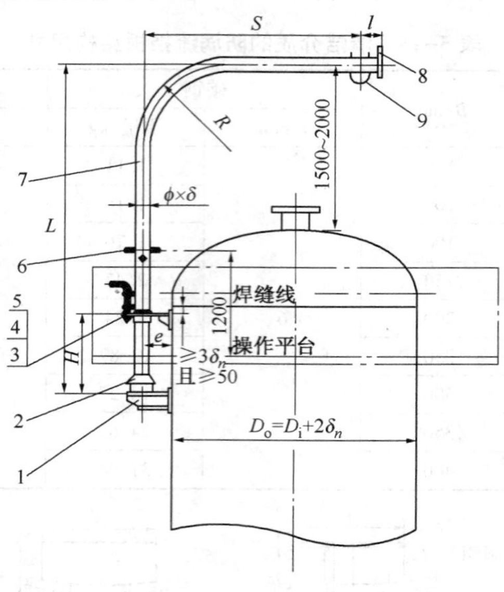

图5-24　塔顶吊柱

1—下支座；2—防雨罩；3—挡销；4—上支座；5—止动插销；6—手柄；7—吊杆；8—封板；9—吊钩

吊柱的起吊载荷按塔设备的零部件的重量决定，根据塔径确定其回转半径，然后按HG/T 21639—2005《塔顶吊柱》标准选用。

5.6　浮阀塔板设计计算示例

含有A、B两种物质的混合液体在常压下进行精馏分离，精馏塔的精馏段平均工艺操作条件如下：液相流量$L_s=0.0056\text{m}^3/\text{s}$，气相流量$V_s=1.61\text{m}^3/\text{s}$，液相密度$\rho_L=875\text{kg/m}^3$，气相密度$\rho_V=2.78\text{kg/m}^3$，混合液体平均表面张力$\sigma=20.3\text{mN/m}$，精馏段有12层实际塔板，允许总压降为7.2kPa。

对精馏段的塔径和塔板工艺尺寸进行设计，选用F1型浮阀(重阀)。

解：

(1) 塔径计算

初选板间距$H_T=450\text{mm}$，取板上液层高度$h_L=0.07\text{m}$，故$H_T-h_L=0.45-0.07=0.38\text{m}$

$$\frac{L_s}{V_s}\sqrt{\frac{\rho_L}{\rho_V}}=\frac{0.0056}{1.61}\sqrt{\frac{875}{2.78}}=0.0616$$

查图5-3得$C_{20}=0.08$，进行表面张力修正，即：

$$C=C_{20}\left(\frac{\sigma}{20}\right)^{0.2}=0.08\left(\frac{20.3}{20}\right)^{0.2}=0.08$$

则泛点气速　$u_f=C\sqrt{\frac{\rho_L-\rho_V}{\rho_V}}=0.08\sqrt{\frac{875-2.78}{2.78}}=1.417\text{m/s}$

泛点分率取0.6，空塔气速 $u=0.6u_f=0.6\times1.417=0.850m/s$

塔径为：

$$D_T' = \sqrt{\frac{4V_s}{\pi u}} = \sqrt{\frac{4\times1.61}{\pi\times0.85}} = 1.553m$$

按标准塔径圆整，取 $D_T=1.6m$。

则塔截面积

$$A_T = \frac{\pi}{4}D_T^2 = \frac{\pi}{4}\times1.6^2 = 2.01m^2$$

(2) 溢流装置工艺尺寸的确定

考虑到液体流量和塔径都不太大，故选用单流型弓形降液管，不设进口堰。

① 出口堰长度 l_w

查表5-8，取弓形降液管的堰长 $l_w=0.66D_T=0.66\times1.6=1.056m$。

② 出口堰高度 h_w

采用平直堰，由于板上液层高度 h_L 可表示为 h_w+h_{ow}，故 $h_w=h_L-h_{ow}$

堰上液头 h_{ow} 可用式(5-36)计算，即

$$h_{ow} = 0.00284E\left(\frac{L_h}{l_w}\right)^{2/3}$$

因分离物系不易起泡，可近似取 $E=1$，故：

$$h_{ow} = 0.00284E\left(\frac{L_h}{l_w}\right)^{2/3} = 0.00284\times1.0\times\left(\frac{3600\times0.0056}{1.056}\right)^{2/3} = 0.020m$$

出口堰高 $h_w=h_L-h_{ow}=0.07-0.02=0.05m$

③ 弓形降液管的宽度 W_d 和面积 A_f

查表5-9，选用单流型塔板标准系列中弓形降液管堰长 $l_w=1.056m$，降液管宽度 $W_d=199mm$，降液管面积 $A_f=0.1450m^2$。

依照式(5-40)计算液体在降液管中的停留时间为

$$\tau = \frac{A_fH_T}{L_h} = \frac{0.145\times0.45}{0.0056} = 11.7s$$

停留时间 $\tau>5s$，合乎要求，故降液管尺寸合理、可用。

④ 降液管底隙高度 h_o

考虑到塔径较大，取 $h_o=0.04m$，由式(5-39)计算降液管底隙流速，即

$$u_o' = \frac{L_s}{l_wh_o} = \frac{0.0056}{1.056\times0.04} = 0.133m/s$$

降液管底隙流速 $<0.4m/s$，且在经验取值 $0.08\sim0.15m/s$ 范围内，故认为降液管底隙高度合适。

(3) 阀孔数目、阀孔排列及塔板布置

出口安定区宽度 W_s 与入口安定区宽度 W'_s 均取100mm，边缘区宽度 $W_c=60mm$。

取阀孔动能因子 $F_0=10m/s\cdot(kg/m^3)^{1/2}$，由式(5-41a)计算阀孔速度 u_0：

$$u_0 = \frac{F_0}{\sqrt{\rho_V}} = \frac{10}{\sqrt{2.78}} = 5.99\text{m/s}$$

F1 型浮阀的阀孔直径为 39mm，按式(5-42)式计算浮阀数，即：

$$n = \frac{V_s}{\frac{\pi}{4}d_0^2 u_0} = \frac{1.61}{\frac{\pi}{4}(0.039)^2 \times 5.99} = 225$$

对单流型塔板，按式(5-34)计算开孔区面积，即

$$A_a = 2[x\sqrt{r^2 - x^2} + r^2 \sin^{-1}(\frac{x}{r})]$$

式中 $$r = \frac{D_T}{2} - W_c = \frac{1.6}{2} - 0.06 = 0.74\text{m}$$

$$x = \frac{D_T}{2} - (W_d + W_s) = \frac{1.6}{2} - (0.199 + 0.100) = 0.501\text{m}$$

故 $$A_a = 2[x\sqrt{r^2 - x^2} + r^2 \sin^{-1}(\frac{x}{r})]$$

$$= 2(0.501 \times \sqrt{0.74^2 - 0.501^2} + 0.74^2 \sin^{-1}\frac{0.501}{0.74}) = 1.36\text{m}^2$$

阀孔排列采用等腰三角形叉排方式，取同一横排的孔心距（等腰三角形底边）$t'=0.075\text{m}$，排间距 h(等腰三角形的高)可按式(5-44)计算，即

$$h = \frac{A_a}{t'n} = \frac{1.36}{0.075 \times 225} = 0.08\text{m}$$

考虑塔径较大，采用分块式塔板，各分块的支撑与衔接要占去一部分开孔区面积，因此排间距应小于 0.08m，取排间距为 0.065m。

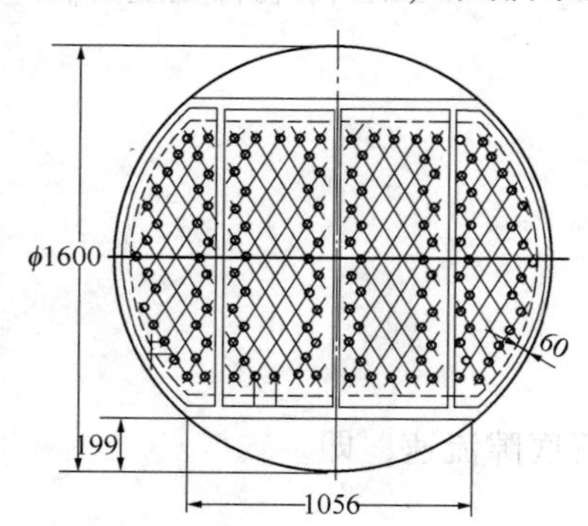

图 5-25 塔板浮阀排列布置图

按同一排孔中心距为 0.075m，排间距为 0.065m 为准，以等腰三角形叉排方式作图，实际排列阀孔数 228 个，见图 5-25。

按实际排列的阀孔数 228 个重新核算阀孔气速及阀孔动能因子。

$$u_0 = \frac{V_s}{\frac{\pi}{4}d_0^2 n} = \frac{1.61}{\frac{\pi}{4}(0.039)^2 \times 228} = 5.91\text{m/s}$$

$$F_0 = u_0\sqrt{\rho_V} = 5.91 \times \sqrt{2.78} = 9.85\ \text{m/s} \cdot (\text{kg/m}^3)^{1/2}$$

由于阀孔实际排列数与原计算数相差不大，所以阀孔动能因数变化不大，仍在 9~12m/s·(kg/m³)^{1/2}的合理范围内，故实际阀孔布置合适。

塔板开孔率可由式(5-45)计算，即

$$\varphi = n\frac{d_0^2}{D_T^2} = 228 \times \frac{0.039^2}{1.6^2} \times 100\% = 13.5\%$$

对于常压塔，开孔率在10%~14%的合理范围内。

（4）流体力学性能校核

① 塔板总压降 h_f

每层塔板压力降 $h_f=h_c+h_e+h_\sigma$

a. 干板压降 h_c

由式(5-52)计算临界阀孔气速 u_{0C}，即

$$u_{0C}=\sqrt[1.825]{\frac{73.1}{\rho_V}}=\sqrt[1.825]{\frac{73.1}{2.78}}=6.0\text{m/s}$$

而实际阀孔气速 $u_0<u_{0C}$，故应按阀全开前式(5-50)计算干板压降。

$$h_c=19.9\frac{u_0^{0.175}}{\rho_L}=19.9\frac{5.91^{0.175}}{875}=0.031\text{m}$$

b. 液层压力降 h_e

根据物性，浮阀塔板充气系数 $\beta=0.5$，由前可知，板上液层高度 $h_L=h_w+h_{ow}=0.07\text{m}$，则

$$h_1=\beta(h_w+h_{ow})=0.5\times0.07=0.035\text{m}$$

c. 克服液体表面张力的压力降 h_σ

对于浮阀塔板，克服液体表面张力的压力降很小，所以忽略不计。

则气体流过一层塔板的压力降为

$$h_f=h_c+h_e=0.031+0.035=0.066\text{m}$$

或 $$\Delta p_f=h_f\rho_L g=0.066\times875\times9.81=567\text{Pa}$$

精馏段总压降为：

$$\Delta p=N\Delta p_f=12\times567=6804\text{Pa}=6.804\text{kPa}<7.2\text{kPa}$$

符合工艺对压降的要求。

② 降液管中清液层高度 H_d

降液管内清液层高度 $H_d=h_f+h_w+h_{ow}+\Delta+h_d$

前面已计算出 $h_f=0.066\text{m}$，溢流堰(外堰)高度 $h_w=0.05\text{m}$，堰上液头高度 $h_{ow}=0.02\text{m}$。

由于浮阀塔板上液面落差 Δ 很小，所以可忽略。

因该塔板不设进口堰，忽略液体流经进口堰的压力降。则液体通过降液管的压力降 h_d 可由式(5-62)计算。

$$h_d=0.153\left(\frac{L_s}{l_w h_o}\right)^2=0.153\times\left(\frac{0.0056}{1.056\times0.04}\right)^2=0.00269\text{m}$$

因此 $$H_d=h_f+h_w+h_{ow}+\Delta+h_d=0.066+0.05+0.02+0.00269=0.139\text{m}$$

取降液管中泡沫层的相对密度 $\phi=0.5$，降液管内充气液层高度 H'_d为：

$$H_d'=H_d/\phi=0.139/0.5=0.278\text{m}$$

前已选定板间距 $H_T=0.45\text{m}$，溢流堰高 $h_w=0.05\text{m}$

$$H_d'<H_T+h_w=0.45+0.05=0.50\text{m}$$

由此可知，该塔板不会发生液泛。

③ 液沫夹带量 e_V

浮阀塔板的液沫夹带量多采用验算泛点率来间接判断液沫夹带量的方法。泛点率由式(5-57)、式(5-58)来计算，并取其中值较大者验算是否满足上述要求。

塔板上液体流程长度 $Z=D_T-2W_d=1.6-2\times0.199=1.202\text{m}$

塔板上的液流面积 $A_b=A_T-2A_f=2.01-2\times0.145=1.72\text{m}^2$

根据物系性质，查表5-9取物性系数 $K=1.0$，查图5-14得负荷因数 $C_F=0.126$。

由式(5-57)计算 F_1：

$$F_1=\frac{100V_s\sqrt{\dfrac{\rho_V}{\rho_L-\rho_V}}+136L_sZ}{A_bKC_F}$$

$$=\frac{100\times1.61\sqrt{\dfrac{2.78}{875-2.78}}+136\times0.0056\times1.202}{1.72\times1.0\times0.126}=46.2\%$$

由式(5-58)计算 F_1：

$$F_1=\frac{100\sqrt{\dfrac{\rho_V}{\rho_L-\rho_V}}}{0.78A_TKC_F}=\frac{100\sqrt{\dfrac{2.78}{875-2.78}}}{0.78\times2.01\times1.0\times0.126}=46\%$$

比较可知，塔板的泛点率取46.2%。低于大塔要求的80%，所以塔板的液沫夹带量满足 $e_v<0.1\text{kg}$ 液/kg 气的要求。

④ 漏液点气速

阀孔动能因数下限取 $5.0\text{m/s}\cdot(\text{kg/m}^3)^{1/2}$，则由式(5-66)计算漏液点气速为：

$$u_{o\min}=\frac{F_0}{\sqrt{\rho_V}}=\frac{5.0}{\sqrt{2.78}}=3.0\text{m/s}$$

前已计算出实际孔速 $u_0=5.91\text{m/s}$，则稳定系数

$$k=u_0/u_{o\min}=5.91/3.0=1.97>1.5$$

塔板不会发生严重漏液现象，满足设计要求。

(5) 塔板负荷性能图

① 过量液沫夹带线

根据物系性质和设计的塔板结构，液沫夹带量上限值 $e_v=0.1\text{kg}$ 液/kg 气对应的泛点率 $F_1=80\%$，由式(5-57)可得：

$$F_1=\frac{100V_s\sqrt{\dfrac{\rho_V}{\rho_L-\rho_V}}+136L_sZ}{A_bKC_F}$$

$$=\frac{100\times V_s\sqrt{\dfrac{2.78}{875-2.78}}+136\times1.202L_s}{1.72\times1.0\times0.126}=80\%$$

整理得 $$0.565V_s+1.635L_s=0.1734$$

即 $$V_s=3.07-28.9L_s$$

由此可知，过量液沫夹带线为一条直线，如图 5-26 中的线(1)所示。

② 降液管液泛线

当降液管内充气液层高度 $H_d' = H_T + h_w$ 时，将发生液泛。即

$$h_w + h_{ow} + \Delta + h_f + h_d = \phi(H_T + h_w)$$

其中 $h_{ow} = 0.00284E\left(\frac{3600L_s}{l_w}\right)^{2/3}$

$$h_f = h_c + h_e + h_\sigma$$

$$h_c = 5.34\frac{u_0^2\rho_V}{2g\rho_L}$$

$$h_e = 0.5(h_w + h_{ow})$$

$$h_{d1} = 0.153\left(\frac{L_s}{l_w h_b}\right)^2$$

液体表面张力所造成的压力降 h_σ 和液面落差 Δ 可忽略。

代入整理得： $V_s^2 = 15.0 - 7348L_s^2 - 82.69L_s^{2/3}$

绘制降液管液泛线，如图 5-26 中线(2)所示。

③ 液相负荷上限线

取 $\tau = 5s$ 为液体在降液管中停留时间的下限，其所对应的则为液体的最大负荷上限。

由 $\tau = \frac{A_f H_T}{L_s}$ 可得：

$$L_{s\,max} = \frac{A_f H_T}{\tau} = \frac{0.145 \times 0.45}{5} = 0.013m^3/s$$

由此可知，液相负荷上限线是一条与气相负荷无关的竖直线，即图 5-26 中的线(3)。

④ 严重漏液线

阀孔动能因数下限取 $5.0m/s \cdot (kg/m^3)^{1/2}$，对应的阀孔气速为漏点气速。

气相负荷下限值 $V_{s\,min} = \frac{\pi}{4}d_0^2 n\frac{5}{\sqrt{\rho_V}} = \frac{\pi}{4} \times 0.039^2 \times 228\frac{5}{\sqrt{2.78}} = 0.817m^3/s$

由此可知，浮阀塔的严重漏液线是一条与液体流量无关的水平线，见图 5-26 中线(4)。

⑤ 液相负荷下限线

取堰上液头高度 $h_{ow} = 0.006m$ 作为液相负荷下限条件，按式 5-36 计算出的液相流量即为液相负荷下限值。

$$h_{ow} = 0.00284E\left(\frac{3600L_{s\,min}}{l_w}\right)^{2/3} = 0.00284 \times 1.0\left(\frac{3600L_{s\,min}}{1.056}\right)^{2/3} = 0.006$$

整理得 $L_{s\,min} = 0.0009m^3/s$

浮阀塔板的液相负荷下限线是一条与气相流量无关的垂直线，见图 5-26 中的线(5)。

(6) 小结

① 为检查设计的浮阀塔板的弹性范围，可依据设计气相负荷 $V_s = 1.61m^3/s$ 和液相负荷 $L_s = 0.0056m^3/s$，在图 5-26 中画出操作点 P，操作点位于适宜操作区的适中位置，说明该塔板设计较为合理。

② 连接原点 O 和操作点 P 即得该塔板的操作线 OP。操作线分别与过量液沫夹带线和严重漏液线相交，说明塔板的操作上限受液沫夹带控制，操作下限受严重漏液线控制。

③ 按固定的液气比，由图 5-25 可查得气相负荷上限 $V_{smax}=2.8m^3/s$，气相负荷下限 $V_{smin}=0.817m^3/s$。塔板的操作弹性为：

$$操作弹性=\frac{V_{s\max}}{V_{s\min}}=\frac{2.8}{0.817}=3.43$$

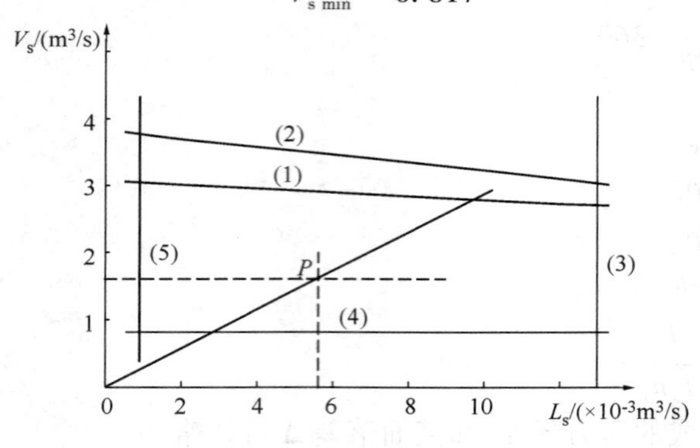

图 5-26　塔板负荷性能图

(1)—过量液沫夹带线；(2)—液泛线；(3)—液相负荷上限线；(4)—严重漏液线；(5)—液相负荷下限线

塔板的操作弹性在合理范围(3~5)之内，说明塔板设计是合理的。

(7) 计算结果汇总

塔板设计计算结果汇总见表 5-16。

表 5-16　浮阀塔板结构计算结果

序　号	项　目	数　值	备　注
1	塔径 D_T/m	1.60	
2	塔板间距 H_T/m	0.45	
3	液流型式	单流型弓形降液管	分块式塔板
4	空塔气速 u/(m/s)	0.801	
5	溢流堰长度 l_w/m	1.056	
6	溢流堰高度 h_w/m	0.05	
7	塔板上清液层高度 h_L/m	0.07	
8	降液管底隙高度 h_o/m	0.04	
9	每板浮阀数 n	228	
10	阀孔气速 u_0/(m/s)	5.91	
11	阀孔中心距 t/m	0.075	同排孔心距
12	排间距 h/m	0.065	
13	单板压降 Δp_f/Pa	567	
14	液体在降液管内停留时间 τ/s	11.7	
15	降液管量清液层高度 H_d/m	0.139	
16	泛点率/%	46.2	
17	操作弹性	3.43	

6　气流干燥器的设计

6.1　概述

干燥就是利用热能将湿物料中的湿分除去的过程，其目的主要是便于物料的包装、运输、贮存、加工和使用，通过干燥使产品或半成品达到要求的含湿标准。

6.1.1　干燥器分类

干燥器的种类很多，常见的分类方法有以下几种。

(1) 按操作压力分为常压干燥器和真空干燥器。真空干燥适用于处理热敏性及易氧化物料的干燥，或用于要求成品中含湿量较低的场合。

(2) 按操作方式分为连续式干燥器和间歇式干燥器。连续干燥具有生产能力大、产品质量均匀、热效率高以及劳动条件好等优点。间歇干燥适用于处理小批量、多品种或要求干燥时间较长的物料。

(3) 按热量传递的方式分为：

对流加热干燥器，如喷雾干燥器、气流干燥器、流化床干燥器等；

传导加热干燥器，如耙式真空干燥器、滚筒干燥器、冷冻干燥器等；

辐射加热干燥器，如红外线干燥器、远红外线干燥器等；

介电加热干燥，如微波加热干燥器等。

在化工、冶金、医药、食品等行业中，以连续操作的对流干燥应用最为普遍。干燥介质可以是不饱和热空气、惰性气体及烟道气，需要除去的湿分为水分或其他化学溶剂。本章主要讨论以不饱和热空气为干燥介质，湿分为水的干燥过程。其他干燥系统的原理与空气-水系统完全相同。

6.1.2　对流干燥过程

在对流干燥过程中，热空气将热量传递给湿物料，使物料表面的水分吸热汽化，汽化的水分又被空气带走。因此热空气既是载热体，又是载湿体，干燥过程是热、质同时传递的过程。传热的方向是由气相到固相，热空气与湿物料的温差是传热的推动力；传质的方向是由固相到气相，传质的推动力是物料表面的水汽分压与热空气中水汽分压之差。干燥过程中热量和质量的传递方向相反，但两者又密切相关，因此干燥操作由传热速率和传质速率共同控制。干燥过程得以进行的必要条件是物料表面的水汽分压必须大于干燥介质中水汽分压，这样就存在一个水汽从物料表面传递至干燥介质主体并被带走的传质推动力，以维持干燥的进行。水汽分压差越大，干燥过程进行得越快，所以干燥介质不仅要不断提供热能，而且要及时将产生的水汽带走，以维持一定的传质推动力。当水汽分压差为零时，热空气被水汽饱和，则传质推动力为零，干燥随即停止。

6.1.3 工业生产对干燥设备的基本要求

通常，工业生产过程对干燥设备的基本要求有以下几点。

（1）保证干燥产品的质量要求，如能达到指定的干燥程度（含水量）、粒度分布、结晶形状，干燥产品质量均匀，不出现变质、龟裂变形等。

（2）干燥速率大，即具有优良的传热传质性能，以保证较高的汽化速率，减小干燥设备尺寸，缩短干燥时间，做到“小设备，大生产”。

（3）干燥器的热效率高，即单位热能干燥除去的水分多。这是干燥过程热量利用好坏的一个重要经济技术指标。

（4）具有良好的流体力学性能，干燥系统的流体阻力小，物料干燥过程中机械能消耗低，操作费用降低。

（5）操作控制方便，劳动条件好。

6.1.4 提高干燥过程经济性的措施

干燥过程消耗大量的热能，热能的利用程度直接影响到干燥过程的经济性。工业生产中一般可考虑采用以下措施提高干燥过程的热能利用率。

（1）物料干燥前，尽量先采用低能耗的机械方法如压榨、离心等除湿方法除去更多的水分后，再进行干燥。

（2）提高干燥介质的预热温度，干燥介质的预热温度高，单位绝干介质具有的热量大，干燥所需的干燥介质质量减少，因此尾气带走的热量降低，干燥系统的热效率提高。

（3）回收尾气带走的热量，如用尾气预热物料或掺入部分新鲜的干燥介质，提高热量的利用率。

（4）做好干燥系统的保温工作，减小热损失。

（5）采用热容量大的干燥介质，干燥介质的热容量大，干燥单位湿物料所需的干燥介质的量小，从而提高干燥器的热效率。

随着工业产品种类的日益增多，产品质量要求日趋严格，生产规模大型化，具有更佳技术经济性能的干燥方法和干燥设备日趋发展。本章介绍和讨论对流干燥器中的气流干燥过程及气流干燥器的设计计算。

6.2 气流干燥过程及其适用对象

气流干燥是一种连续式高效固体流态化干燥方法。一定流速的热气流进入干燥器后带动粉粒状的湿物料一起并流流动，被干燥物料均匀地悬浮在热气流中，使物料在输送过程中同时被干燥。气流干燥器不仅可干燥粉粒状物料，也可处理滤饼状及块状物料，只需加装分散器或粉碎机，使物料被分散或粉碎后再进入干燥器。气流干燥器有直管型、脉冲管型、倒锥型、套管型、环型和旋风型等多种型式。

6.2.1 气流干燥操作过程

图 6-1 所示为一般气流干燥装置的流程图。气流干燥器的主体是直立圆管 3，湿物料由加料斗 4 加入螺旋加料器 5 中，送入干燥管底部。从预热器 2 来的加热介质（热空气、烟道气等）也同时进入干燥器底部，并迅速将湿物料分散悬浮于热气流中自下而上通过干燥管。热气流和物料在沿干燥管向上并流流动的过程中进行传热和传质，使物料得以干燥，干燥后物料随气流进入旋风分离器 6 分离后经底部卸料阀 7 排出系统，干燥后的废气经风机 8 排入大气。

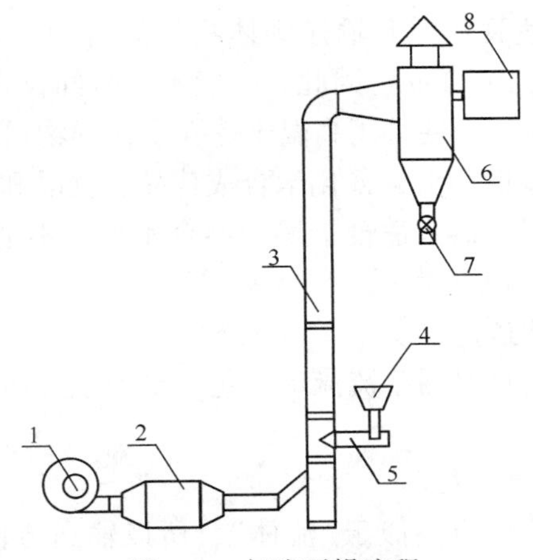

图 6-1 气流干燥流程

1—鼓风机；2—预热器；3—气流干燥管；4—加料斗；5—螺旋加料器；6—旋风分离器；7—卸料阀；8—引风机

适当地安排风机在系统的位置，气流干燥可以在正压或真空下操作。对有毒或粉尘污染可能性较大的情况，采用真空操作，产品不易泄漏，有利于保护环境，同时有利于降低水分的汽化温度，保护热敏性物料。但采用真空操作时，风机处于抽气工作状态，所抽送的气体温度较高，并可能含有一定的颗粒或粉尘，因此对风机的要求较高，同时能耗增加。

气流干燥过程的优点：

① 气流干燥速度快。

在气流干燥过程中，由于气流速度高达 20~40m/s，而固体颗粒又悬浮于高速气流中，因此气固相间的接触面积增加，同时气流干燥借助于空气涡流的高速搅动，使得固体表面水分汽化形成的气膜不断被更新，导致传热和传质过程得到了极大的强化。与回转式干燥器相比，气流干燥器的对流体积传热系数 h_v 比回转式干燥器要大 20~30 倍。

另外，在气流干燥器内，物料颗粒处于高度悬浮分散状态，颗粒所含水分大多为表面附着水分，因此湿物料的临界含水量大大降低。例如在气流干燥器中，100 μm 左右合成树脂颗粒的临界含水量仅为 1%~2%；一些结晶盐类颗粒的临界含水量仅为 0.3%~0.5%。由于临界含水量降低，大大缩短了固体颗粒达到干燥要求所需的干燥时间。

② 气、固并流流动，可采用高温干燥介质

气、固两相在气流干燥器内呈并流流动，因此湿含量最大的物料首先与温度最高的干燥介质接触，在流动过程中随着固体物料湿含量的减小，干燥介质的温度也不断降低。因此气流干燥过程中，可在选用高温干燥介质的同时保证物料不易出现变质。例如，在活性炭的气流干燥过程中，可以使用 600℃的干燥介质，在湿淀粉的干燥过程中可使用 400℃的高温热气体。这是因为在高温干燥介质与湿物料接触之初，由于湿物料处于表面汽化阶段，其表面温度维持在湿球温度，而高温干燥介质对应的湿球温度很低，一般在60~65℃之间。即使在干燥后期，物料进入降速干燥阶段，物料温度有所上升，但干燥介质的温度已经下降很多，物料在干燥管出口的温度也仅在70~90℃之间。

采用高温干燥介质，可以提高气、固相间的传热和传质速率，单位湿物料干燥介质的用量大大减小，从而有效减小干燥设备的体积，更有效地利用热能，大大提高干燥器的热效率。干燥非结合水分时，气流干燥器的热效率可达60%以上。

③ 干燥时间极短。

在气流干燥器中，为了达到悬浮和输送固体物料的目的，操作气速较高，一般在20~40m/s，而干燥管长度一般在10~20m，因此，一般干燥时间仅在0.5~2.0s，最多不会超过5s。一方面由于干燥时间极短，即使采用高温干燥介质，湿物料的温度也不会升得太高，所以气流干燥适合干燥某些热敏性物料，如化学合成药品、食品和有机染料等。另一方面由于湿物料停留时间很短，气流干燥器只适合干燥非结合水分，不适合结合水分的干燥。因此，气流干燥器常被用作湿物料的预干燥。

④ 气流干燥的产品质量均匀。

在气流干燥器中，固体物料呈活塞流流动，每一颗粒子经历的干燥时间大致相同，因此干燥产品的湿含量均匀一致。

⑤ 装置结构简单，生产能力大。

这种含有固体颗粒的气流性质类似于“流体”，所以输送方便，操作稳定，产品质量均匀，但对所处理的物料的粒度有一定限制。

气流干燥器的体积虽然小，但生产能力很大。例如直径为0.7m，高度为10~15m的垂直气流干燥器干燥煤的生产能力可达25t/h，干燥硫酸铵的生产能力可达15t/h。

⑥ 由于气流干燥器的体积小，其散热面积小，热损失也少，一般不超过总传热量5%；同时占地面积也很小。

⑦ 干燥过程易控制，易实现自动化和连续化生产。另外，除风机和物料输送器外，其他设备无转动部件，因此设备的投资费用较低。

气流干燥过程的缺点：

① 干燥系统阻力大

由于气流干燥采用的气流速度较大，故系统气流流动阻力较大，一般在3000~4000Pa之间，所以必须选用高压或中压风机，动力消耗较大。

② 产品磨损大

由于气流速度较高，颗粒之间以及颗粒与器壁之间的碰撞与摩擦，使得颗粒的破碎和磨损现象比较严重。因此，气流干燥器不适合干燥晶形不允许破坏的物料。

③ 对除尘系统要求高

在气流干燥过程中，产品由气流输送，所以产品的分离操作负荷和要求较高。另外，固体产品的放空损失较大，粉料排空会对环境造成一定污染。

6.2.2 气流干燥的适用对象

(1) 物料形态

由气流干燥过程可知，气流干燥主要适用于颗粒状、粉状湿物料，颗粒的粒径一般在为

0.5~0.7mm 以下，至多不超过 1mm。对于块状或膏状湿物料，需在干燥器底部加装粉碎机、分散器或搅拌器，使湿物料被分散或粉碎后再进入干燥器，也可使湿物料和高温干燥介质直接通过粉碎机内部，使膏状物料边干燥边粉碎，然后再进入气流干燥管。

(2) 物料中水分的存在状态

在气流干燥器内，高温干燥介质和固体物料高速通过，二者接触时间很短，因此，一般只适用于物料非结合水进行表面汽化的恒速干燥过程，即物料所含的水分以润湿水、孔隙水和大毛细管水为主。对于含有较多结合水的物料则不宜采用气流干燥。

(3) 对干燥产品有无特殊要求

在气流干燥器的高速气流中，由于颗粒之间、颗粒与器壁之间激烈碰撞和摩擦，物料很容易粉碎和磨损，更难以保存完好的结晶形状和结晶光泽，因此，对干燥产品有上述要求的情况下，不适用气流干燥方法。

(4) 其他不适用情况

有些物料极易粘附在干燥管壁上，例如钛白粉、粗制葡萄糖等不宜采用气流干燥。另外，物料粒度太细或物料本身有毒，则由于气固相分离困难或产生有毒气体时，一般也不宜采用气流干燥。

6.3 气流干燥器的设计基础

气流干燥器的结构型式多样，干燥介质及物料在干燥管内的运动和干燥规律不尽相同，其设计计算方法不尽相同，本节主要讨论常规直管气流干燥器的设计计算问题。

气流干燥器设计计算的实质就是悬浮态气、固相间的相互运动分析及其传热、传质计算与运用。对于单个颗粒的运动已有数值求解和各种分析法可供参考。但对于颗粒群，由于其运动状况复杂，目前尚无法作出理论分析。但是，由计算得到的单个颗粒运动速度远小于颗粒群的速度，故由此计算得到的颗粒运动高度、所需时间均较为可靠。

6.3.1 湿物料颗粒在气流干燥管中的运动及干燥特征

湿物料进入干燥管底部的瞬间，其上升速度 u_p 为零，而气流的上升速度为 u_g，则气流与颗粒间的相对速度 $u_r=u_g-u_p$ 为最大。此后，颗粒在上升气流对其产生曳力的作用下，不断被加速，气、固相间的相对速度 u_r 不断减小，直到气流与颗粒间的相对速度 u_r 等于颗粒在气流中的沉降速度 u_t 时，即 $u_t=u_r=u_g-u_p$，颗粒将不再被加速而维持恒速上升。因此，颗粒在干燥管中的运动分为加速运动段和恒速运动段。加速段的长短主要与干燥管入口的气流速度、颗粒的大小和密度有关，通常在物料入口之上 1~3m 内完成。在加速运动段，由于气固相间的相对运动速度 u_r 大，因而对流传热、传质系数也大，同时在干燥管底部，单位体积干燥管的颗粒最密集，即单位体积干燥管的传热面积也大。另外，加速段干燥介质与物料的温差大，多种因素的影响使得加速段具有很高的传热、传质速率和干燥强度。实验结果表明，在干燥器物料入口之上 1m 左右，干燥速率最快，由气流传递给物料的热量约占整个干燥管内传热量的 1/2~3/4。在等速运动段，气、固相间的相对运动速度不变，所以对流传热、传质系数基本不变。另外，由于颗粒较小，其沉降速度小，即气、固相间的相对速度小，对流传热、传质系数不大，同时在等速运动段颗粒具有最大的上升速度，因此，单位体积干燥管中颗粒密集度低，单位体积干燥管的传热传质面积小，这些因素使得等速段的传热传质速率小，干燥效率低。

根据以上分析可知，气流干燥器的加速运动段是最有效的干燥区段。欲提高气流干燥器的干燥速率和降低干燥管的高度，应尽量创造条件发挥干燥管底部加速段的作用，提高气流和颗粒间的相对速度，降低恒速段的长度。由此提出了许多强化气流干燥器性能的措施。

① 采用多级气流干燥管。将一根长的气流干燥管截为两段，形成串联的两级干燥器，物料经一级气流干燥并从气流中分离下来，然后进入第二级干燥器中继续进行干燥，这样加速段由一个变成两个，干燥效率大为提高。但是随着干燥管级数的增加，物料、气体输送设备和气固分离设备均需相应增加，同时流程的复杂性也随之增加。两级气流干燥器大多用于淀粉及聚氯乙烯的干燥，两级以上的气流干燥器主要用于干燥含水量较高的物料，如硬脂肪酸盐及口服葡萄糖等。

② 采用脉冲式气流干燥管。图 6-2 为几种脉冲式气流干燥管示意图，由于气流干燥管的直径交替缩小与扩大，使得管内气流速度大小随管径交替地增大和减小，而固体颗粒由于惯性的作用，其运动速度滞后气体，使得气固两相间的相对速度处于不断的改变状态，从而产生与加速段相似的作用。通常扩大管的截面积与缩小管的截面积之比取 4。

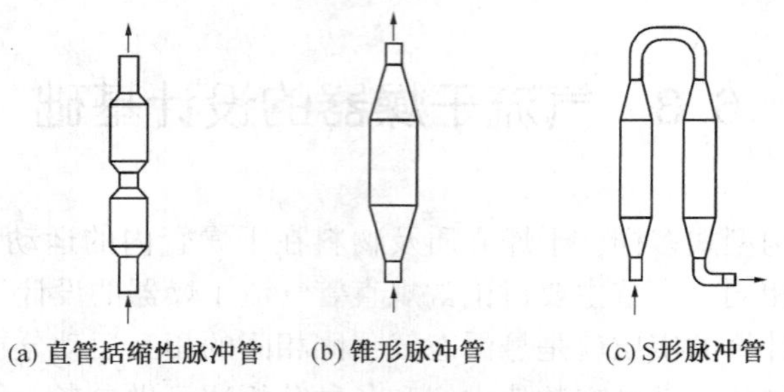

图 6-2　各种气流脉冲管

③ 采用旋风式气流干燥器，如图 6-3 所示。旋风式气流干燥器类似于旋风分离器，但比旋风分离器长，热气流携带固体颗粒以切线方向进入干燥器，在内管和外管之间作螺旋形运动，使固体颗粒悬浮并作旋转运动，产生离心加速作用，使颗粒在极短的时间内得到干燥。旋风式气流干燥器适合于允许磨损的热敏性物料，但不适用于含水量高、黏性大、熔点低、易升华或爆炸、易产生静电效应物料的干燥。国内制药行业使用旋风干燥器较多，所用旋风干燥管的直径以 300~500mm 居多。

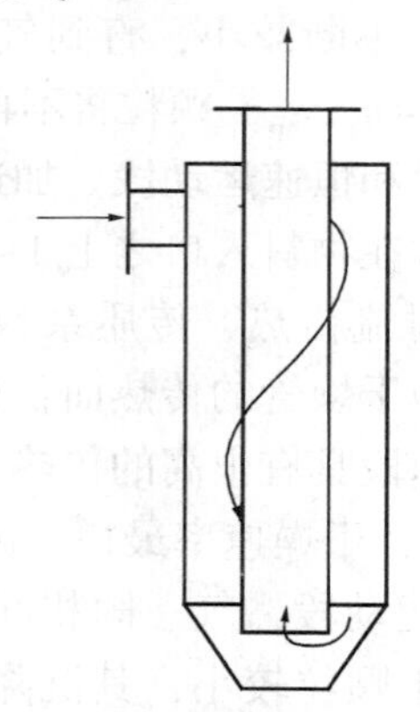

图 6-3　旋风式气流干燥器

6.3.2 球形颗粒在气流干燥管中的运动

(1) 球形颗粒在气流干燥器中的加速运动

单个球形颗粒在干燥气流中向上运动时受到三个力的作用，即颗粒的重力 F_g、气流对颗粒的浮力 F_b、气流对颗粒的曳力或阻力 F_r。

$$F_g = \rho_p V_p g = \frac{\pi}{6} d_p^3 \rho_p g \tag{6-1}$$

$$F_b = \rho V_p g = \frac{\pi}{6} d_p^3 \rho g \tag{6-2}$$

$$F_r = \xi A_d \rho u_r^2 / 2 \tag{6-3}$$

球形颗粒在气流干燥管中作加速运动时的运动方程可表示为：

$$m \frac{du_r}{d\tau} = F_r + F_b - F_g \tag{6-4}$$

又 $m = \rho_p V_p = \frac{\pi}{6} d_p^3 \rho_p$，将式(6-1)、式(6-2)、式(6-3)代入式(6-4)，可得：

$$\frac{du_r}{d\tau} = \frac{3\xi\rho u_r^2}{4d_p p_p} - g\frac{\rho_p - \rho}{\rho_p} \tag{6-5}$$

式中　F_r、F_g、F_b——颗粒受到的曳力、重力和浮力，N；

u_r——气、固相间的相对速度，m/s；

V_p——颗粒的体积，m^3；

ρ_p——颗粒的密度，kg/m^3；

ρ——干燥介质的密度，kg/m^3；

ξ——曳力系数，与颗粒形状及其在气流中的运动状态有关，对球形颗粒仅是雷诺数 Re 的函数；

g——重力加速度，m/s^2；

τ——颗粒的运动时间，s；

A_d——颗粒在运动方向上的投影面积，m^2。

式(6-5)是单个球形颗粒在气流干燥器中作加速运动时运动微分方程的一般形式。

在干燥管中，气流和颗粒都处于运动状态，因此，计算颗粒在气流中的雷诺数时，应采用相对速度 u_r，即 $Re = \frac{d_p u_r \rho}{\mu}$，则整理式(6-5)可得：

$$\frac{4\rho_p d_p^2}{3\mu} \times \frac{dRe}{d\tau} = \frac{4d_p^3 \rho(\rho_p - \rho) g}{3\mu^2} - \xi Re^2 \tag{6-6}$$

式中　μ——干燥介质的黏度，Pa · s。

(2) 球形颗粒在气流干燥器中的等速运动

当球形颗粒在气流中运动时所受的重力、浮力和曳力达到平衡时，气、固相间的相对速度 u_r 等于颗粒的自由沉降速度 u_t，颗粒呈等速运动。则式(6-5)、式(6-6)等号左边等于0，则颗粒在气流干燥器中的等速运动方程为：

$$\frac{3\xi\rho u_r^2}{4d_p p_p} = g\frac{\rho_p - \rho}{\rho_p} \tag{6-7}$$

解之得：

$$u_t = u_r = \sqrt{\frac{4gd_p(\rho_p - \rho)}{3\xi\rho}} \tag{6-8}$$

式中　u_t——颗粒的沉降速度，m/s。

颗粒在气流中的运动一般有下列三种状态，对应的曳力系数与雷诺数的关系为：

层流区，也称斯托克斯(Stokes)定律区，$Re<2$

$$\xi = \frac{24}{Re} \tag{6-9}$$

过渡区，也称阿仑(Allen)区，$2<Re<500$

$$\xi = \frac{10}{Re^{0.5}} \tag{6-10}$$

湍流区，也称牛顿(Newton)区，$500<Re<2\times10^5$

$$\xi \approx 0.44 \tag{6-11}$$

气流干燥大都处于过渡区域，将式(6-10)代入式(6-8)并整理，由于 ρ_p 远大于 ρ，取 $\rho_p-\rho\approx\rho_p$，则气流干燥管中颗粒的自由沉降速度计算式为：

$$u_t = \left[\frac{4}{225}\left(\frac{\rho_p^2 g^2}{\rho\mu}\right)\right]^{\frac{1}{3}} d_p \tag{6-12}$$

(3) 颗粒群在气流干燥管内的运动

实际操作中，气流干燥管内是颗粒群的运动，由于颗粒之间的相互作用、颗粒形状的不规则及大小变化等，对单个粒子得出的方程须作校正。

① 对颗粒形状的校正　非球形颗粒的直径可用球形颗粒的体积当量直径表示。

② 对颗粒群的校正　物料进入干燥管时，颗粒的浓度很大，曳力系数 ξ 也很大，约为单一球形颗粒的2.5倍。颗粒在加速后，由于在一般气流干燥器中，物料质量与气体质量之比很小，所以其浓度很低。因此，随着速度的增大，ξ 值很快就接近单个球形颗粒的数值。粒子群在等速运动段的运动速度与单个球形颗粒的计算一致。

③ 对颗粒直径和密度的校正　在干燥过程中，颗粒的直径和密度随着颗粒的干燥而变化，在含水率较小时，变化不大，在含水率较大时，需作校正。

④ 对气速的校正　在干燥过程中，气体的温度逐渐下降，气体的体积因温度下降而减小，因此，气体在气流干燥管内的速度也降低。在设计计算时，可分段进行计算。

6.3.3 颗粒在气流干燥管中的传热

气流干燥管内颗粒是分散悬浮于气流中，因此，颗粒与热气流间的传热不同于填充床中的颗粒与气体间的传热，更不同于流化床中颗粒与气体间的传热。目前，对颗粒在气流干燥器中的对流传热系数的研究还是不够充分，这里仅介绍一些分析比较合理并具有代表性的实验关联结果。

6.3.3.1 单个球形颗粒与气流间的对流传热系数

单个球形颗粒和气流之间的对流传热系数关联式最有代表的是 Ranz 和 Marshall 对 Frossling 公式的修正，其关系为：

$$Nu = 2(1+0.3Pr^{1/3}Re^{1/2}) \tag{6-13}$$

实际生产中，最常用的干燥介质是热空气，其 Pr 数变化小，且接近1，所以式(6-13)可直接写成：

$$Nu=2.0+0.54Re^{1/2} \tag{6-14}$$

式中　Nu——努赛尔数，$Nu=\dfrac{hd_p}{\lambda}$，量纲为 1；

h——表面对流传热系数，$W/(m^2 \cdot K)$；

λ——气体的导热系数，$W/(m \cdot K)$；

Pr——普朗特数，$Pr=\dfrac{c_p\mu}{\lambda}$，量纲为 1；

c_p——气体的定压比热容，$J/(kg \cdot K)$。

6.3.3.2 颗粒群在气流干燥器中的对流传热系数

（1）直径在 100 μm 以上颗粒群与气流间的对流传热系数

一般认为直径在 100 μm 以上颗粒群受到气流冲击后，每个粒子都悬浮分散于气流中，因此对流传热系数和颗粒的传热面积可分别计算。在等速运动段，由于颗粒上升速度 u_p 较大，干燥管中颗粒浓度小，可采用单个颗粒与气流间对流传热系数关联式(6-13)、式(6-14)来计算。

在加速运动段，干燥管内颗粒浓度大，颗粒之间相互影响较大，因此不能采用单个颗粒与气流间的对流传热系数关联式。根据日本学者桐荣的实验研究结果，颗粒群刚进入气流干燥管时，可采用式(6-15)、式(6-16)来关联。

当 $400<Re<1300$ 时：

$$Nu_{max}=0.95\times10^{-4}Re^{2.15} \tag{6-15}$$

当 $30<Re\leqslant400$ 时：

$$Nu_{max}=0.76Re^{0.65} \tag{6-16}$$

进料处干燥管内颗粒与气流之间的对流传热系数用式(6-15)或式(6-16)计算，而加速段终了或等速段开始处，干燥管内颗粒与气流之间的对流传热系数用式(6-14)计算。对进料和加速段终了两截面之间这一段，Nu 与 Re 的关系在双对数坐标上可近似看作直线关系。因此，加速运动段的对流传热系数关联式在确定了加速段起点(进料处)雷诺 Re_0 和加速终了处雷诺数 Re_t 后即可求得。

例如，已知进料处 $Re_0=88.5$，由式(6-16)计算得：$Nu_{max}=0.76Re^{0.65}=0.76\times(88.5)^{0.65}=14.0$

加速段终了处 $Re_t=9.0$，由式(6-14)计算得：$Nu=2.0+0.54Re^{1/2}=2.0+0.54\times(9.0)^{1/2}=3.62$

在双对数坐标上做出过点(88.5，14.0)、(9.0，3.62)的直线，经图解得到：

$$Nu=1.14Re^{0.56}$$

同理，采用数学解析法也可求出该关系式。

（2）颗粒直径在 100 μm 以上时单位体积中颗粒的有效传热传质面积

一般认为颗粒直径在 100 μm 以上的物料是完全分散于气流中。在加速运动段，随着颗粒运动速度 u_p 的不断增加，单位体积干燥管中颗粒的浓度随之减小，导致单位体积干燥管中颗粒有效传热传质面积也随之减小。

根据颗粒特性和干燥管尺寸，单位体积干燥管有效传热传质面积为：

$$a=\frac{G_c\varphi_s d_p^2}{3600\varphi_v d_p^3\rho_p\left(\dfrac{\pi}{4}D^2\right)u_p} \tag{6-17}$$

式中　a——单位体积中的颗粒的有效传热传质面积，m^2/m^3；

φ_s——颗粒的面积系数，球形颗粒为π；

φ_v——颗粒的体积系数，球形颗粒为π/6；

D——干燥管直径，m；

G_c——颗粒的绝干质量流量，kg/h。

对球形颗粒，$\varphi_s/\varphi_v=6$，代入式(6-17)得：

$$a=\frac{6G_c}{3600d_p\rho_p(\frac{\pi}{4}D^2)u_p} \tag{6-18}$$

(3) 颗粒直径在100 μm以下物料的对流传热

颗粒直径在100 μm以下的物料如淀粉、聚氯乙烯树脂、活性炭等，在潮湿时会粘结形成几毫米大小的颗粒团。这种颗粒团进入气流干燥管后，在热气流的冲击下不能立即按其原来的粒径分散，而是在干燥过程中颗粒间相互碰撞而逐渐被分散。因此颗粒的有效传热传质面积 a 沿干燥管高度方向是不断变化的，而这种变化规律，迄今无法推导。为避免这种困难，常将对流传热系数 h 和单位干燥管体积的有效传热传质面积 a 综合为对流体积传热系数 $h_v=ha$，根据不同的物料和干燥条件分别进行实验测定。

6.3.4　颗粒在气流干燥器中的对流传热速率

(1) 加速段颗粒与气流间的传热速率

在加速运动段，颗粒的运动速度 u_p、对流传热系数 h 和单位干燥管体积的有效传热面积 a 均沿干燥管长度方向变化，故颗粒与气流间的传热需采用微积分方法进行计算。

$$dQ=ha\frac{\pi}{4}D^2dZ\cdot\Delta t_m \tag{6-19}$$

式中　Q——对流传热速率，W；

Z——干燥管长度，m；

Δt_m——物料进、出干燥管加速段的平均传热温差，K。

根据不同颗粒之间和使用干燥介质的性质、温度建立的对流传热系数关联式、单体体积干燥管有效传热面积，代入式(6-19)整理并积分计算。

(2) 等速运动段颗粒与气流间的传热量

在等速运动段内，气流速度 u_g 和颗粒沉降速度 u_t 一定，因此颗粒运动速度 u_p 和气流与颗粒间的相对速度 u_r 也为定值，因此，颗粒与气流间的对流传热系数 h 和单位体积干燥管有效传热面积 a 沿干燥管高度方向均不变化。h 采用式(6-13)、式(6-14)计算，a 采用式(6-17)计算。

等速段内颗粒与气流之间的对流传热速率直接用式(6-20)计算。

$$Q=ha\frac{\pi}{4}D^2Z\cdot\Delta t_m \tag{6-20}$$

6.3.5　气流干燥管的压降

气流干燥管的压降包括气、固与管壁的摩擦损失、颗粒和气体位能提高引起的压力损失、颗粒加速引起的压力损失、局部阻力损失引起的压力损失等。一般直管型气流干燥器(气流干燥管)的压降为1200~2500Pa。

（1）气、固与管壁的摩擦损失Δp_1

$$\Delta p_1 = \frac{f}{2gD}\int_0^Z \rho_{gs} u_g^2 \mathrm{d}Z \tag{6-21}$$

式中 f——干燥管摩擦系数；

ρ_{gs}——干燥管内气、固相混合密度，其值为密度ρ_m与气体密度ρ之和，kg/m³；

u_g——干燥管内气体速度，m/s；

Z——干燥管长度，m。

$$\rho_m = \frac{G_c}{3600\left(\frac{\pi}{4}D^2\right)u_p} \tag{6-22}$$

在加速运动段，干燥管内气流中密度ρ_m的数值随颗粒运动速度而变，在等速运动段，ρ_m应为常数。干燥管内气流密度应取平均值。

（2）位能提高引起的压力损失Δp_2

$$\Delta p_2 = \int_0^H \rho_{gs} g \mathrm{d}Z \tag{6-23}$$

式中 H——气流干燥器垂直管高度，m。

（3）颗粒加速引起的压力损失Δp_3

$$\Delta p_3 = \left(\frac{G_c}{L}\right)\left(\frac{u_{p2}^2}{2g} - \frac{u_{p1}^2}{2g}\right)\rho \tag{6-24}$$

式中 ρ——气体密度，kg/m³，可取物料进口及加速段终了时的平均值；

G_c——绝干物料的进料量，kg/h；

L——干空气质量，kg/h；

u_{p1}——颗粒加入时的速度，m/s；

u_{p2}——颗粒加速终了时的速度，m/s。

（4）局部阻力损失Δp_4

局部阻力损失包括气流干燥管径的扩大、缩小、弯头等部分的阻力损失，可按一般流体阻力公式进行计算。

$$\Delta p_4 = \sum \xi \frac{\rho_{gs} u_p^2}{2} \tag{6-25}$$

式中 $\Sigma\xi$——局部阻力系数之和；

u_p——干燥管内颗粒的运动速度，m/s。

局部阻力所引起的压降Δp_4占总压降的比例较大，故应尽量减少局部阻力以降低干燥系统的总压降。

6.4 气流干燥器设计计算

气流干燥器的设计计算，目前仍停留在根据一些近似数据和实验公式进行计算。直管气流干燥器的主要工艺尺寸计算包括干燥管的直径和高度计算。

6.4.1 设计计算方法

干燥管高度计算方法较多，常用的有以下几种：

(1) 费多罗夫法

费多罗夫法假定整个干燥过程均为等速干燥，这样在计算有效传热面积 a 和对流传热系数 h 时不受气流速度的影响。该方法计算简单，但由于忽略了加速段强化干燥效果，因此，计算结果较为保守。当物料颗粒很细、干燥介质温度较低、干燥气体温度降不大、干燥时间很短时，计算结果与实际情况接近。但当颗粒较大、干燥介质温度高，气流温度降较大时，计算误差比较大。

(2) 桐荣法

日本京都大学桐荣良三在实验基础上提出了分段计算法，提出了加速运动段的努塞尔准数关联式，另外，在实验及理论分析的基础上提出了物料温度的计算公式，比一般的简化方法更接近实际情况。设计中采用逐点试算和图解积分的方法对干燥管进行计算，能比较清楚地反映气流干燥过程的基本原理，计算结果较为精确，但计算过程较为繁琐，使用不便。

(3) 简化计算法

天津大学的学者认为，虽然加速段水分的汽化量很大，但其总长度不超过 2m，因此干燥管加速段长度的计算，可不考虑颗粒与气流之间相对速度 u_r、对流传热系数 h 及有效传热面积 a 沿管长的变化，可合并采用等速段的对流传热系数和有效传热面积计算干燥管长度。另外，他们还认为气流干燥管内的干燥过程与绝热饱和过程相差不大，因此物料出口温度、空气用量及空气出口温度的计算不必采用试差法。简化计算得到的结果与精密分段计算结果相差很小，但是整个计算过程却大大简化了。另外，加速段和等速段干燥管的直径应分别计算。

这里仅介绍简化计算方法，其他计算方法可参考相关手册。

6.4.2 主要设计参数的确定

(1) 气体入口温度 t_1

气体入口温度 t_1 主要取决于被干燥物料的允许温度。气体入口温度越高，对数平均温差越大，干燥系统的热效率也越高。气流干燥器一般采用 300~600℃ 的高温气体作干燥介质，对热敏性物料，入口温度虽然低一些，但也远比其他干燥方法高。

(2) 气体出口温度 t_2

气体出口温度 t_2 的选择原则是避免在旋风分离器及袋滤器中出现“返潮”现象。通常，气体出口温度比进口气体的露点温度高 20~50℃，多级旋风分离器可取 60~80℃，一般气体出口温度多采用 80~120℃。

(3) 产品出口温度 t_{m2}

在气流干燥器中，水分几乎完全是以表面蒸发的形式被除去的，且物料和热风是并流运动，因而物料温度不高。如果产品的含水量高于物料的临界含水量，则产品出口温度等于气体进入干燥器时的湿球温度。如果产品的含水量低于临界含水量，干燥过程有降速阶段，产品出口温度用式(6-26)估算。

$$(t_2 - t_{m2}) = (t_2 - t_{w2}) \frac{r_{w2}(X_2 - X^*) - c_m(t_2 - t_{w2}) \left(\frac{X_2 - X^*}{X_c - X^*}\right)^{\frac{r_{w2}(X_c - X^*)}{c_m(t_2 - t_{w2})}}}{r_{w2}(X_2 - X^*) - c_m(t_2 - t_{w2})} \tag{6-26}$$

式中 t_{w2}——热风在干燥器出口状态下的湿球温度,℃;

γ_{w2}——温度为 t_{w2} 时水的汽化相变焓，kJ/kg;

X_c——物料的临界干基含水量，kg 水分/kg 绝干料;

X_2——产品的干基含水量，kg 水分/kg 绝干料;

X^*——物料在干燥条件下的平衡含水量，kg 水分/kg 绝干料;

c_m——产品的比热容，kJ/(kg·℃)。

气流干燥器中，物料的临界含水量一般在1%~3%之间，产品出口温度 t_{m2} 在50~80℃之间。

(4) 气流速度 u_g

从气流输送的角度考虑，只要气流速度大于最大颗粒的沉降速度 $u_{t\max}$ 即可。

为确保干燥操作顺利进行，上升气流干燥管中，$u_g=(2\sim5)u_{t\max}$，或 $u_g=u_{t\max}+(3\sim5)$m/s；下降气流干燥管中，$u_g=u_{t\max}+(1\sim2)$m/s；在加速运动段，$u_g=30\sim40$m/s。若气体速度仍较低时，气流平均速度可取20m/s左右。

由于在气流干燥过程中，气体温度在变化，其物理性质也随之变化，沉降速度的数值在不同部位是不同的，一般都用平均温度下的值作为计算值。

(5) 合理的假定

为了方便计算，在讨论直管气流干燥器的设计时，一般要作出如下假定:

① 颗粒是均匀的球形，且在干燥过程中不变形;

② 颗粒在重力场中运动，即颗粒在不旋转的、向上的热气流中运动;

③ 颗粒在干燥过程中，均匀地悬浮分散在气流中，无粘结现象；颗粒的粒径和密度变化可以忽略；颗粒群的运动及传热等行为可用单个颗粒的特性来描述;

④ 干燥管中颗粒浓度对其运动轨迹的影响可以忽略。

6.4.3 干燥管的物料衡算和热量衡算

干燥过程是传热、传质同时进行的过程，因此，干燥介质的出口状态(温度 t_2、湿度 H_2)不能仅由物料衡算或热量衡算确定。在设计计算中，指定一个参数后，需同时进行物料衡算和热量衡算，计算干燥介质出口的另一个参数和干燥介质用量。

(1) 干燥管的物料衡算

通常设计时已知干燥产品产量 G_2、湿物料及产品的湿含量 ω_1、ω_2，计算湿分的蒸发量 W。

对干燥器作总物料衡算，可得:

$$G_1=G_2+W \tag{6-27}$$

以绝干物料为基准作物料衡算，可得:

$$G_c=G_1(1-\omega_1)=G_2(1-\omega_2) \tag{6-28}$$

由式(6-27)和式(6-28)可得:

$$W = G_1 - G_2 = G_1 \frac{\omega_1 - \omega_2}{1 - \omega_2} = G_2 \frac{\omega_1 - \omega_2}{1 - \omega_1} \tag{6-29}$$

式中　W——水分蒸发量，kg/h；

G_1——进入干燥器的湿物料质量，kg/h；

G_2——离开干燥器的产品质量，kg/h；

ω_1——湿物料的含水率(湿基)，%；

ω_2——干燥后产品的含水率(湿基)，%。

假设通过干燥器的绝干空气质量流量为 L，kg/h。对进出干燥器空气中的水分作衡算，得：

$$L(H_2-H_1)=W \tag{6-30}$$

$$L=\frac{W}{H_2-H_1} \tag{6-30a}$$

式中　L——绝干空气的质量流量，kg/h；

H_1——进干燥器的空气湿度，kg 水汽/kg 绝干空气；

H_2——出干燥器的空气湿度，kg 水汽/kg 绝干空气。

定义比空气用量 $l=L/W$，l 即为湿物料中蒸发 1kg 水分所需的绝干空气量，kg 绝干空气/kg 水分。

$$l=\frac{L}{W}=\frac{1}{H_2-H_1} \tag{6-31}$$

由式(6-31)可知，比空气用量只与空气进、出干燥器的湿度有关，而与干燥过程经历的途径无关。

为求得空气出口的湿度 H_2，需对干燥器作热量衡算。

(2) 干燥管的热量衡算

以蒸发 1kg 水分和 0℃为热量衡算的基准，对稳态气流干燥过程作热量衡算，进出干燥管的各项热量列于表 6-1 中。

表 6-1　干燥器的热量衡算

输　入　热　量	输　出　热　量
湿物料 G_1 带入的热量：$\frac{G_2c_mt_{m1}}{W}+\frac{Wc_Wt_{m1}}{W}$	产品 G_2 带走的热量为：$\frac{G_2c_mt_{m2}}{W}$
空气带入的热量：$\frac{LI_1}{W}$	废空气带走的热量为：$\frac{LI_2}{W}$
	干燥器的散热损失为 q_L

对整个干燥管作热量衡算，输入热量=输出热量，整理得：

$$\frac{L(I_1-I_2)}{W}=\frac{G_2c_m(t_{m2}-t_{m1})}{W}-c_Wt_{m1}+q_L \tag{6-32}$$

式中　q_L——气流干燥管表面的散热损失，工程设计中一般按总热量的 5%~10%估算，小型设备取大值，大型设备取小值；

c_W——水的比热容，取 4.187kJ/(kg·℃)；

c_m——干物料的比热容，kJ/(kg·℃)。

将式(6-30a)代入式(6-32)整理得：

$$\frac{I_1-I_2}{H_2-H_1}=\frac{G_2c_m(t_{m2}-t_{m1})}{W}-c_Wt_{m1}+q_L \tag{6-33}$$

6.4.4 干燥管主要结构尺寸

（1）干燥管直径 D

干燥管内气体流速和绝干空气质量流量确定后，干燥管直径为：

$$D=\sqrt{\frac{4L\upsilon_{H}}{3600\pi u_{g}}} \tag{6-34}$$

式中 υ_{H}——干燥器入口状态下空气的比体积，m^3/kg 绝干空气。

（2）干燥管长度 Z 的计算

根据简化计算方法，计算干燥管高度时，等速段和加速段对流传热系数合并采用等速段的对流传热系数和有效传热面积。

$$Z=\frac{Q}{ha\frac{\pi}{4}D^{2}\Delta t_{m}} \tag{6-35}$$

$$Q=Q_{c}+Q_{d} \tag{6-36}$$

$$Q_{c}=G_{c}[(X_{1}-X_{c})\gamma_{w}+(c_{m}+c_{w}X_{1})(t_{w}-t_{m1})] \tag{6-37}$$

$$Q_{d}=G_{c}[(X_{c}-X_{2})\gamma_{av}+(c_{m}+c_{w}X_{2})(t_{m2}-t_{w})] \tag{6-38}$$

$$\Delta t_{m}=\frac{(t_{1}-t_{m1})-(t_{2}-t_{m2})}{\ln\frac{t_{1}-t_{m1}}{t_{2}-t_{m2}}} \tag{6-39}$$

式中 Z——气流干燥管长度，m；

Q——干燥介质传递给物料的热量，kW；

Q_{c}、Q_{d}——恒速干燥段、降速干燥段的传热量，kW；

G_{c}——绝干物料的质量流量，kg/h；

t_{1}——干燥介质入口温度，℃；

t_{2}——干燥介质出口温度，℃；

t_{m1}——湿物料进入干燥器的温度，℃；

X_{1}——湿物料的初始干基含水量，kg 水分/kg 绝干物料；

t_{w}——入口状态下干燥介质的湿球温度，℃；

γ_{w}——温度为 t_{w} 时水的汽化相变焓，kJ/kg；

γ_{av}——温度为($t_{w}+t_{m2}$)时水的汽化相变焓，kJ/kg；

h——颗粒与气流间的对流传热系数，$W/(m^2\cdot ℃)$；

a——单位干燥管体积内的有效传热表面积，m^2/m^3。

6.5 直管气流干燥器设计示例

现有含水 $\omega_{1}=2\%$（湿基，下同）的某晶体物料，物料平均颗粒直径 $d_{p}=0.6mm$，颗粒最大直径 $d_{pmax}=1mm$，密度 $\rho_{p}=2490kg/m^3$，经实验测定其临界含水量 $\omega_{c}=1\%$，干物料的定压比热 $c_{m}=1.005kJ/(kg\cdot ℃)$，产品质量 $G_{2}=730kg/h$，干燥后产品含水 $\omega_{2}=0.03\%$。已知物料进入干燥器的温度为15℃，离开干燥器的温度为60℃（实测值），使用空气作干燥介质，空气进入预热器的温度为15℃，相对湿度 $\varphi=80\%$，进入干燥器的温度为146℃，离开干燥器的温度为64℃。试设计一气流干燥器完成此干燥任务。

解：

（1）物料衡算

① 水分蒸发量 W

$$W=G_2\frac{\omega_1-\omega_2}{1-\omega_1}=730\times\frac{2\%-0.03\%}{1-2\%}=14.7\text{kg/h}$$

② 湿物料处理量 G_1

$$G_1=G_2+W=730+14.7=744.7\text{kg/h}$$

③ 绝干物料量 G_c

$$G_c=G_2(1-\omega_2)=730\times(1-0.03)=708\text{kg/h}$$

④ 物料的干基含水量

$$X_1=\frac{\omega_1}{1-\omega_1}=\frac{0.02}{1-0.02}=0.0204\ \text{kg 水分/kg 绝干物料}$$

$$X_2=\frac{\omega_2}{1-\omega_2}=\frac{0.0003}{1-0.0003}=0.0003\ \text{kg 水分/kg 绝干物料}$$

$$X_c=\frac{\omega_c}{1-\omega_c}=\frac{0.01}{1-0.01}=0.01\ \text{kg 水分/kg 绝干物料}$$

（2）热量衡算

根据干燥管的热量衡算确定空气离开干燥器的出口状态（H_2，I_2）。

① 物料升温热

$$\frac{G_2c_m(t_{m2}-t_{m1})}{W}=\frac{730\times1.005\times(60-15)}{14.7}=2246\ \text{kJ/kg 水}$$

② 热损失

气流干燥过程的热损失取绝热干燥过程消耗总热量的10%。

已知 $t_0=15℃$，$t_1=146℃$，$t_2=64℃$，$H_1=H_0$，$\varphi_0=80\%$

查饱和水蒸气表可得：$t_0=15℃$ 时，水的饱和蒸汽压 $p_s=1.71\text{kPa}$，则

$$H_1=H_0=0.622\frac{\varphi p_s}{p-\varphi p_s}=0.622\times\frac{0.80\times1.71}{101.32-0.80\times1.71}=0.0085\text{kg 水/kg 干空气}$$

由 $t_1=146℃$，$H_1=0.0085$kg 水/kg 干空气查湿焓图，干燥器入口空气的湿球温度为41℃。

绝热干燥过程，单位空气消耗量为 $l_{绝热}=\dfrac{1}{H_2'-H_1}$，$H_2'$为按绝热过程计算所得的空气出口湿度。

绝热干燥过程出口空气焓值 $I_2'=I_1$，即

$$(1.01+1.88H_2')\times64+2490H_2'=(1.01+1.88\times0.0085)\times146+2490\times0.0085$$

解上式得：$H_2'=0.041$kg 水/kg 干空气

则 $$l'=\frac{1}{H_2'-H_1}=\frac{1}{0.041-0.0085}=30.77\text{kg 干空气/kg 水}$$

$I_1=(1.01+1.88H_1)t_1+2490H_1=(1.01+1.88\times0.0085)\times146+2490\times0.0085=170.79$kJ/kg 水

$I_0=(1.01+1.88H_0)t_0+2490H_0=(1.01+1.88\times0.0085)\times15+2490\times0.0085=36.55\text{kJ/kg}$ 水

故绝热干燥过程的比热量消耗为：

$q'=l'(I_1-I_0)=30.77\times(170.79-36.55)=4130.4\text{kJ/kg}$ 水

则实际干燥过程的热损失为 $q_L=4130.4\times10\%=413\text{kJ/kg}$ 水

③ 干燥过程消耗的总热量

已知水定压比热容 $c_W=4.18\text{kJ/(kg·℃)}$，湿物料进口温度 $t_{m1}=15℃$，实际干燥过程热损失 $q_L=413\text{kJ/kg}$ 水，则由气流干燥管热量衡算式(6-33)可得：

$$\frac{I_1-I_2}{H_2-H_1}=\frac{G_2c_m(t_{m2}-t_{m1})}{W}-c_Wt_{m1}+q_L$$

即

$$\frac{170.79-I_2}{H_2-0.0085}=2246-4.18\times15+413 \tag{A}$$

$$I_2=(1.01+1.88H_2)t_2+2490H_2=(1.01+1.88H_2)\times64+2490H_2 \tag{B}$$

联立 A、B 式求解：$H_2=0.0246$kg 水/kg 干空气

则气流干燥过程干空气的消耗量为：

$$L=\frac{W}{H_2-H_1}=\frac{14.7}{0.0246-0.0085}=913\text{ kg 干空气/h}$$

按干燥过程中的平均温度及平均湿含量计算湿空气的体积。

干燥管中湿空气的平均温度 $t=(146+64)/2=105℃$

干燥管中湿空气的平均湿度 $H=(0.0246+0.0085)/2=0.0165$kg 水/kg 干空气

则湿空气的比体积：

$$v_H=(0.773+1.244H)\times\frac{273+t}{273}$$

$$=(0.773+1.244\times0.0165)\times\frac{273+105}{273}=1.1\text{m}^3\text{湿空气/kg 干空气}$$

则湿空气的体积为：

$$V=913\times1.1=1004\text{m}^3\text{湿空气/h}$$

圆整取湿空气的体积为 1010m³湿空气/h。

干燥过程消耗的总热量 Q 为：

$$Q=L(I_1-I_0)=(1010/1.1)\times(170.79-36.55)=123.2\times10^3\text{kJ/h}=34.24\text{kW}$$

(3) 干燥管直径

气流干燥器采用变径干燥管。

① 加速段管径计算

加速运动段的气速可取 30～40m/s。这里取加速段管内的气体速度 $u_g=30$m/s，则由式(6-34)加速段管径为：

$$D_1=\sqrt{\frac{4V}{3600\pi u_g}}=\sqrt{\frac{4\times1010}{3600\pi\times30}}=0.109\text{ m}$$

圆整取 $D_1=0.110$m。

② 等速段干燥管直径计算

取等速段管内速度 $u_g=2u_{t\max}$。计算最大颗粒自由沉降速度 $u_{t\max}$。

已知 $d_p=1$mm，$\rho_p=2490\text{kg/m}^3$。空气物性按平均温度 $t=105℃$ 计算，查 105℃时空气黏

度 $\mu=0.022\times10^{-3}$ Pa · s

空气密度 $\rho=\dfrac{29}{22.4}\times\dfrac{273}{273+105}=0.935\text{kg/m}^3$

首先，假定颗粒在气流中的运动状态为过渡区，即 $2<Re_{\text{r max}}<500$。

则由式 6-12 可得

$$u_{\text{tmax}}=\left[\frac{4}{225}\left(\frac{\rho_p^2 g^2}{\rho\mu}\right)\right]^{\frac{1}{3}}d_p=\left[\frac{4}{225}\left(\frac{2490^2\times9.81^2}{0.935\times0.022\times10^{-3}}\right)\right]^{\frac{1}{3}}\times0.001=8.0\text{m/s}$$

检验雷诺数 $Re_{\text{r max}}$，即

$$Re_{\text{rmax}}=\frac{d_p u_{\text{rmax}}\rho}{\mu}=\frac{0.001\times8.0\times0.935}{0.022\times10^{-3}}=340<500$$

属于过渡区，假设成立。则等速段管内速度 $u_g=2u_{\text{r max}}=2\times8.0=16.0\text{m/s}$

等速段干燥管直径为：

$$D_1=\sqrt{\frac{4V}{3600\pi u_g}}=\sqrt{\frac{4\times1010}{3600\times3.14\times16}}=0.180\text{m}$$

所以，干燥管加速段直径为 0.110m，等速段直径为 0.180m。

③ 干燥管长度 Z

根据式(6-35)计算干燥管长度 Z：

$$Z=\frac{Q}{\eta a\dfrac{\pi}{4}D^2\Delta t_m}$$

式中　空气传给湿物料的总热量 $Q=Q_c+Q_d$。

湿物料和空气的湿含量及温度变化如图 6-4 所示。物料湿含量由 X_1 降到 X_c 时为恒速干燥段，由 X_c 降到 X_2 时为降速干燥段。

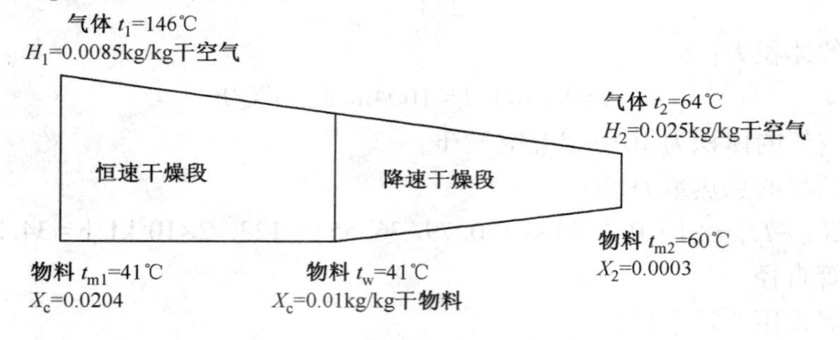

图 6-4　空气和湿物料变化示意图

a. 恒速干燥阶段传热量(包括物料预热) Q_c

在恒速干燥段，物料湿含量由 $X_1=0.0204$ 降到 $X_c=0.01$，湿物料温度由 15℃ 加热到 41℃后，湿物料表面温度维持在 41℃。

在 $t_w=41$℃时，水的汽化相变焓 $\gamma_w=2402.8$kJ/kg，所以

$$\begin{aligned}Q_c&=G_c[(X_1-X_c)\gamma_w+(c_m+c_wX_1)(t_w-t_{m1})]\\&=(730/3600)\times[(0.0204-0.01)\times2402.8-(1.005+4.186\times0.0204)\times(41-15)]\\&=10.8\text{kW}\end{aligned}$$

在降速段物料由 41℃ 加热到 60℃，降速段湿物料表面平均温度为：

$$t_{mw} = \frac{t_w + t_{m2}}{2} = \frac{41 + 60}{2} = 50.5\ ℃$$

50.5℃时，水的汽化相变焓 $\gamma_{aV} = 2380.6\text{kJ/kg}$，则：

b. 降速干燥阶段的传热量 Q_d

$$Q_d = G_c[(X_c - X_2)\gamma_{av} + (c_m + c_w X_2)(t_{m2} - t_w)]$$
$$= (730/3600) \times [(0.01 - 0.0003) \times 2380.6 - (1.005 + 4.186 \times 0.0003) \times (60 - 41)]$$
$$= 8.6\text{kW}$$

干燥管的对数平均传热温度差：

$$\Delta t_m = \frac{(t_1 - t_{m1}) - (t_2 - t_{m2})}{\ln \dfrac{t_1 - t_{m1}}{t_2 - t_{m2}}} = \frac{(164 - 15) - (64 - 60)}{\ln \dfrac{164 - 15}{64 - 60}} = 40.1\ ℃$$

c. 计算干燥管内对流传热系数 h

首先计算平均颗粒尺寸的沉降速度，以便计算 Re。此时空气的温度仍取平均温度105℃，其 $\mu = 2.2 \times 10^{-5}\text{Pa}\cdot\text{s}$，$\rho = 0.935\text{kg/m}^3$，导热系数 $\lambda = 0.03256\text{W/(m}\cdot℃)$，平均颗粒直径 $d_p = 0.6\text{mm}$，假设颗粒沉降属于过渡区，则颗粒在气流中的自由沉降速度：

$$u_t = \left[\frac{4}{225}\left(\frac{\rho_p^2 g}{\rho\mu}\right)\right]^{\frac{1}{3}} d_p = \left[\frac{4}{225}\left(\frac{2490^2 \times 9.81^2}{0.935 \times 0.022 \times 10^{-3}}\right)\right]^{\frac{1}{3}} \times 0.0006 = 4.81\text{m/s}$$

$$Re = \frac{d_p u_t \rho}{\mu} = \frac{0.0006 \times 4.81 \times 0.935}{0.022 \times 10^{-3}} = 123 < 500$$

属于过渡区，假设成立，计算所得 u_t 正确，则由式(6-14)可得：

$$Nu = \frac{h d_p}{\lambda} = 2 + 0.54 Re_t^{0.5} = 2 + 0.54 \times (123)^{0.5} = 7.99$$

$$h = 1.78\frac{\lambda}{d_p} = 7.99 \times \frac{0.03256}{0.0006} = 433\text{W/(m}^2\cdot℃)$$

由式 6-18 计算干燥管内的传热面积为：

$$a = \frac{G_c}{600 d_p \rho_p (\frac{\pi}{4}D^2)(u_g - u_t)}$$

$$= \frac{730}{600 \times 0.0006 \times 2490 \times 0.785 \times 0.180^2 \times (16.0 - 4.81)} = 2.86\text{m}^2/\text{m}^3$$

则干燥管高度 $Z = \dfrac{Q}{ha\dfrac{\pi}{4}D^2\Delta t_m} = \dfrac{19.4 \times 10^3}{433 \times 2.86 \times 0.785 \times 0.180^2 \times 40.1} = 15.3\text{m}$

圆整后取干燥管的有效长度为 16m。

则干燥管加速段管径为 0.110m，等速段管径为 0.180m，高度为 16m。

7　化工设备主要零部件

7.1　概述

在化工生产中，物料的储存、化学反应及化工单元操作(如换热、吸收、蒸馏等)都要借助储罐、反应器、换热器、塔器等化工设备来完成。这些典型化工设备的结构组成虽各有差异，但都是由筒体、封头、压力容器法兰、管法兰、搅拌轴等零件和零部件(设备中的一个独立组成部分，如人孔)装配而成。为了方便和优化化工设备的设计、制造、检验和维修等工作，有利于批量生产，缩短生产周期，提高产品质量，降低制造成本，我国有关部门已经将化工设备的零部件制成标准系列，供设计者选用。

为使这些零部件具有通用性，根据化工设备零部件的压力等级(公称压力)和尺寸范围(公称直径)，制定了标准化系列。因此，公称压力和公称直径是化工设备零部件设计和选用的基本参数。

7.1.1　公称直径

(1) 压力容器的公称直径(*DN*)

用钢板卷焊制成的筒体和成形封头，公称直径等于筒体的内径。当筒体直径较小时，可直接采用无缝钢管制作，此时公称直径等于钢管的外径。

设计化工设备时，应根据工艺计算初步确定的设备直径，在GB/T9019—2001《压力容器公称直径》规定的尺寸系列中选取设备的公称直径。表7-1为压力容器的公称直径。

表7-1　压力容器公称直径　　mm

筒体由钢板卷制而成(内径)											
300	350	400	450	500	550	600	650	700	750	800	850
900	950	1000	1100	1200	1300	1400	1500	1600	1700	1800	1900
2000	2100	2200	2300	2400	2500	2600	2700	2800	2900	3000	3100
3200	3300	3400	3500	3600	3700	3800	3900	4000	4100	4200	4300
4400	4500	4600	4700	4800	4900	5000	5100	5200	5300	5400	5500
5600	5700	5800	5900	6000			—	—	—	—	—

筒体由无缝钢管制作(外径)					
159	219	273	325	337	426

(2) 管子的公称直径

管子的公称直径，既不是管子的内径也不是管子的外径，而是一个略小于外径的数值。只要管子的公称直径一定，它的外径也就确定了，而管子的内径则根据不同的壁厚有多种尺寸，对于常用壁厚规格，管子的内径接近于公称直径。我国目前使用着两套钢管尺寸系列：一套是国际上通用的钢管系列，俗称“英制管”；另一套是国内广泛使用的钢管外径尺寸系列，俗称“公制管”，两套钢管外径系列如表 7-2 所示。

（3）其他零部件的公称直径

有些零部件的公称直径，指的是与其相配的筒体或封头的公称直径，如压力容器法兰、鞍式支座等。还有些零部件的公称直径，则指的是与其相配的管子的公称直径，如管法兰、手孔等。其他一些零部件的公称直径通常指的是结构上某一重要尺寸，如视镜的视孔等。

表 7-2　钢管外径尺寸系列　　mm

DN	10	15	20	25	32	40	50	65	80
公制管	14	18	25	32	38	45	57	76	89
英制管	17.2	21.3	26.9	33.7	42.4	48.3	60.3	76.1	88.9
DN	100	125	150	200	250	300	350	400	500
公制管	108	133	159	219	273	325	377	426	530
英制管	114.3	139.7	168.3	219.1	273	323.9	355.6	406.4	508
DN	600	700	800	900	1000	1200	1400	1600	1800
公制管	630	720	820	920	1020	1220	1420	1620	1820
英制管	610	711	813	914	1016	1219	1422	1626	1829

7.1.2　公称压力

化工设备在工作过程中所承受的压力各不相同。为了满足零部件的通用性要求，根据零部件所能承受的工作压力制定了标准系列，规定了若干个压力等级，这种规定的标准压力等级就是公称压力（*PN*）。

设计时如果选用标准零部件，则需将操作温度下的最高工作压力（或设计压力）调整到所规定的某一公称压力，然后根据公称直径 *DN* 与公称压力 *PN* 选定该零件的结构尺寸。如果不选用标准而自行设计，则设计压力不一定符合规定的公称压力。国家标准 GB/T 1048—2005 将管路元件的公称压力定为 8 个等级：0.25MPa、0.6MPa、1.0MPa、1.6MPa、2.5MPa、4.0MPa、6.4MPa、10.0MPa。

7.2　压力容器封头

7.2.1　压力容器封头分类

压力容器封头分类及其主要应用场合见表 7-3。

表 7-3　压力容器封头分类及其主要应用场合

压力容器封头分类		主要应用场合
凸形封头	半球形封头	高压容器
	椭圆形封头	中低压容器（优先选用标准椭圆形封头）
	蝶形封头	中低压容器
	球冠形封头	中间封头

续表

压力容器封头分类		主要应用场合
锥形封头	当锥壳半顶角 $\alpha \leqslant 30°$ 时，锥壳大端和小端都可以采用无折边结构	不等直径筒体间连接的中间过渡段、为方便出料的下封头
	当锥壳半顶角 $30° < \alpha \leqslant 45°$ 时，锥壳大端须采用折边结构	
	当锥壳半顶角 $45° < \alpha \leqslant 60°$ 时，大端和小端都必须采用折边结构	
	当锥壳半顶角 $\alpha > 60°$ 时，按平盖计算，或按应力分析法计算	
平底形封头		常压容器、低压容器

7.2.2 压力容器封头标准

压力容器封头已经标准化，设计时应按GB/T 25198—2010《压力容器封头》规定来选用。常用封头的名称、断面形状、类型代号及参数关系见表7-4、表7-5。

表7-4 半球形、椭圆形、蝶形和球冠形封头的断面形状、类型及参数关系

名称		断面形状	类型代号	型式参数关系
半球形封头		δ_n, R_i, H, D_i	HHA	$D_i = 2R_i$ $DN = D_i$
椭圆形封头	以内径为基准	δ_n, H, h, D_i	EHA	$\dfrac{D_i}{2(H-h)} = 2$ $DN = D_i$
	以外径为基准	δ_n, H_o, h, D_o	EHB	$\dfrac{D_o}{2(H_o-h)} = 2$ $DN = D_o$
碟形封头	以内径为基准	δ_n, R_i, r_i, H, h, D_i	THA	$R_i = 1.0D_i$ $r_i = 0.10D_i$ $DN = D_i$
	以外径为基准	δ_n, R_o, r_o, H_o, h, D_o	THB	$R_o = 1.0D_o$ $r_o = 0.10D_o$ $DN = D_o$
球冠型封头		δ_n, R_i, H, D_i, D_o	SDH	$R_i = 1.0D_i$ $DN = D_o$

*半球形封头三种型式：不带直边的半球($H=R_i$)、带直边的半球($H=R_i+h$)和准半球(接近半球 $H<R_i$)。

表 7-5 平底形、锥形封头的断面形状、类型代号及参数关系

名称	断面形状	类型代号	型式参数关系
平底形封头	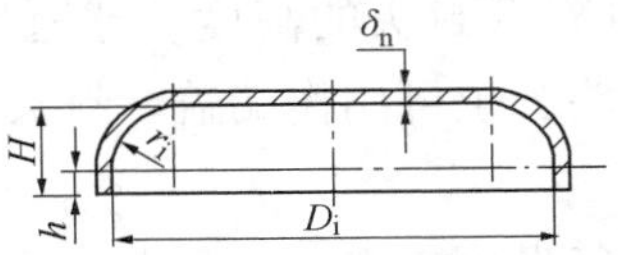	FHA	$r_i \geqslant 3\delta_n$ $H=r_i+h$ $DN=D_i$
锥形封头	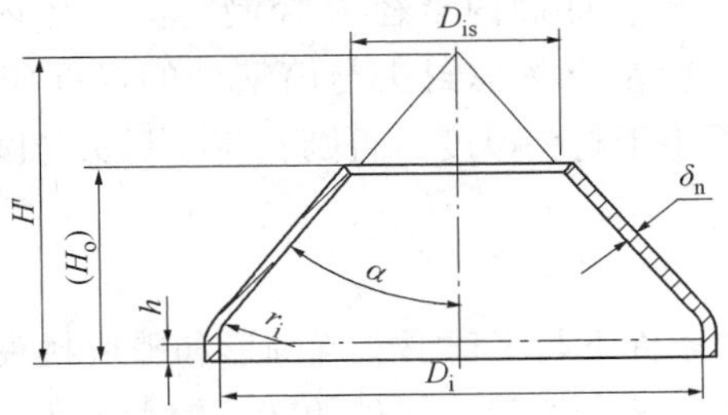	CHA(30)	$r_i \geqslant 0.10D_i$ 且 $r_i \geqslant 3\delta_n$ $\alpha=30°$ DN 以 D_i/D_{is} 表示
		CHA(45)	$r_i \geqslant 0.10D_i$ 且 $r_i \geqslant 3\delta_n$ $\alpha=45°$ DN 以 D_i/D_{is} 表示
	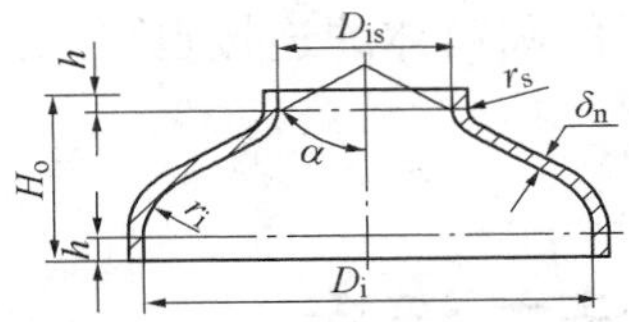	CHA(60)	$r_i \geqslant 0.10D_i$ 且 $r_i \geqslant 3\delta_n$ $r_s \geqslant 0.05D_{is}$ 且 $r_s \geqslant 3\delta_n$ $\alpha=60°$ DN 以 D_i/D_{is} 表示

球形封头、椭圆形封头、蝶形封头、球冠形封头的总深度、内表面积、容积、质量见 GB/T 25198—2010 附录 B~G。

7.2.3 不同类型压力容器封头的结构

（1）半球形封头　如表 7-4 所示，半球形封头就是半个球壳，具有与球壳相同的优点，即在同样的条件下，其所需的壁厚最薄，且容积相同时其表面积最小，可节省钢材。但是半球形封头因为深度大，整体冲压成型困难，对大直径（D_i>2.5m）的半球形封头，可先在水压机上将数块钢板冲压成型，安装时在现场拼焊而成。半球形封头多用于大型高压容器和压力较高的储罐上。

（2）椭圆形封头　如表 7-4 所示，椭圆形封头由半个椭球面和一圆柱直边段 h 组成。增加直边段的目的是避免在椭球边缘与圆筒壳体的连接处设置焊缝，使焊缝转移至圆筒区域，以免出现边缘应力与热应力叠加的情况。

椭圆形封头的应力情况不如半球形封头均匀，但比碟形封头好。对于 $a/b=2$ 的标准椭圆形封头与厚度相等的筒体连接时，可以达到与筒体等强度。

（3）碟形封头　碟形封头又称带折边的球面封头，如表 7-4 所示。它由半径为 R_i 的球面部分，高度为 h 的圆柱直边（短圆筒）部分和半径为 r_i 的过渡圆弧（即折边）组成。

从几何形状看，碟形封头是一个不连续曲面，在过渡圆弧边界上的不连续应力比内压薄膜应力大得多，故受力状况不佳，在工程中使用并不理想，目前逐渐被椭圆形封头取代。但过渡圆弧的存在降低了封头的深度，方便成型加工，且压制碟形封头的钢模加工简单，因此，在某些场合仍可以代替椭圆形封头使用。

(4) 球冠形封头

将碟形封头的直边及过渡圆弧部分去掉，球面部分直接焊在筒体上，就构成了球冠形封头(见表7-4)，也称无折边球形封头，它可降低封头的高度。球冠形封头结构简单、制造方便，常用作容器中两独立受压室的中间封头，也可用作端盖。封头与筒体连接处的角焊缝应采用全焊透结构。

由于球冠形封头与圆筒连接处的曲率半径发生突变，且两壳体因无公切线而存在横向推力，所以产生相当大的不连续应力。因此，球面内半径 R_i 控制为圆筒体内直径 D_i 的 0.7~1.0 倍。在确定球冠形封头的厚度时，应重点考虑封头与筒壁处的局部应力。在任何情况下，与球冠形封头连接的圆筒厚度应不小于封头厚度。否则，应在封头与圆筒间设置加强段过渡连接。

(5) 锥形封头

锥形封头的结构见表7-5。在同样条件下与半球形、椭圆形和碟形封头比较，锥形封头的受力情况较差，主要原因是因为锥形封头与圆筒连接处的转折较大，故曲率半径发生突变而产生边缘应力。在化工生产中，对于黏度大或者悬浮性的液体物料、固体物料，采用锥形封头有利于排料。另外，对于两个不同直径的圆筒体的连接也可采用圆锥形壳体，称为变径段。

7.3 法兰连接

考虑到生产工艺和操作上的需要，以及制造、安装、维修、运输上便利，管道、阀门、设备之间以及设备的某些零部件之间，常采用可拆卸的法兰连接。法兰连接既要保证连接强度，又要保证容器或管路的密封。

从使用角度看，法兰可分为压力容器法兰和管法兰两大类。压力容器法兰是指筒体与封头、筒体与筒体或封头与管板之间连接的法兰；管法兰指管道与管道之间连接的法兰。这两类法兰作用相同，外形也相似，但二者不能互换。

7.3.1 法兰的结构与密封原理

法兰连接是由一对法兰、若干螺栓、螺母和一个密封垫片组成，如图7-1所示。

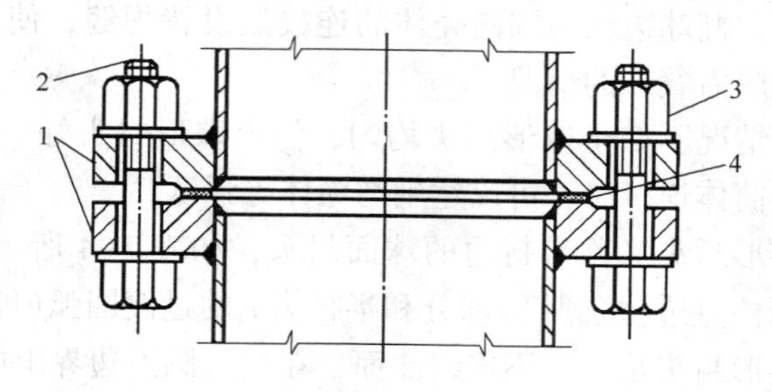

图7-1 法兰连接结构

1—法兰；2—螺栓；3—螺母；4—垫片

法兰的密封原理有三种：强制密封、自紧密封和半自紧密封。中低压容器通常采用强制密封。强制密封的原理(见图 7-2)是借助螺栓的压紧力在安装好的法兰接触面上形成初始的预紧密封比压，在工作压力作用下借助垫片的回弹力维持一个大于内部介质压力的工作密封比压，使介质不能通过密封口泄漏。

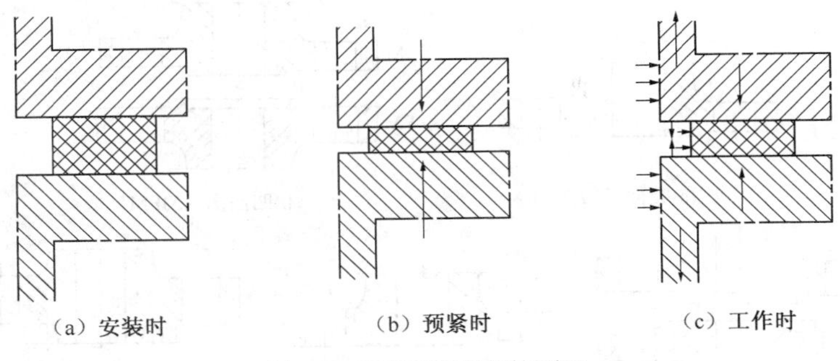

图 7-2 强制密填充的原理

7.3.2 法兰密封面与垫片

(1) 法兰密封面

法兰间置入垫片并压紧而起到密封作用的接触面称为法兰密封面或压紧面，压紧面直接与垫片接触，它既传递螺栓力使垫片变形，同时也是垫片变形的表面约束。

压力容器法兰常用的密封面按结构可分为平型、凹凸型和榫槽型三种，如图 7-3 所示。

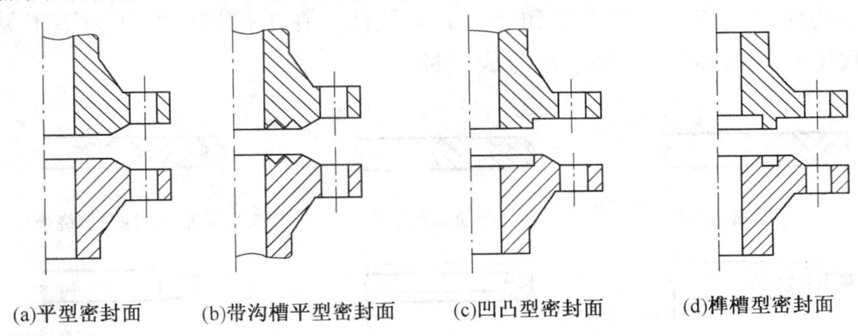

图 7-3 压力容器法兰的密封面结构

① 平型密封面[图 7-3(a)] 压紧面的表面是一个光滑的平面，它结构简单、制造方便、造价低，且便于进行防腐衬里，但密封效果较差。适用于 $PN \leqslant 1.6$MPa、介质无毒且非易燃易爆的场合。为了使垫片容易变形和防止挤出，其平面上常刻有 2~4 条同心的三角形沟槽[图 7-3(b)]，但对膨胀石墨垫片或缠绕式垫片无需此槽。

② 凹凸型密封面[图 7-3(c)] 这种压紧面由一个凸面和一个凹面组成，在凹面上放置垫片，其优点是便于对准，并不易被内压挤出，但压紧面与垫片接触面积仍较大，故需较大的螺栓预紧力，法兰尺寸也较大，可用于压力较高的场合。

③ 榫槽型密封面[图 7-3(d)]压紧面由一个榫和一个槽组成，垫片置于槽中，不与介质相接触，不会被挤入设备或管道内。垫片可以较窄，压紧垫片所需的螺栓力也较小，但其拆卸比较困难，垫片被挤压在槽内不易清除。适用于易燃、易爆、有毒的介质及较高压力的场合。

管法兰共有五种密封面，如图 7-4 所示。凸面和全平面密封的垫圈没有定位挡台，密封效果差；凹凸型和榫槽型的垫圈放在凹面或槽内，不容易被挤出，密封效果有较大改进；环连接面不常用。

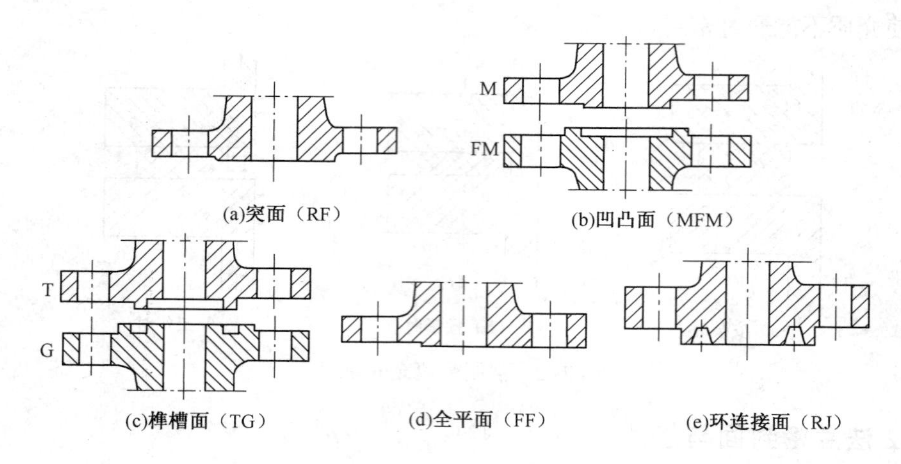

图 7-4　管法兰的密封面结构

(2) 垫片

根据法兰的密封原理可知，垫片必须在弹性变形范围内工作，且回弹能力大的垫片密封性能好。制作垫片的材料要求耐介质腐蚀，不与操作介质发生化学反应，不污染产品和环境，具有良好的弹性，有一定的强度和适当的柔软性，在工作温度和压力下不易变质(指硬化、老化或软化)。按材料特性垫片可分成三种。

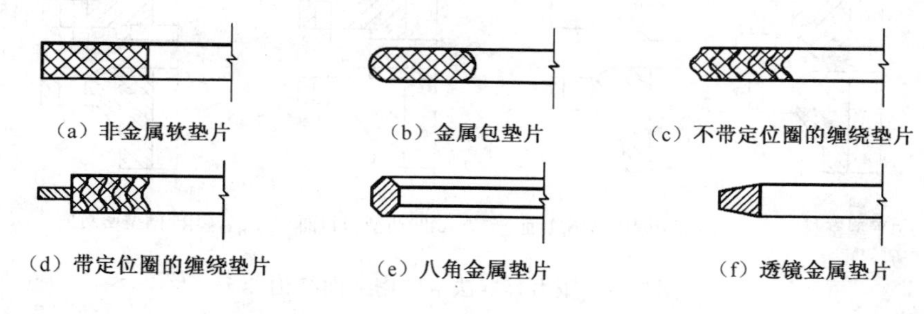

图 7-5　垫片断面形状

① 非金属软垫片　制造非金属软垫片的材质主要有橡胶垫、石棉橡胶垫、聚四氟乙烯垫和膨胀石墨垫等，见图 7-5(a)。

普通橡胶垫仅用于低压和温度低于 100℃的水、蒸气等无腐蚀性介质。合成橡胶(如硅橡胶、氟橡胶)的使用温度可达 220～260℃。石棉橡胶主要用于温度小于 450℃，压力低于 6MPa 的水、油、蒸气等场合。在处理腐蚀性介质时，常用聚四氟乙烯垫、膨胀石墨垫和压缩石棉垫，其中膨胀石墨具有耐高温、耐腐蚀、不渗透、低密度以及压缩回弹性能较好等多方面优点，使用温度可达 870℃，使用压力高达 25MPa。

② 金属垫片　由软钢(08、10 号钢)、铜、蒙乃尔合金(Ni67%、Cu30%、Cr4%～5%)或不锈钢等制成，见图 7-5(e)、图 7-5(f)。这类材料的共同特点是强度比较高、能耐高温，有一定的回弹力。适用于中、高温，中低压场合的密封。

③ 金属非金属混合式垫片　由金属和非金属两种材料混合制造而成，兼有金属垫片和非金属软垫片的优点，增加了回弹性，提高了耐腐蚀性、耐热性和密封性能，适用于较高压力和温度的场合。常用的有金属(0Cr13、1Cr18Ni9)包非金属(橡胶石棉带、聚四氟乙烯薄膜)和金属与非金属(橡胶石棉板)交替缠绕式两种，如图 7-5(b)、图 7-5(c)、图 7-5(d)。

7.3.3　法兰标准

法兰已经标准化，以便增加互换性、降低成本。对于非标准法兰如大直径，特殊工作参数和结构形式才需进行自行设计。当选用标准法兰时，不需进行应力校核。我国现行法兰标准分为压力容器法兰标准和管法兰标准两种系列。

7.3.3.1　压力容器法兰标准

(1) 压力容器法兰的类型

我国目前使用的压力容器法兰标准是 JB/T4700～4707—2000。根据使用压力、使用温度和壳体公称直径的不同，压力容器法兰分为甲型平焊法兰、乙型平焊法兰和长颈对焊法兰三种类型，如图 7-6 所示。

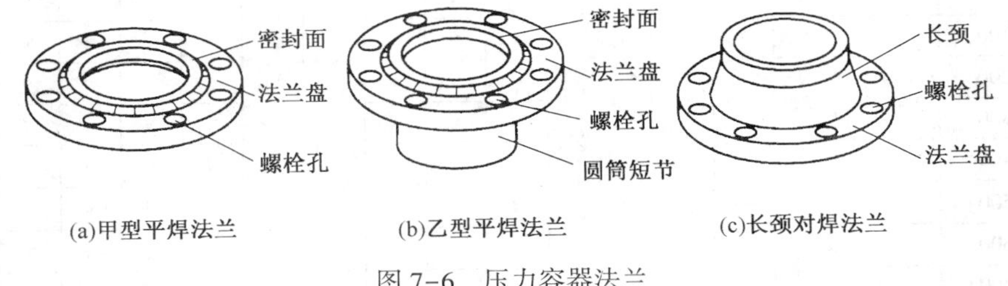

图 7-6　压力容器法兰

① 甲型平焊法兰　甲型平焊法兰的法兰盘直接与筒体或封头焊接，这种法兰在预紧和工作时都会在容器中产生附加的弯曲应力，法兰的刚度较差，容易变形，造成密封失效，所以适用于压力等级较低和筒体直径较小的情况。甲型平焊法兰共有 0.25MPa、0.6MPa、1.0MPa、1.6MPa 四个压力等级，直径范围为 *DN*300～2000mm，温度范围为-20～300℃。甲型平焊法兰只限于使用非金属垫片，并配有光滑密封面和凹凸密封面。

② 乙型平焊法兰　与甲型平焊法兰相比，乙型平焊法兰带有一个较厚的圆筒形的短节(厚度为 12mm 或 16mm)，短节与筒体或封头焊接，增加了法兰的刚度，因此适用于较大直径和较高压力的场合。乙型平焊法兰用于 0.25MPa、0.6MPa、1.0MPa、1.6MPa 四个压力等级中较大直径范围，并与甲型平焊法兰相衔接，而且还可用于 2.5MPa、4.0MPa 两个压力等级中较小直径范围，适用直径范围为 *DN*300～3000mm，温度范围为-20～350℃。乙型平焊法兰可采用非金属垫片、缠绕式垫片、组合式垫片，密封面有光滑密封面、凹凸密封面和榫槽密封面。

③ 长颈对焊法兰　长颈对焊法兰用根部增厚且与法兰盘为一整体的颈取代了乙型平焊法兰中的短节，从而进一步增大了法兰的整体刚度。这种法兰由于在顶部与法兰盘之间没有焊缝，消除了可能发生的焊接变形和可能存在的焊接残余应力，而且这种法兰可以用专用型钢制造，降低了法兰成本。其公称压力适用范围为 *PN*0.6～6.4MPa，公称直径适用范围为 *DN*300～2000mm，适用温度范围为-20～450℃。

压力容器法兰分类及系列参数见表 7-6。

表 7-6　压力容器法兰分类及系列参数

类　型	甲型平焊法兰				乙型平焊法兰						长颈对焊法兰					
标准号	JB/T 4701—2000				JB/T 4702—2000						JB/T 4703—2000					
公称压力 *PN*/MPa	0.25	0.60	1.00	1.60	0.25	0.60	1.00	1.60	2.50	4.00	0.60	1.00	1.60	2.50	4.00	6.40
公称直径 *DN*/mm																
300	按 *PN*1.00		√	√	—	—	—	—	√	√	—	√	√	√	√	√
(350)			√	√					√	√		√	√	√	√	√
400			√	√					√	√		√	√	√	√	√
(450)	按 *PN*0.60	√	√	√					√	√		√	√	√	√	√
500		√	√	√					√	√		√	√	√	√	√
(550)		√	√	√					√	√		√	√	√	√	√
600		√	√	√					√	√		√	√	√	√	√
(650)		√	√	√					√	—		√	√	√	√	√
700	√	√	√	—				√	√			√	√	√	√	√
800	√	√	√					√	√			√	√	√	√	√
900	√	√	√					√	—			√	√	√	√	—
1000	√	√	—				√	√				√	√	√	√	
(1100)	√	√					√	√				√	√	√	√	
1200	√	√					√	√				√	√	√	√	
(1300)	√	—				√	√	√			√	√	√	√	√	
1400	√					√	√	√			√	√	√	√	√	
(1500)	√					√	√	—			√	√	√	√	√	
1600	√					√	√				√	√	√	√	√	
(1700)	√					√	√				√	√	√	√	—	
1800	√					√	√				√	√	√	√		
(1900)	√					√	—				√	√	√	√		
2000	√					√					√	√	√	√		
2200	—				按 *PN* 0.60	√					—	—	—	—		
2400						√										
2600					√	—										
2800					√											
3000					√											

注：1. 表中带括号的公称直径尽量不采用。

2. 表中“√”表示有此规格，“—”表示无此规格。

（2）标准压力容器法兰的选用

制定压力容器法兰标准时，将法兰材料 16MnR 或 16Mn 在工作温度 200℃时的最大允许工作压力规定为公称压力。同一公称压力级别的法兰，如果法兰材料不是 16MnR 或 16Mn，或工作温度不是 200℃，法兰的最大允许工作压力也就会有所不同。不同类型压力容器法兰在不同材料和不同温度时的允许工作压力见表 7-7。

为压力容器的筒体或封头选配标准法兰时，可按以下步骤进行。

① 根据压力容器的内径(即法兰的公称直径)和设计压力，查表 7-6 初步选定法兰类型(在满足要求的条件下，根据经济性原则，选用顺序为甲型平焊法兰→乙型平焊法兰→长颈对焊法兰)。

② 根据压力容器的设计压力、设计温度和拟采用的法兰材料，查表 7-7 确定法兰的公

称压力。应使工作温度下法兰材料的允许工作压力不小于设计压力。

③ 根据确定的法兰公称直径和公称压力，查表 7-6，验证初步选定的法兰是否合适，如果不合适则需重新选择。

④ 根据确定的公称压力和公称直径及法兰类型，由相关标准查出法兰的相应尺寸。

表 7-7　甲型、乙型平焊法兰在不同材料和不同温度时的最大允许工作压力(摘录)　MPa

公称压力/MPa	法兰材料		工作温度/℃				备　注
			-20~200	250	300	350	
1.6	板材	Q235-B	1.06	0.97	0.89	0.80	$t\geqslant0$℃
		Q235-C	1.17	1.08	0.98	0.89	$t\geqslant0$℃
		20R	1.19	1.08	0.96	0.90	
		16MnR	1.60	1.53	1.37	1.31	
	锻件	20	1.19	1.08	0.96	0.90	
		16Mn	1.64	1.56	1.41	1.33	
		20MnMo	1.74	1.72	1.68	1.60	
2.5	板材	Q235-C	1.83	1.68	1.53	1.38	$t\geqslant0$℃
		20R	1.86	1.69	1.50	1.40	
		16MnR	2.50	2.39	2.14	2.05	
	锻件	20	1.86	1.69	1.50	1.40	
		16Mn	2.56	2.44	2.20	2.08	
		20MnMo	2.92	2.86	2.82	2.73	
		20MnMo	2.67	2.63	2.59	2.50	
4.0	板材	20R	2.97	2.70	2.39	2.24	
		16MnR	4.00	3.82	3.42	3.27	
	锻件	20	2.97	2.70	2.39	2.24	
		16Mn	4.09	3.91	3.52	3.33	
		20MnMo	4.64	4.56	4.51	4.36	$DN\leqslant1400$mm
		20MnMo	4.27	4.20	4.14	4.00	$DN\leqslant1400$mm

(3) 压力容器法兰组件在化工设备装配图中的画法

由于压力容器法兰组件中各零件均是标准件，在画图时采用示意画法即可，如图 7-7 所示。双头螺栓、螺母和垫片用点画线(或在点画线两端再打“×”)表示，必要时按图 7-7(b)画出螺栓布置方位，按图 7-7(c)画出壳体与法兰焊接节点图。

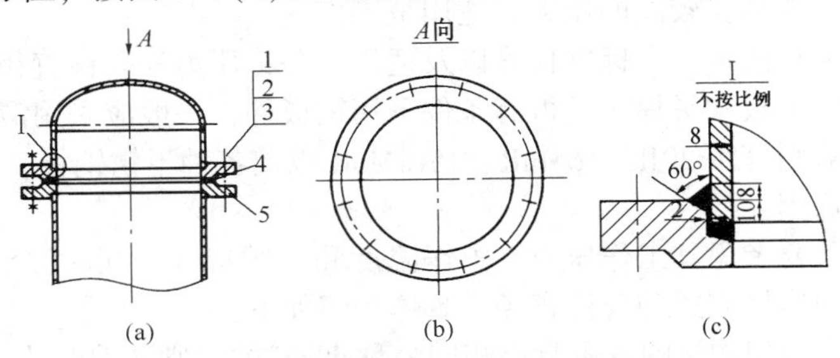

图 7-7　压力容器法兰组件在装配图上的画法

1—螺栓；2—螺母；3—垫圈；4—垫片；5—法兰

7.3.3.2 管法兰标准

国际通用管法兰标准有两大体系，即以德国为代表的欧洲管法兰体系和以美国为代表的美洲体系。中国广泛采用的管法兰标准有两个：一是国家标准 GB/T 9112～9124—2010《钢制管法兰》；二是工业和信息化部发布的行业标准 HG 20592—2009～HG 20635—2009《钢制管法兰、垫片、紧固件标准》。其中 HG 标准包含了欧洲和美洲两大体系，内容完整、体系清晰，适合中国国情。

(1) 管法兰的类型

管法兰的类型、代号及其结构见图 7-8。管法兰的种类虽然较多，但常用的只有板式平焊法兰、带颈平焊法兰、带颈对焊法兰三种。

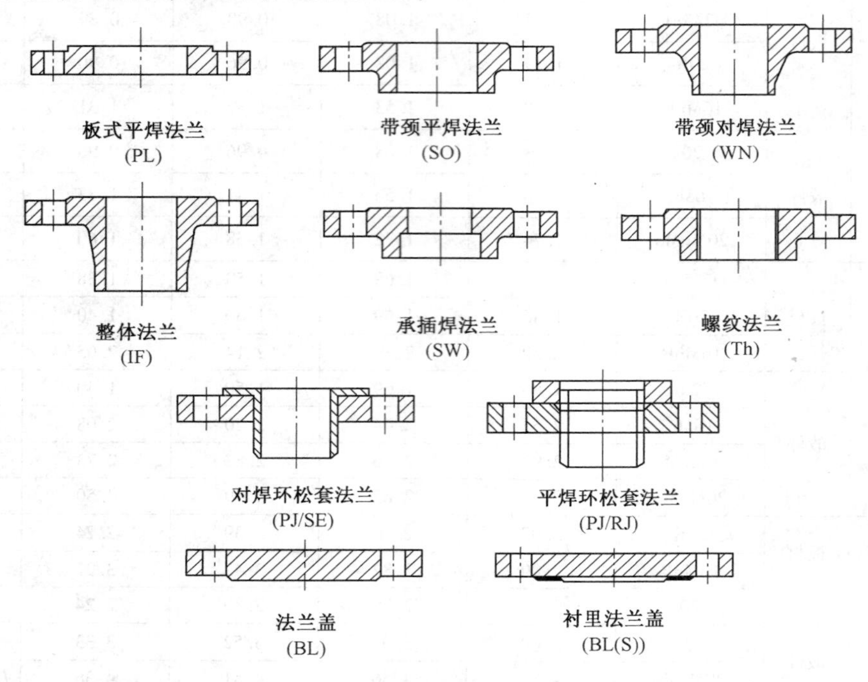

图 7-8 管法兰的类型及代号及结构

板式平焊法兰直接与钢管焊接，在操作时法兰盘会产生变形，使法兰盘产生弯曲应力，也给管壁附加了弯曲应力。带颈平焊管法兰由于增加了一厚壁的短节法兰颈，因此可以增加法兰刚度，能承受附加给管壁的弯曲应力，大大减小了法兰变形。带颈对焊管法兰的颈更长，俗称高颈法兰。法兰的刚度较好，而且与管子之间采用的是对焊连接，受力时焊接接头产生的应力集中小，能承受较高的压力，适用范围广。

常用管法兰的密封面形式、标准代号以及适用的公称压力和公称直径范围见表 7-8。

在管法兰中，除了板式平焊法兰可有条件采用钢板外，一般应采用锻件。法兰材料尽量与管子一致，法兰盖则可用 20R、16MnR、15CrMoR 以及各种不锈钢板。

(2) 管法兰的选用

管法兰的选用需要考虑其工作压力、工作温度和介质特性，同时注意与之相连的设备、接管和阀门、管件的连接方式和公称直径，具体步骤如下：

① 按照“管法兰与相连接的管子具有相同公称直径”的原则选取管法兰的公称直径。

② 选定管法兰的材质，并按“同一设备的主体、接管、管法兰设计压力相同”的原则，确定法兰的设计压力。

③ 不同材质法兰在不同温度下的最大允许工作压力不同。所以在确定了法兰材料和工作温度以后，查表 7-9 确定管法兰的公称压力。应使工作温度下法兰材料的允许工作压力不小于设计压力。

④ 根据法兰的公称压力和公称直径，查表 7-8 确定法兰及密封面的的形式，查管法兰标准得到法兰的具体尺寸。

表 7-8　常用管法兰的密封面形式、标注代号以及适用的公称压力和公称直径范围

法兰类型	标准号	密封面形式	代号	公称压力范围 *PN*/MPa	公称直径范围 *DN*/mm
板式平焊法兰	HG20593—2009	突面	RF	0. 25~0. 6	10~2000
				1. 0~2. 5	10~600
		全平面	FF	0. 25~1. 6	10~600
带颈平焊法兰	HG20594—2009	突面	RF	0. 6	10~300
				1. 0~4. 0	10~600
		凹凸面	MFM	1. 0~4. 0	10~600
		榫槽面	TG	1. 0~4. 0	10~600
		全平面	FF	0. 6	10~300
				1. 0~1. 6	10~600
带颈对焊法兰	HG20595—2009	突面	RF	1. 0~1. 6	10~2000
				2. 5	10~1000
				4. 0	10~600
		凹凸面	MFM	1. 0~4. 0	10~600
		榫槽面	TG	1. 0~4. 0	10~600
		全平面	FF	1. 0~1. 6	10~2000

注：管法兰标准的公称压力等级范围是 0. 25~2. 5MPa，本表只列出常用的几种等级：0. 25、0. 6、1. 0、1. 6、2. 5、4. 0(单位为 MPa)。

表 7-9　管法兰在不同温度下的最大允许工作压力(摘录)　　MPa

公称压力/MPa	法兰材料	工作温度/℃									
		20	100	150	200	250	300	350	400	425	450
0. 25	Q235-A	0. 25	0. 25	0. 225	0. 2	0. 175	0. 15				
0. 6		0. 6	0. 6	0. 54	0. 48	0. 42	0. 36				
1. 0		1. 0	1. 0	0. 9	0. 8	0. 7	0. 6				
1. 6		1. 6	1. 6	1. 44	1. 28	1. 12	0. 96				
0. 25	20	0. 25	0. 25	0. 225	0. 2	0. 175	0. 15	0. 125	0. 088		
0. 6		0. 6	0. 6	0. 54	0. 48	0. 42	0. 36	0. 3	0. 21		
1. 0		1. 0	1. 0	0. 9	0. 8	0. 7	0. 6	0. 5	0. 35		
1. 6		1. 6	1. 6	1. 44	1. 28	1. 12	0. 96	0. 8	0. 56		
2. 5		2. 5	2. 5	2. 25	2. 0	1. 75	1. 5	1. 25	0. 88		
4. 0		4. 0	4. 0	3. 6	3. 2	2. 8	2. 4	2. 0	1. 4		
0. 25	15MnV	0. 25	0. 25	0. 245	0. 238	0. 225	0. 2	0. 175	0. 138	0. 113	
0. 6		0. 6	0. 6	0. 59	0. 57	0. 54	0. 48	0. 42	0. 33	0. 27	
1. 0		1. 0	1. 0	0. 98	0. 95	0. 9	0. 8	0. 7	0. 55	0. 45	
1. 6		1. 6	1. 6	1. 57	1. 52	1. 44	1. 28	1. 12	0. 88	0. 72	
2. 5		2. 5	2. 5	2. 45	2. 38	2. 25	2. 0	1. 75	1. 38	1. 13	
4. 0		4. 0	4. 0	3. 92	3. 8	3. 6	3. 2	2. 8	2. 2	1. 8	

(3) 管法兰在装配图中的画法与尺寸标注

管法兰与容器法兰不同，它在化工设备图上往往不成对出现，以单片表示(设备上接管法兰)，待配管时再配上另一片法兰。管法兰在设备装配图上的画法和尺寸标注如图 7-9 所示，尺寸主要标注定位尺寸(轴向定位和周向定位)和法兰密封面至壳体外壁(或至设备中心线)间的距离。

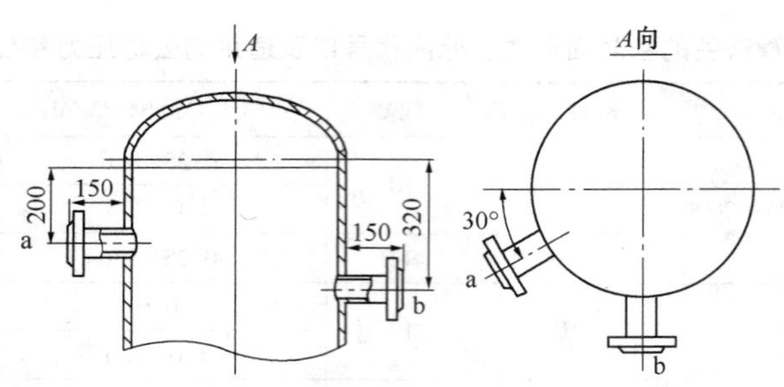

图 7-9　管法兰在装配图中的画法及尺寸标注

7.4　支座

化工厂大部分设备都需要通过支座来固定和支撑。压力容器支座分类及其主要应用场合见表 7-10。

表 7-10　压力容器支座分类及主要应用场合

分　　类		标　准　号	主要应用场合
卧式容器支座	鞍式支座	JB/T 4712. 1—2007	卧式容器
立式容器支座	腿式支座	JB/T 4712. 2—2007	小型立式容器
	耳式支座	JB/T 4712. 3—2007	需要悬挂在楼板、操作平台上的设备
	支承式支座	JB/T 4712. 4—2007	各种类型的立式储罐
	裙式支座	非标准	大型立式容器，如塔器、大型换热器等

本节仅讨论鞍式支座、耳式支座、支承式支座和裙座。阐述这几类支座的结构、分类、材料及选用。

7.4.1　鞍式支座

(1) 鞍式支座的结构及分类

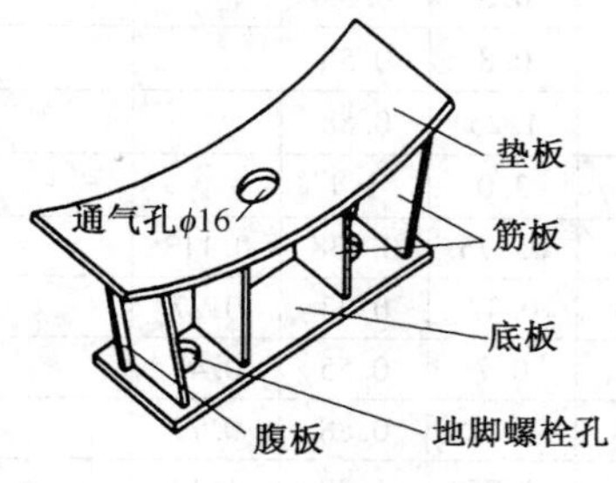

图 7-10　鞍式支座的结构形式

如图 7-10 所示。鞍式支座由底板、腹板、筋板和垫板组成。根据承受载荷的大小，鞍式支座分为轻型(代号 A)和重型(代号 B)两种。重型鞍式支座按制作方式、包角及附带垫板情况分为五种型号，各种型号鞍式支座的结构特征及适用条件见表 7-11。

公称直径 $DN \leqslant 900$mm 的容器，重型鞍座分为带垫板和不带垫板两种结构型式，当符合下列条件之一时，必须设置垫板：

a. 容器圆筒有效厚度小于或等于 3mm 时；

b. 容器圆筒鞍座处的周向应力大于规定值时；

c. 容器圆筒有热处理要求时；

d. 容器圆筒与鞍座间温度差大于 200℃时；

e. 当容器圆筒材料与鞍座材料不具有相同或相近化学成分和性能指标时。

表 7-11 鞍式支座的结构特征及适用条件

类型			包角	垫板	筋板数	适用条件	
类型	制作方式	代号				公称直径 DN/mm	其他
轻型	焊制	A	120°	有	4	1000~2000	1. 双支点支撑的钢制卧式容器的鞍式支座 2. 设计温度为 200℃ 3. 地震设防烈度为 8 度(Ⅱ类场地土)
					6	2100~4000	
重型	焊制	BI	120°	有	1	159~426	
						300~450	
					2	500~900	
					4	1000~2000	
					6	2100~4000	
		BII	150°	有	4	1000~2000	
					6	2100~4000	
		BIII	120°	无	1	159~426	
						300~450	
					2	500~900	
	弯制	BIV	120°	有	1	159~426	
						300~450	
					2	500~900	
		BV	120°	无	1	159~426	
						300~450	
					2	500~900	

根据支座底板上螺栓孔形状不同分为两种：一种为固定鞍座(F 形)，鞍座底板上开圆形螺栓孔；另一种为滑动鞍座(S 形)，鞍座底板上开长圆形螺栓孔。卧式容器上鞍座必须是 F 形和 S 形配合使用，目的是在设备遇到热胀冷缩时，滑动支座可以调节两支座之间的距离，消除附加应力。同一台卧式容器上不管使用几个鞍座，必须只使用一个 F 形，其余均为 S 形，并且 F 形放在有大直径接管或较多接管的一端(即不易移动的一端)。

(2) 鞍式支座的材料

鞍式支座材料为 Q235A，也可用其他材料。垫板材料一般应与容器筒体材料相同。当鞍式支座设计温度等于或低于-20℃时，应根据实际设计条件，如有必要可对腹板等材料提出附加低温检验要求，或是选用其他合适的材料。

(3) 鞍式支座的选用

① 根据设备的总重，计算出每个鞍座的实际负荷 F，kN。

② 根据鞍座承载的实际负荷初步确定鞍座的类型(轻型或重型)；

③ 根据容器公称直径，参照 JB/T4712.1—2007 表 2～表 10 确定鞍座的型号，且应使鞍座的允许载荷 $Q \geqslant F$。当鞍座高度与表中不一致时，需根据鞍座类型和鞍座高度查鞍座允许载荷图，确定鞍座的实际允许载荷 Q，且应满足 $Q \geqslant F$。

④ 确定鞍座的安装尺寸。如图 7-11 所示，鞍座中心与切线间的距离 A 满足 $A \leqslant 0.2L$（L 为两端封头切线间的距离），最好使 $A \leqslant 0.5R_m$（R_m 为圆筒的平均半径）。

（4）鞍座在装配图上的画法及尺寸标注

鞍座为标准件，因此不需要在图纸上精确表达，只需画出轮廓且不会造成误解即可。尺寸应标出鞍座的定位尺寸 A 和鞍座高度 h。必要时应画出鞍座底板视图，并标注底板尺寸、底板上螺栓孔直径和螺栓孔间距，以供土建专业做设备基础。

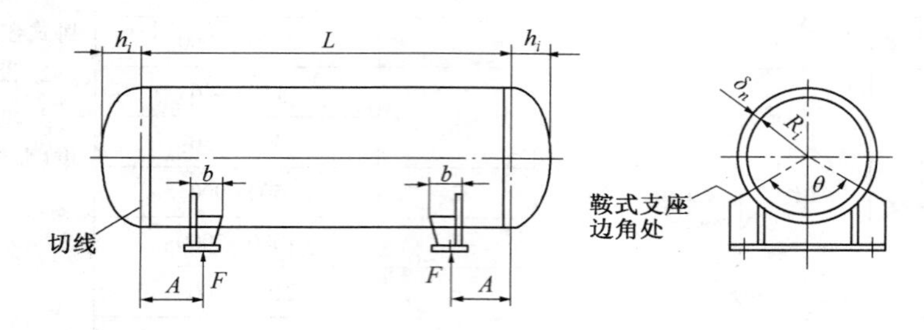

图 7-11　鞍座的安装尺寸

7.4.2　耳式支座

（1）耳式支座的结构及分类

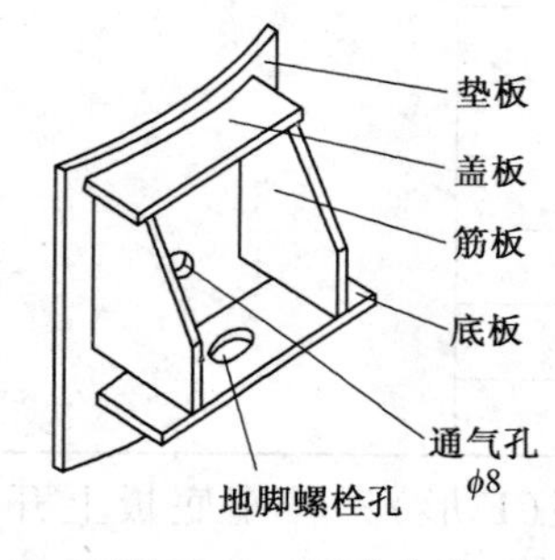

图 7-12　耳式支座

耳式支座又称悬挂式支座，广泛用于中小型立式设备。耳式支座通常由底板（支脚板）、筋板和垫板组成，如图 7-12 所示。耳式支座底板的作用是与基础（或支撑件）接触并连接，筋板的作用是增加支座的刚性，使作用在容器上的外力通过底板传递到支撑件上。耳式支座通常设置垫板，垫板的厚度一般与筒体厚度相等，当设备 $DN \leqslant 900$mm，且壳体有效壁厚大于 3mm，壳体材料与支座材料相同或有相近的化学成分和力学性能时，可不设置垫板。

根据筋板臂的长短不同，耳式支座分为 A、B、C 三种，见表 7-12。

表 7-12　耳式支座分类及适用条件

类　型		支座号	垫板	盖板	适用容器直径 DN/mm
短臂	A	1～5	有	无	300～2600
		6～8		有	1500～4000
长臂	B	1～5	有	无	300～2600
		6～8		有	1500～4000
加长臂	C	1～3	有	有	300～1400
		4～8			1000～4000

(2) 耳式支座材料(表 7-13)

表 7-13 耳式支座的材料

材料代号	Ⅰ	Ⅱ	Ⅲ	Ⅳ
支座的筋板和底板材料	Q235A	Q345R	0Cr18Ni9	15CrMoR
垫板材料	一般应与容器材料相同			

(3) 耳式支座的选用

① 计算设备总重量载荷 G(kN)。

② 根据设备公称直径 DN 和安装场合初选支座类型，并确定支座号、支座材料和支座允许载荷$[Q]$。

③ 确定支座数量 n，每个设备可用 2~4 个耳式支座($DN \leqslant 700$mm 时允许采用 2 个)，必要时可用得更多些，但个数多时，往往不能保证全部支座都装在同一水平面上，因而也就不能保证每个支座受力均匀。

④ 根据设备总重量载荷 G 计算每个支座需承担的重量载荷 $Q_1 = G/(kn)$，并与所选支座的允许载荷$[Q]$对比，要求$[Q] \geqslant Q_1$(其中 k 为不均匀系数，安装三个支座时，$k=1$；安装 3 个以上支座时，$k=0.83$)。

⑤ 根据设备所受到的重量载荷、偏心载荷、风载荷、地震载荷分别计算支座的实际承受载荷 Q、支座处壳体所受的支座弯矩 M_L，并满足 $Q \leqslant [Q]$ 和 $M_L \leqslant [M_L]$(其中$[M_L]$为支座处壳体的许用弯矩，查 JB/T4712.3—2007 表 B.1~表 B.4)。

(4) 耳式支座的安装

小型设备的耳式支座可以支托在管子或用型钢制成的立柱上，而较大型的立式设备的耳式支座一般紧固在钢梁或混凝土基础上。为使容器的重力均匀地传给基础，底板的尺寸不宜过小，以免产生过大的压应力，筋板也应有足够的厚度，以保证支座的稳定。

(5) 耳式支座在装配图上的画法及尺寸标注

选用标准耳式支座时，示意画出支座外形，标注支座的定位尺寸(轴向定位和周向定位)、安装尺寸 D(即地脚螺栓中心圆直径)和地脚螺栓孔直径 d 即可。耳式支座在装配图上的画法和尺寸标注如图 7-13 所示。

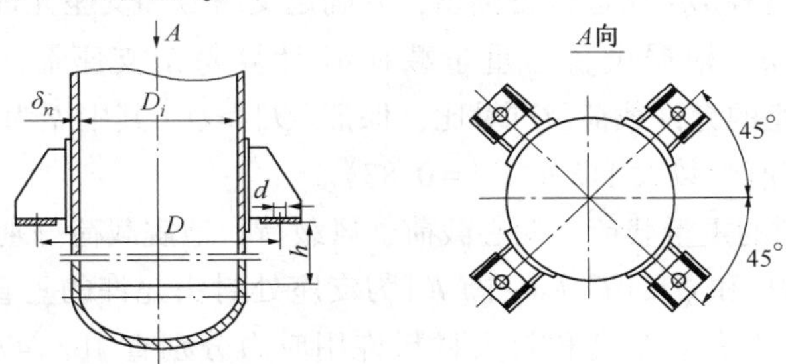

图 7-13 耳式支座在装配图上的画法及尺寸标注

7.4.3 支承式支座

支承式支座一般用于高度不大，且离基础较近的立式设备。支承式支座可以用钢管、角钢或槽钢制成，也可用数块钢板焊成。由于支承式支座与筒体接触面积小，会使壳壁产生较大的局部应力，需在支座和壳壁间加一块垫板，以改善筒壁的受力状况。

（1）支承式支座结构及分类

根据结构形式不同，支承式支座分为 A 型和 B 型两类，如图 7-14 所示。支承式支座分类及适用条件见表 7-14 所示。

若容器有热处理要求时，支座垫板应在热处理前焊于容器壁上。

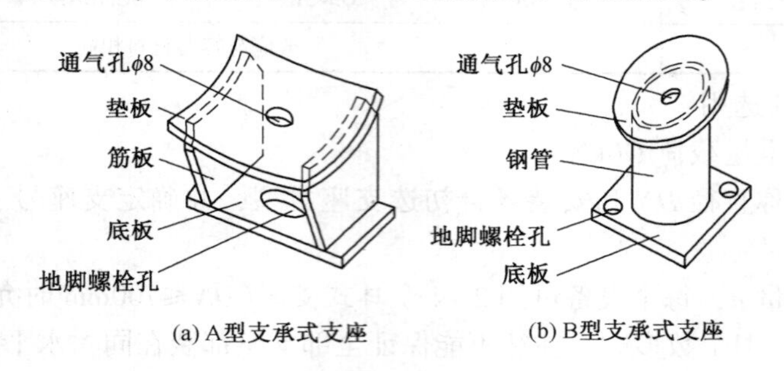

图 7-14　支承式支座

表 7-14　支承式支座分类及适用条件

类　　型		支座号	垫板	适用条件	
				容器公称直径 DN/mm	其他
钢板焊制	A	1~4	有	800~2200	（1）圆筒长度与公称直径之比 $L/DN \leqslant 5$ （2）容器总高度 $H_0 \leqslant 10$m
		5~6		2400~3000	
钢管制作	B	1~8	有	800~4000	

（2）支承式支座材料

支承式支座垫板材料一般应与容器封头材料相同，底板的材料为 Q235A，A 型支座筋板的材料为 Q235A，B 型支座钢管材料为 10 号钢。有时根据需要也可选用其他支座材料，应按标准规定在设备图样中注明。

（3）支承式支座的选用

① 计算设备总重量载荷 G，kN。

② 根据设备公称直径 DN 初选设备类型，并确定支座号和支座允许载荷[Q]。

③ 确定支座数量 n，根据设备总重量载荷 G 计算每个支座需承担的重量载荷 $Q_1 = G/(kn)$，并与所选支座的允许载荷[Q]对比，保证[Q]$\geqslant Q_1$（其中 k 为不均匀系数，支座个数等于 3 时，$k=1$，支座个数大于 3 时，$k=0.83$）。

④根据设备所受到的重量载荷、偏心载荷、风载荷、地震载荷分别计算支座实际承受的载荷 Q，并满足 $Q \leqslant$[Q]和 $Q \leqslant$[F]（其中[F]为支座处封头允许的垂直载荷，根据支座号、封头公称直径 DN、封头有效厚度和封头材料许用应力分别查 JB/T4712.4—2007 表 B.1～B.5）。

（4）支承式支座在装配图上的画法及尺寸标注

如图 7-15 所示，选用标准支承式支座时，在装配图上只需画出支座外形，并标注出支座底板至封头焊缝线的距离 h_1（h_1=支座安装高度+封头直边高度）、地脚螺栓中心圆直径 D_r 和支座周向方位即可。必要时画出底板外形，并标注其外形尺寸和地脚螺栓孔直径 d，以便土建专业做基础。

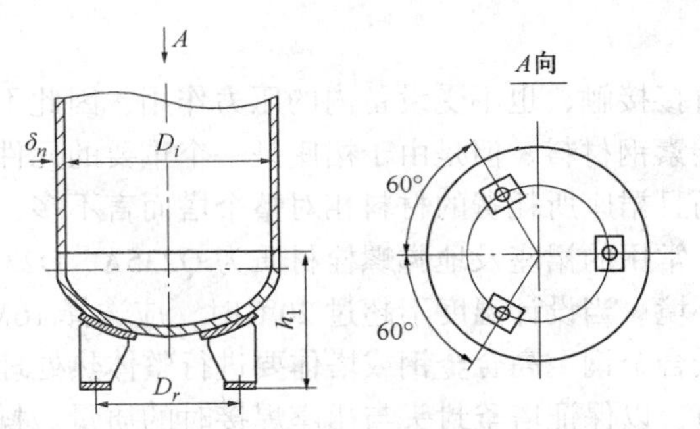

图 7-15　支承式支座在装配图上的画法和尺寸标注

7.4.4　裙式支座

裙式支座广泛用于高大塔设备的支撑，与前三种支座不同，目前尚无标准系列，裙式支座的结构及设计计算可参考 JB/T 4710—2005《钢制塔式容器》。

7.4.4.1　裙座的基本结构与材质

（1）裙座的基本结构

根据工艺要求和载荷不同，裙式支座分为圆筒形和圆锥形两种型式(图 7-16)，均由裙座筒体、基础环、地脚螺栓座、人孔、排气孔、引出管通道、保温支撑圈等组成。

一般来讲，只要条件允许，应尽可能采用圆筒形裙座，因为它制造加工方便，受力合理。对直径小且细高型塔(即 $DN \leqslant 1$m 且 $H/DN>25$ 或 $DN>1$m 且 $H/DN>30$)，遇到下列情况之一，应选用圆锥形裙座。

a. 当按圆筒形裙座确定的地脚螺栓圆上所能放置的地脚螺栓个数少于塔的稳定计算所需的地脚螺栓个数，需要加大地脚螺栓直径，以增加地脚螺栓个数时。

b. 当裙座基础环下的混凝土基础表面的压应力过大，需要加大混凝土的承载面积，以减小压应力时。

c. 需要增加塔体裙座的断面惯性矩，以减小裙座筒体底部断面上由于风载荷或地震载荷所产生的应力时。

采用圆锥形裙座时，半锥顶角 θ 一般不宜超过 15°，裙座壳体的名义厚度不应小于 6mm。

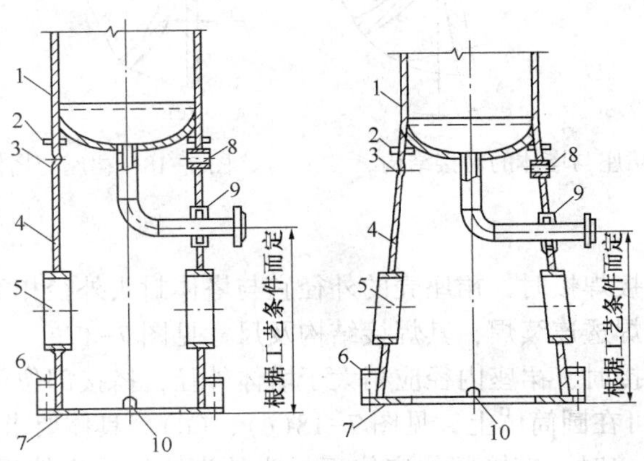

图 7-16　裙式支座的结构

1—塔体；2—保温支承圈；3—无保温时排气孔；4—裙座筒体；5—人孔；
6—地脚螺栓座；7—基础环；8—有保温时排气孔；9—引出管通道；10—排液孔

(2) 裙座材质

由于裙座与介质不直接接触，也不受设备内的压力作用，因此不受压力容器所用材质所限，可选用比较经济的碳素钢材料。但是由于裙座是一个重要的元件，如果它被破坏将严重影响塔器的正常使用，而且裙座所耗费的材料相对整个塔而言不多，提高其用材要求，在经济上不会造成太大浪费。常用的裙座及地脚螺栓材质为 Q235A、Q235A·F，但这两种材质不适用于温度过低的操作环境。当设计温度不超过 20℃时，应选择 16MnR。

当塔釜封头材质为低合金钢、高合金钢或塔体要进行整体热处理时，裙座顶部应增设与塔釜封头相同材质的短节，以保证塔釜封头与裙座焊接时的质量。操作温度低于 0℃或高于 350℃时，短节长度应根据温度的影响范围确定。如果不做计算时，短节的长度一般取保温层厚度的 4 倍，且不小于 500mm。

另外，碳钢裙座应考虑腐蚀裕量，其值不小于 2mm。

7.4.4.2 裙座结构

(1) 裙座与塔体的连接型式

塔体与裙座的连接均采用焊接，焊接接头形式可以采用对接(图 7-17)，也可以采用搭接(图 7-18)。

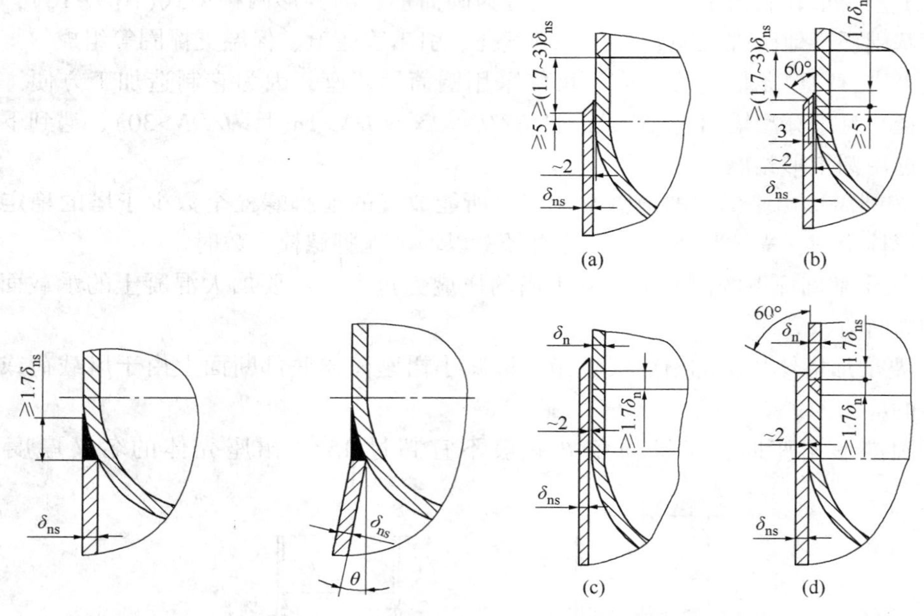

图 7-17 裙座与塔体的对接结构

图 7-18 裙座与塔体的搭接结构

裙座与塔体采用对接焊接时，裙座壳的外径宜与塔体封头外径相等，裙座与相连塔体封头的连接焊缝应采用全焊透连续焊，其焊接结构及尺寸见图 7-17。

裙座与塔体采用搭接时，裙座内径应稍大于塔体外径，搭接部位可以在塔体封头上，见图 7-18(a)、(b)，也可在圆筒体上，见图 7-18(c)、(d)。具体要求如下：

a. 当裙座与封头搭接时，搭接部位应位于封头的直边段。搭接焊缝至封头与圆筒连接的环向连接焊缝距离宜在(1.7~3)δ_{ns}范围内，但不得与该环向连接焊缝连成一体。

b. 当裙座与塔圆筒搭接时，搭接焊缝至封头与圆筒体连接的环向连接焊缝距离不应小于 1.7δ_n，封头的环向焊接缝应磨平，且应按 JB/T 4730.1～6—2005 要求 100%无损探伤检测合格。

c. 搭接接头的角焊缝应填满。

搭接焊缝因焊缝受到剪应力，对温差应力不利，一般用于塔径较小，焊缝受力也较小的场合，其优点是安装比较方便，便于调整塔体的垂直度。

当塔体封头由多块板拼接焊制而成时，拼接焊缝处裙座壳的上边缘宜开缺口，以避免出现十字焊缝，缺口形状如图 7-19 所示。缺口尺寸见表 7-15。

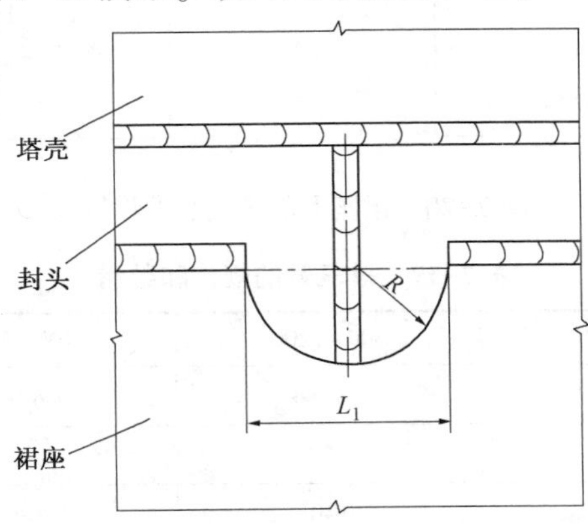

图 7-19　裙座壳体开缺口形式

表 7-15　裙座开缺口尺寸

封头名义厚度 δ_n/mm	≤8	>8～18	>18～28	>28～38	>8～38
宽度 L_1/mm	70	100	120	140	$4\delta_n$
缺口半径 R/mm	35	50	60	70	$2\delta_n$

（2）排气孔、排气管和隔气圈

在塔设备运行过程中可能会有气体逸出，积聚在裙座与塔底封头之间的区域内形成死区，而死区既对进入裙座进行检修的人员不利，又不利于防火、防爆。因此，必须在裙座的上部设置排气管或排气孔。

① 当裙座无保温(保冷、防火)层时，裙座上部应均匀设置排气孔，排气孔的规格和数量见表 7-16。当裙座上部设置有图 7-19 所示的缺口时，可不设排气孔。

表 7-16　排气孔规格和数量

塔式容器内直径 D_i/mm	600～1200	1400～2400	>2400
排气孔尺寸	ϕ80	ϕ80	ϕ100
排气孔数量/个	2	4	≥4
排气孔中心线至裙座顶端的距离/mm	140	180	220

② 当裙座有保温(保冷、防火)层时，裙座上部应按图 7-20 所示，均匀设置排气管，排气管的规格和数量见表 7-17。

③ 当塔式容器下封头的设计温度大于或等于 400℃时，在裙座上部靠近封头处应设置隔气圈。这是因为当塔器的操作温度较高时，塔壳与裙座壳的连接处往往存在着很大的热应力。此热应力如不加以控制，对塔器的安全运行将构成威胁。隔气圈就是在裙座壳内顶部安装一圈隔离圈，将圈内的空气与圈外的空气隔开，圈内的空气处于相对静止状态，实际上起

到了一个保温层的作用。

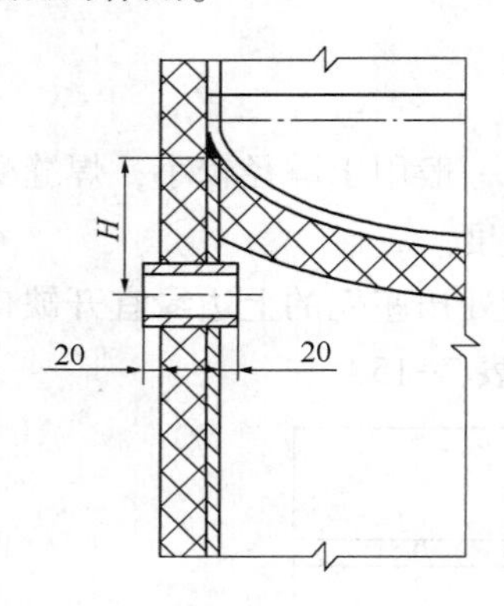

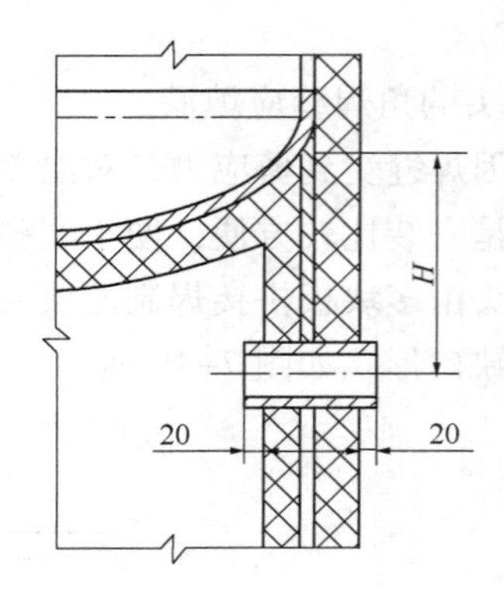

图 7-20　裙座上部排气管的设置

表 7-17　排气管的规格和数量

塔式容器内直径 D_i/mm	600~1200	1400~2400	>2400
排气管规格	ϕ89×4	ϕ89×4	ϕ108×4
排气管数量/个	2	4	≥4
排气管中心线至裙座顶端的距离 H/mm	140	180	220

隔气圈分为不可拆(图 7-21)和可拆(图 7-22)两种。设计中隔气圈至椭圆封头的切线距离 L 可按表 7-18 来选取。

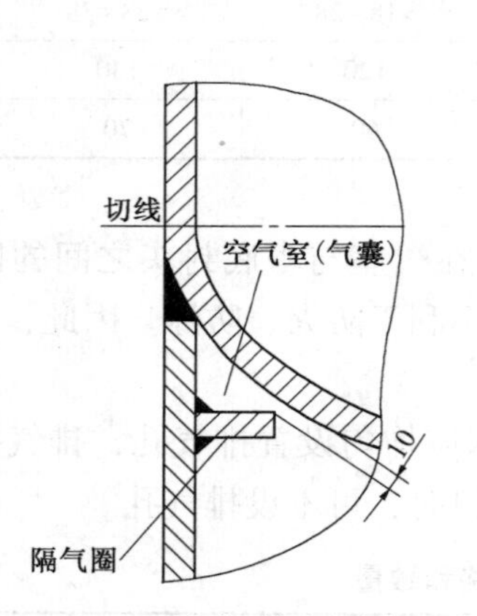

图 7-21　不可拆式隔气圈结构示意图

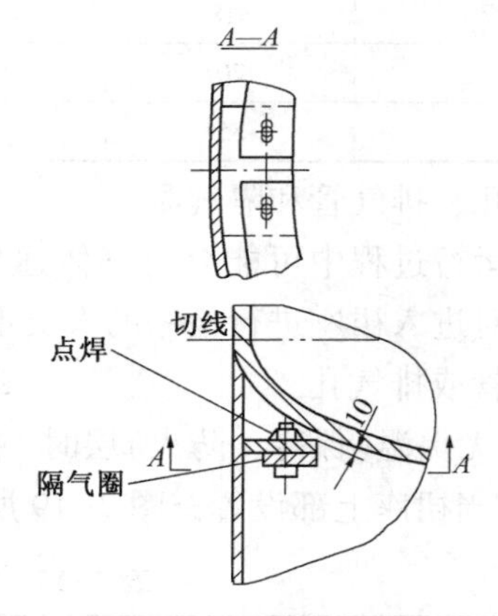

图 7-22　可拆式隔气圈结构示意图

表 7-18　隔气圈与封头切线距离 L

塔体内径/mm	$D_i \leq 1800$	$1800 < D_i \leq 3000$	$3000 < D_i \leq 4500$	$D_i > 4500$
L/mm	150	200	250	300

(3) 塔底接管引出孔

塔设备底部封头上的接管应通过裙座上的引出孔伸出裙座外，如图 7-23 所示。引出孔的尺寸按表 7-19 确定。

引出管或引出孔加强管上一般应焊有支撑板支撑。当介质温度低于-20℃时，引出管应采用木垫，且应预留有间隙 c，以满足热膨胀的需要。

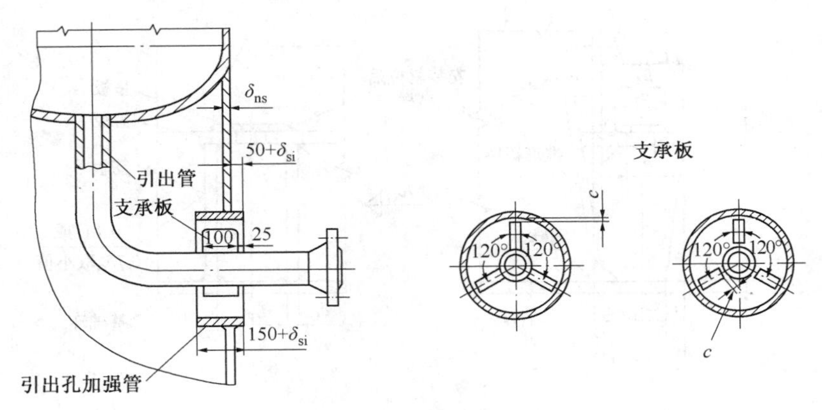

图 7-23　引出孔结构示意图

表 7-19　塔底引出孔通道管规格

引出管公称直径/mm		20、25	32、40	50、70	80、100	125、150	200	250	300	350	>350
引出孔	无缝钢管	ϕ133×4	ϕ159×4.5	ϕ219×6	ϕ273×8	ϕ325×8	—	—	—	—	—
	卷焊管内径	—	—	ϕ200	ϕ250	ϕ300	ϕ350	ϕ400	ϕ450	ϕ500	d+150

注：a. 引出管在裙座内用法兰连接时，引出孔内径必须大于法兰外径。

b. 引出管保温(冷)后外径加上 25mm 大于表中的引出孔内径时，应适当加大加强管通道内径。

c. 引出孔加强管采用卷焊管时，壁厚一般等于裙座筒体厚度，但不宜大于 16mm。

(4) 裙座检查孔

塔底裙座上必须开设检查孔，以方便检修。检查孔分圆形和长圆形两种，其尺寸参见表 7-20。长圆形检查孔用于截面削弱受限制或为方便拆卸塔底附件的裙座。

表 7-20　裙座检查孔尺寸

塔式容器内径 D_i			≤700	800~1600	>1600
圆形	d_i	d_i	250	450	500
长圆形	r_i, L_4	r_i	—	200	225
		L_4	—	400	450
数量/个			1	1	1~2

(5) 地脚螺栓座及地脚螺栓

立式容器或塔器的裙座要通过地脚螺栓座和地脚螺栓固定在混凝土基础上。地脚螺栓座是指盖板、垫板和筋板的组合体，如图 7-24 所示。

地脚螺栓座的盖板宜采用分块结构，需要时也可连成环板，盖板上设置垫板时，应在现场吊装就位后将盖板与垫板焊接牢靠。

地脚螺栓座有多种结构形式，常用的外螺栓座结构(图 7-24)和单环板螺栓座(7-25)两种。外螺栓座结构形式对地脚螺栓预埋或不预埋均适用。单环板螺栓座结构形式适用于不太

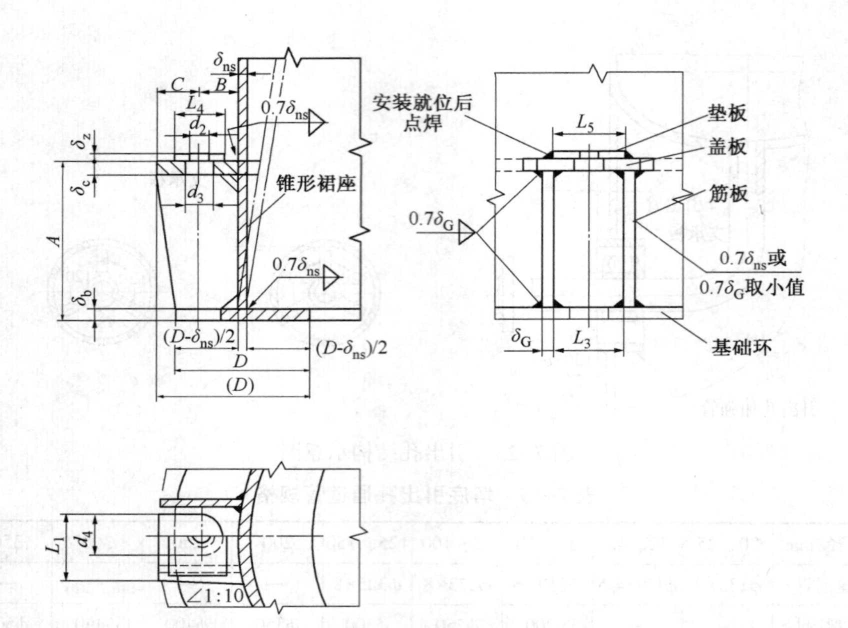

图 7-24　地脚螺栓座结构

高的塔，基础环板的计算厚度小于 20mm，并且通过塔体稳定计算可以不必设置地脚螺栓。但为了固定塔的位置，应设置一定数量的地脚螺栓。

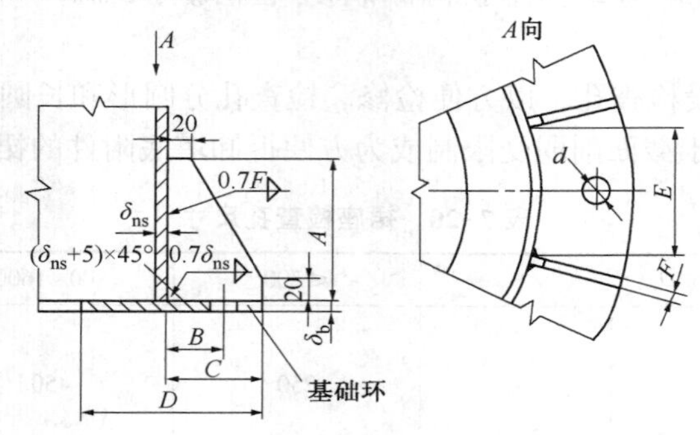

图 7-25　单环板螺栓座结构

地脚螺栓的公程直径应不小于 M24，常用地脚螺栓规格见表 7-21。

表 7-21　常用地脚螺栓规格

公称直径	螺纹小径 d	公称直径	螺纹小径 d
M24×3	20.752	M64×6	57.505
M27×3	23.752	M72×6	65.505
M30×3.5	26.211	M76×6	69.505
M36×4	31.670	M80×6	73.505
M42×4.5	37.129	M90×6	83.505
M48×5	42.587	M100×6	93.505
M55×5.5	50.046	—	—

为了地脚螺栓易于安放，而且考虑混凝土基础的强度，地脚螺栓的间距一般约为 450mm，最小为 300mm。

地脚螺栓数量一般是 4 的倍数，且不少于 8 个，对于小直径且高度较低的塔器可取 6 个，推荐的地脚螺栓数量选择范围见表 7-22。

表 7-22　裙座地脚螺栓数量选择范围

裙座底部直径 D/mm	600	700	800	900	1000	1100	1200	1300	1400	1500	1600
最少个数 N_{min}	4			8						12	
最多个数 N_{max}	8			12				16			
裙座底部直径 D/mm	1800	2000	2200	2400	2600	2800	3000	3200	3400	3600	3800
最少个数 N_{min}	12			16					20		
最多个数 N_{max}	16	20					24		28		
裙座底部直径 D/mm	4000	4200	4400	4600	4800	5000	5200	5400	5600	5800	6000
最少个数 N_{min}	20	24					28				
最多个数 N_{max}	28	32					36				

(6) 保温层

塔的操作温度较高时，塔体与裙座间的温度差会引起不均匀膨胀，使裙座与封头的连接焊缝受力情况恶化，因此须对裙座加以保温。一般塔体的保温延伸到裙座与塔釜封头的连接焊缝以下 4 倍保温层厚度的距离为止。

(7) 静电接地板

塔设备内的介质在流动过程中会产生静电，静电放电时的火花如遇到易燃易爆介质即会引起火灾或爆炸。因此根据安全规范的规定，应在塔底裙座地脚螺栓座的筋板上设置静电接地板，静电接地板的材料为 0Cr18Ni9，厚度为 5mm。

7.5　压力容器用检查孔

7.5.1　检查孔分类及其结构

为方便对设备内部进行检修、安装或拆卸设备内部构件，常常需要在设备上设置检查孔。检查孔包括人孔和手孔，当设备直径较大时，根据需要应设置人孔，当设备直径较小时，设置手孔。检查孔一般装在设备的顶部或侧面。

(1) 设备上开设检查孔的要求

设备开设检查孔的最少数量与最小尺寸见表 7-23。

表 7-23　设备上开设检查孔的要求

容器内径 DN/mm	检查孔最少数量	检查孔最小尺寸/mm	
		人孔	手孔
$300<DN\leqslant500$	手孔 2 个	—	ϕ75 或长圆孔 75×50
$500<DN\leqslant1000$	人孔 1 个或手孔 2 个(当容器无法开人孔时)	ϕ400 或长圆孔 400×250、380×280	ϕ100 或长圆孔 100×80
$DN>1000$			ϕ150 或长圆孔 150×100

下列压力容器可不开设检查孔：

① 筒体内径小于等于 300mm 的压力容器；

② 压力容器上设有可拆卸的封头、盖板等零件，其尺寸不小于所规定检查孔的尺寸；

③ 无腐蚀性或轻微腐蚀，不需做内部检查和清理的压力容器；

④ 制冷装置用压力容器；

⑤ 换热器。

（2）检查孔的基本结构

人孔与手孔的基本结构相似，大小不同。图 7-26 为最简单的常压人孔、手孔的基本结构图，它由短筒体、法兰、孔盖、手柄、垫片及若干螺栓、螺母所组成，短筒体则焊于设备上。

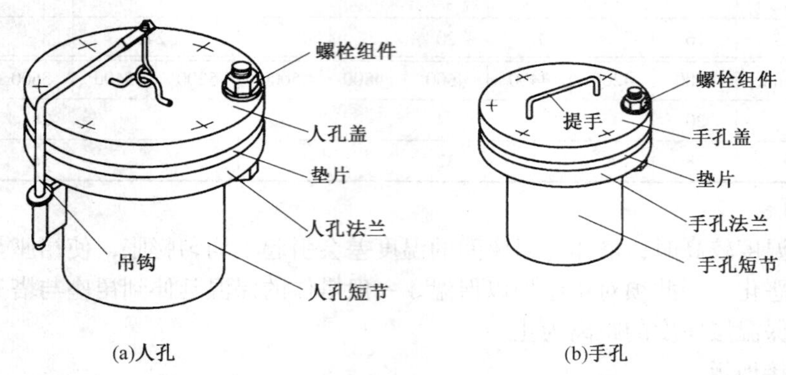

图 7-26　人孔、手孔的结构组成

7.5.2　压力容器用人孔和手孔

人孔和手孔已经标准化，所用标准为 HG/T 21514～21535—2005《钢制人孔和手孔》，设计时可以依据设计条件直接选用。

HG/T 21514—2005《钢制人孔和手孔的类型与技术条件》规定有 13 种人孔类型和 8 种手孔类型。人孔的名称、标准号及适用范围见表 7-24，手孔的名称、标准号及使用范围见表 7-25。

表 7-24　压力容器用人孔标准（摘自 HG/T 21514—2005）

人孔类型		标准号	使用范围			备注
			密封面形式	公称直径 DN/mm	公称压力 PN/MPa	
常压人孔	常压人孔	HG/T 21515—2005	FF	400、450、500、600	常压	
	常压旋柄快开人孔	HG/T 21525—2005	GF	400、450、500		
非常压人孔	回转盖板式平焊法兰人孔	HG/T 21516—2005	RF	400、450、500、600	0.6	回转盖式
	回转盖带颈平焊法兰人孔	HG/T 21517—2005	RF、MFM、TG	400、450、500、600	1.0～1.6	
	回转盖带颈对焊法兰人孔	HG/T 21518—2005	RF、MFM、TG、RJ	400、450、500、600	2.5～6.3	
	椭圆形回转盖快开人孔	HG/T 21526—2005	FS	450×350	0.6	
	回转拱盖快开人孔	HG/T 21527—2005	FS、TG	400、450、500	0.6	
	垂直吊盖板式平焊法兰人孔	HG/T 21519—2005	RF	450、500、600	0.6	吊盖式
	垂直吊盖带颈平焊法兰人孔	HG/T 21520—2005	RF、MFM、TG	450、500、600	1.0～1.6	
	垂直吊盖带颈对焊法兰人孔	HG/T 21521—2005	RF、MFM、TG	450、500、600	2.5～4.0	
	水平吊盖板式平焊法兰人孔	HG/T 21522—2005	RF	450、500、600	0.6	
	水平吊盖带颈平焊法兰人孔	HG/T 21523—2005	RF、MFM、TG	450、500、600	1.0～1.6	
	水平吊盖带颈对焊法兰人孔	HG/T 21524—2005	RF、MFM、TG	450、500、600	2.5～4.0	

注：表中密封面代号意义：FF—全平面；GF—槽平面；RF—凸面；MFM—凹凸面；TG—榫槽面；FS—平面；RJ—环连接面。

表 7-25 压力容器用手孔标准(摘自 HG/T 21514—2005)

手孔类型		标准号	使用范围		
			密封面形式	公称直径 *DN*/mm	公称压力 *PN*/MPa
常压手孔	常压手孔	HG/T 21528—2005	FF	150、250	常压
	常压快开手孔	HG/T 21533—2005	GF	150、250	
非常压手孔	板式平焊法兰手孔	HG/T 21529—2005	RF	150、250	0.6
	带颈平焊法兰手孔	HG/T 21530—2005	RF、MFM、TG	150、250	1.0~1.6
	带颈对焊法兰手孔	HG/T 21531—2005	RF、MFM、TG、RJ	150、250	2.5~6.3
	回转盖带颈对焊法兰手孔	HG/T 21532—2005	RF、MFM、TG、RJ	150、250	0.6
	旋柄快开手孔	HG/T 21534—2005	TG	150、250	0.6
	回转盖快开手孔	HG/T 21535—2005	FS、TG	150、250	0.6

注：表中密封面代号意义：FF—全平面；GF—槽平面；RF—凸面；MFM—凹凸面；TG—榫槽面；FS—平面；RJ—环连接面。

(1) 人孔和手孔的选型步骤

① 根据工作压力、公称直径 *DN* 和安装位置，初步确定人孔类型和公称压力 *PN*；

② 根据工作温度、介质腐蚀情况和特殊要求，选取人孔材料；

③ 根据人孔类型、材料、工作温度，确定最高无冲击工作压力[*p*]，使[*p*]大于等于最高工作压力且接近，否则需重新选取材料或公称压力 *PN*，直至满足要求；

④ 根据法兰类型、工作条件和密封要求，确定密封面形式；

⑤ 根据法兰类型、公称压力 *PN*、公称直径 *DN* 和密封面形式，确定人孔各部分的尺寸和质量。

(2) 标准人孔和手孔在装配图上的画法及尺寸标注

人孔为标准件，在装配图上作为一个部件整体只编一个件号。画图时大都采用简化画法，如图 7-27 所示。标注尺寸时，要标注出人孔的定位尺寸(人孔位于顶盖时，要标出人孔分布圆半径和周向角度方位；人孔位于筒体侧面时，要标出人孔轴向定位尺寸、周向角度方位)和人孔法兰密封面至筒体外壁间的距离(图中的 *H* 尺寸)。

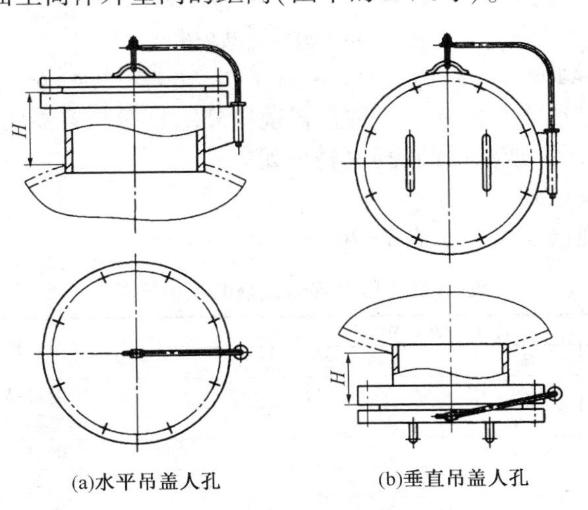

(a)水平吊盖人孔　(b)垂直吊盖人孔

图 7-27　标准人孔在装配图上的画法与尺寸标注

手孔在装配图上的画法和尺寸标注与人孔相同，如图 7-28 所示。

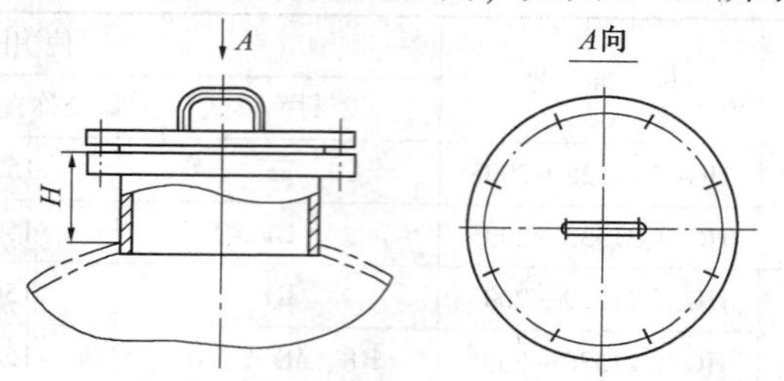

图 7-28　标准人孔在装配图上的画法与尺寸标注

7.6　视镜

视镜一般用于需要观察内部情况的压力容器(如发酵罐、反应釜)上。视镜玻璃可能与设备内部的物料接触，它除了承受工作压力之外，还应具有耐高温和耐腐蚀的能力。我国早期采用的视镜型式很多，国家能源部发布了 NB/T 47017—2011《压力容器视镜》，将现有视镜标准中涉及的多种视镜型式合并为一种标准的视镜型式。

(1) 视镜的结构组成

视镜作为标准组合部件，由视镜玻璃、视镜座、密封垫、压紧环、螺母和螺柱等组成。其基本型式如图 7-29 所示。

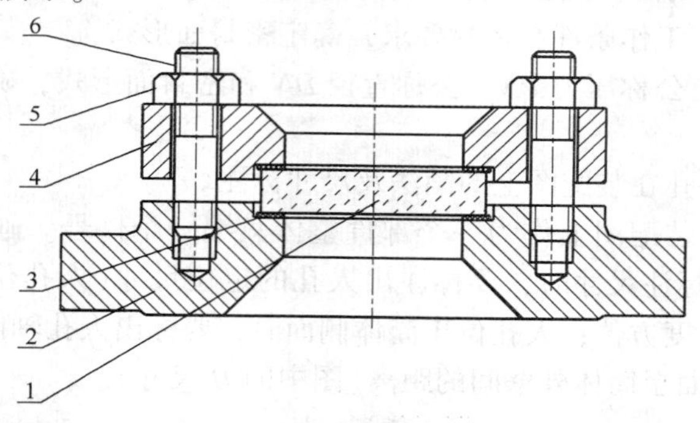

图 7-29　视镜的结构组成

1—视镜玻璃；2—视镜座；3—密封垫；4—压紧环；5—螺母；6—双头螺柱

视镜与容器的连接形式有两种：一种是视镜座外缘直接与容器的壳体或封头相焊；另一种是视镜座由配对管法兰(或法兰凸缘)夹持固定。

(2) 视镜的规格及系列

压力容器视镜的规格及系列见表 7-26。

表 7-26　压力容器视镜的规格及系列

公称直径 DN/mm	公称压力 PN/MPa 0.6	1.0	1.6	2.5	射灯组合形式	冲洗装置
50	—	√	√	√	不带射灯结构 非防爆型射灯结构	不带冲洗装置
80		√	√	√		
100		√	√	√	不带射灯结构	
125	√	√	√	—	非防爆型射灯结构	带冲洗装置
150	√	√	√		防爆型射灯结构	
200	√	√	—			

注：“—”代表无此规格，“√”代表有此规格。

(3) 视镜的冲洗装置

根据需要可以选配冲洗装置(见图 7-30)，用于视镜玻璃内侧的喷射清洗。

(4) 带射灯视镜

如图 7-31 所示，视镜压紧环上均布设有 4 个 M6 螺栓孔，用螺钉将射灯的铰接支架安装在视镜压紧环上。若不需安装射灯时，可用螺塞(见表 7-28 中序号 7)将螺栓孔堵死。

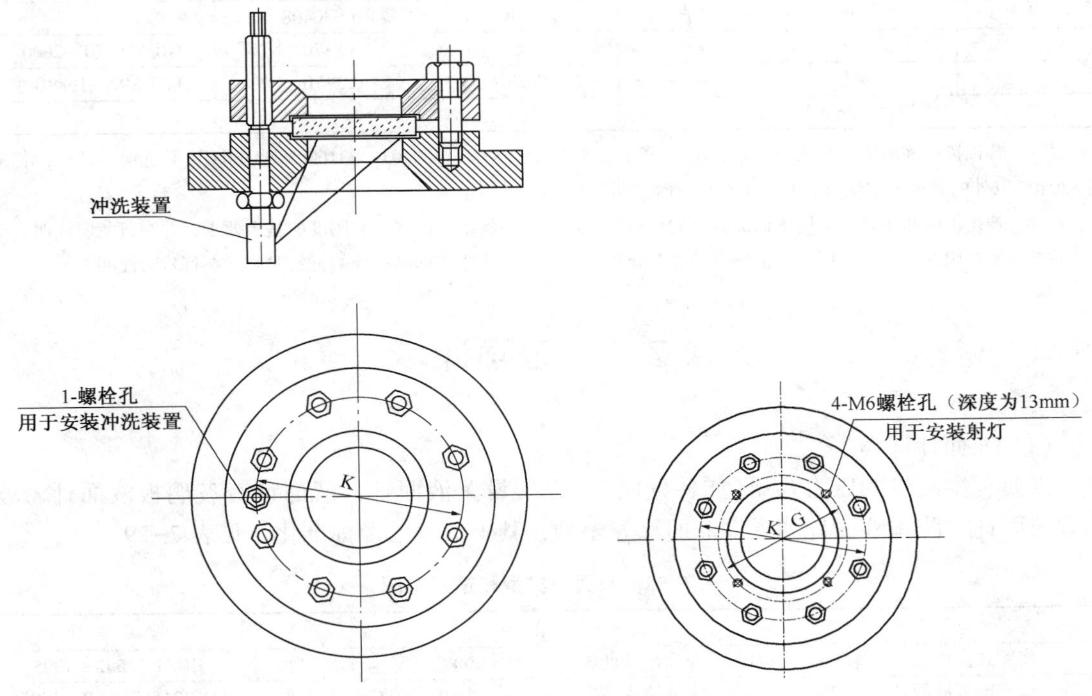

图 7-30　带冲洗装置的视镜　　　　图 7-31　视镜压紧环上射灯安装位置

与视镜组合使用的射灯分为非防爆型(SB)和防爆型(SF1、SF2)两种，当视镜单独作为光源孔时，容器需要另行安装一个不带灯视镜作为窥视孔。

视镜灯和视镜的组合见表 7-27。

表 7-27　视镜灯和视镜的组合

射灯型号	所配视镜规格 *DN*/mm		电压 V	功率 W	防护等级	防爆等级
	单独光孔	光视组合				
SB	50	80、100、125、150、200	24	50	IP65	—
SF1	100、125	150、200	24	50	IP65	EEx d ⅡC T3
SF2	100、125	150、200	24	20	IP65	EExd ⅡC T4

注 1：非防爆射灯(SB)的外壳为不锈钢材料，根据使用工况可带有按钮开关。

注 2：防爆射灯(SF1、SF2)的外壳为铸铝。供给电压 AC/DC。

注 3：若用户对射灯的参数有特别要求时，可以在订货时注明。

(5) 材料明细表

视镜标准件(见图 7-29)的材料应符合表 7-28 的规定。

表 7-28 视镜标准件材料

序号	名称	数量	材料		备注
			Ⅰ	Ⅱ	
1	视镜玻璃	1	钢化硼硅玻璃		GB/T 23259—2009
2	视镜座	1	Q245R	不锈钢(S30408 等)	—
3	密封垫	2	非石棉纤维橡胶板		HG/T 20606—2009
4	压紧环	1	Q245R	不锈钢(S30408 等)	—
5	螺母	—	8 级	A2-70	GB/T 6170—2000
6	双头螺柱	—	8.8 级	A2-70	GB/T 897—1988B 型
7	螺塞 M6	4	35		

注 1：若视镜座和压紧环采用不锈钢材料时，可直接选用 S30408、S30403、S31608、S31603 等不锈钢，其中，若选用 S30408 以外的其他不锈钢材料时，需在订货时注明。

注 2：若视镜座和压紧环采用本标准以外的材料，选用者应确保结构的强度和刚度的基本要求，并在订货时注明。

注 3：密封用的垫片材料可以根据操作条件及介质特性选用。选用本标准以外的材料时，应在订货时注明。

7.7 液面计

（1）液面计种类

需要观察液位的压力容器(如各种储罐)上要设置液面计，液面计有玻璃板液面计、玻璃管液面计、防霜液面计和磁性液面计等多种，其中部分已经标准化，见表 7-29。

表 7-29 液面计类型和适用范围

类型	适用范围	选用标准
玻璃管式液面计	PN≤1.6MPa，介质流动性较好，t=0~200℃	HG/T 21592—1995
透光式玻璃板液面计	PN≤6.3MPa，无色透明洁净液体介质，t=0~250℃	HG 21589.1~2—1995
反射式玻璃板液面计	PN4.0MPa，稍有色泽的液体介质，t=0~250℃	HG 21590—1995
磁性液面计	PN=1.6~16MPa，液体密度 ρ≥450kg/m^3，黏度 μ≤150mPa·s	HG/T 21584—1995
防霜液面计	PN≤4.0MPa，介质温度 t=-160~0℃	HG/T 21550—1993

（2）玻璃管液面计结构形式

玻璃管液面计的标准结构形式有保温型(代号 W)和不保温型(代号 D)，法兰连接面为 A 型(平面法兰)和 B 型(凸面法兰)；主体零部件材料有碳钢(代号 I)和不锈钢(代号 II)。其对外连接法兰的公称直径为 20mm。

（3）玻璃管液面计规格尺寸

玻璃管液面计规格尺寸见表 7-30，表中尺寸代号如图 7-32 所示。

表 7-30 玻璃管液面计规格尺寸

公称长度 L/mm	透光长度 L_1/mm	质量/kg	
		不保温型	保温型
500	350	7.2	8.4
600	450	7.5	8.8
800	650	7.9	9.6
1000	850	8.4	10.3
1200	1050	8.9	11.0
1400	1250	9.3	11.9

(4) 液面计的选用

① 首先应根据工作条件和环境条件，选择液面计的类型。

② 根据被测介质液位高低和液位变化情况，选择液面计长度；如果液位高度太大或液位变化范围太大，用一只液面计不能满足要求，可选择两只或多只液面计，联合使用。

(5) 液面计在化工设备装配图上的画法

由于液面计是标准件，常用简化画法表示，如图 7-33(a)所示。用粗实线“+”符号、一条细点画线和下标不相同的同一字母表示液面计组件。如果一台设备上联合使用多只液面计测量液位时，液面计之间应该有重叠，如图 7-33(b)所示。

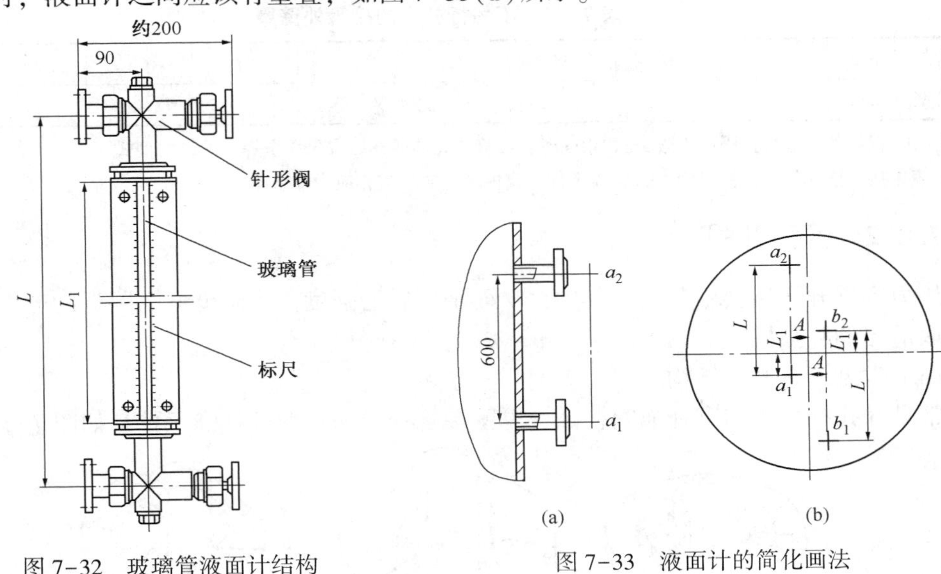

图 7-32　玻璃管液面计结构

图 7-33　液面计的简化画法

7.8　化工容器的开孔与补强

化工容器壳体上的开孔应为圆形、椭圆形或长圆形。开设后两种孔时，孔的长径与短径之比应不大于 2.0。在椭圆或碟形封头的过渡部分开孔时，其孔的中心线宜垂直于封头表面。

7.8.1　开孔尺寸

(1) 压力容器上的开孔范围

根据 GB 150—2010《固定式压力容器》规定，按等面积补强准则进行补强时，压力容器壳体开孔尺寸不得超出见表 7-31 的限制范围。若开孔直径超出表 7-31 的范围，应按特殊开孔处理。

表 7-31　压力容器开孔尺寸范围

开孔部位	允许开孔直径 d
筒体	$D_i \leqslant 1500$mm 时，$d \leqslant D_i/2$，且 $\leqslant 520$mm
	$D_i > 1500$mm 时，$d \leqslant D_i/3$，且 $\leqslant 1000$mm
凸形封头或球壳	$d \leqslant D_i/2$
锥壳或锥形封头	$d \leqslant D_k/3$（D_k 为开孔中心处锥壳内直径）

注：D_i—壳体内直径；d—考虑腐蚀后的开孔直径。

（2）不另行补强的最大开孔直径

根据GB150—2010，如果壳体开孔同时满足下列三个条件时，可以不另行补强。

① 设计压力小于或等于2.5MPa。

② 两相邻开孔中心的间距(对曲面间距以弧长计算)应不小于两孔直径之和；对于三个或以上相邻开孔，任意两孔中心的间距(对曲面间距以弧长计算)应不小于两孔直径之和的2倍。

③ 接管外径小于或等于89mm，接管壁厚满足表7-32要求。

表7-32 不另行补强的接管外壁厚

接管外径/mm	25	32	38	45	48	57	65	76	89
接管壁厚/mm	≥3.5			≥4.0		≥5.0		≥6.0	

注：1. 钢材的标准抗拉强度下限≥540MPa时，接管与壳体的连接宜采用全焊透的结构型式。

2. 表中接管壁厚的腐蚀裕量为1mm，需要加大腐蚀裕量时，应相应增加壁厚。

7.8.2 开孔补强

压力容器开孔后会引起应力集中，从而削弱容器强度。为降低开孔附近的应力集中，必须采取适当的补强措施。

（1）常见开孔补强结构

常见开孔补强结构有补强圈补强、厚壁接管补强和整锻件补强三种，如图7-34所示。

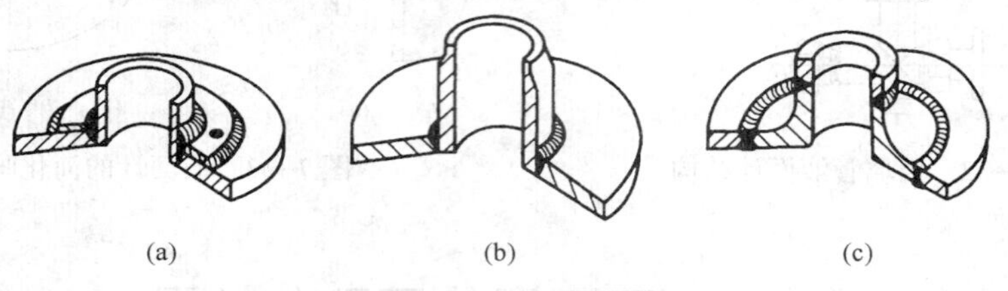

图7-34 补强结构

① 补强圈补强结构　如图7-34(a)所示。补强圈补强是在开孔周围焊上一块圆环状金属(补强圈)来补强，这种结构广泛用于中低压容器，目前执行的标准为JB/T 4736—2002《补强圈》。补强圈的材料一般与器壁相同，厚度需经计算，当计算值小于器壁厚度时，一般取与器壁厚度相等。补强圈与壳体之间应很好地贴合，焊接质量可靠，使其与壳体同时受力，否则起不到补强的作用。为了检验焊缝的紧密性，补强圈上开有一个M10的小螺纹孔，并从这里通入压缩空气，在补强圈与器壁的连接焊缝处涂抹肥皂水，如果焊缝有缺陷，就会在该处吹起肥皂泡。

补强圈补强的适用范围：

a. 容器的设计压力小于6.4MPa；

b. 容器设计温度不大于350℃；

c. 容器壳体材料的标准抗拉强度下限值不超过540MPa，以免出现焊接裂纹；

d. 补强圈的厚度不超过补强壳体的名义壁厚的1.5倍；

e. 被补强壳体的名义壁厚不大于38mm。

② 补强管补强结构　如图7-34(b)所示，厚壁管补强结构是在壳体与接管之间焊上一段厚壁加强管。加强管处于最大应力区域内，因此能有效地降低开孔周围的应力集中因数。

常用于低合金钢容器或某些高压容器。

③ 整体锻件补强结构　如图 7-34(c)所示，整体锻件补强结构的补强区更集中于应力集中区，能最有效地降低应力集中因数，而且全部焊接接头采用对接焊缝，易探伤，易保证质量，这种补强结构的抗疲劳性能最好，疲劳寿命仅降低 10%～15%。缺点是锻件供应困难，制造烦琐，成本较高。常用于 $\sigma_b \geqslant 540$MPa 级的钢板制作的容器上及受低温、高温、反复载荷的大直径开孔容器、高压容器、核容器上等。

(2) 补强圈在装配图上的画法

补强圈在装配图上的画法如图 7-35 所示。补强圈与壳体(接管)间的焊接结构一般以局部放大的形式表示出来。

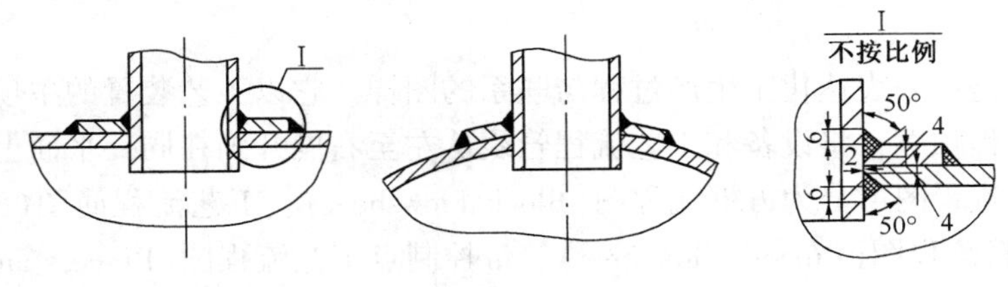

图 7-35　补强圈在装配图上的画法

8 工艺流程图和化工设备图

8.1 工艺流程图

工艺流程图是用来表达化工生产过程与联系的图样。它以工艺装置的主项为单元进行绘制，按照工艺流程顺序，将设备和工艺流程管线从左至右展开画在同一平面上。根据不同的设计阶段，工艺流程图可分为方框流程图(Block Flowsheet)、工艺流程简图(Simplified Flowsheet)、工艺物料流程图(Process Flowsheet)、带控制点工艺流程图(Process and Control Flowsheet)和管道仪表流程图(Piping and Instrument Diagram)等。方框流程图是在工艺路线选定后对工艺流程进行概念性设计时完成的一种流程图，不编入设计文件；工艺流程简图是一种半图解式的工艺流程示意图，仅供化工计算时使用，也不列入设计文件；工艺物料流程图和带控制点工艺流程图列入初步设计阶段的设计文件中；管道仪表流程图列入施工图设计阶段的设计文件中。

化工原理课程设计要求绘制带控制点的工艺流程图。这里仅介绍工艺流程图中设备、管道、管件阀门、仪表等的图形符号及标注方法和带控制点的工艺流程图的内容。

8.1.1 工艺流程图中设备的画法与标注

(1) 根据流程从左至右用细实线画出能反映设备形状、结构特征的轮廓示意图，常用设备的参考图例见表 8-1。一般设备取相对比例，允许实际尺寸过大的设备适当取缩小比例，实际尺寸过小的设备可适当取放大比例。有位差要求的设备，应示意出其相对高度位置。

(2) 对工艺有特殊要求的设备内部构件应予表示。例如板式塔应画出有物料进出的塔板位置及自下往上数的塔板总数；容器应画出内部挡板及破沫网的位置；反应器应画出反应器内床层数；填料塔应表示填料层、气液分布器、集液箱等的数量及位置。

(3) 流程图中每个工艺设备都应编写设备位号，并注写设备名称。设备位号的编写方法见图 8-1。第一个字母是设备分类代号，用设备名称的英文单词的第一个字母表示，各类设备的分类代号见表 8-1。在设备分类代号之后是四位数字组成，第 1、2 位数字是设备所在的工段(或车间)代号，第 3、4 位数字是设备的顺序编号。设备位号在整个系统内不得重复，且在所有工艺流程图上均须一致，如有数台相同设备，则在其后加大写英文字母，称为相同设备尾号。

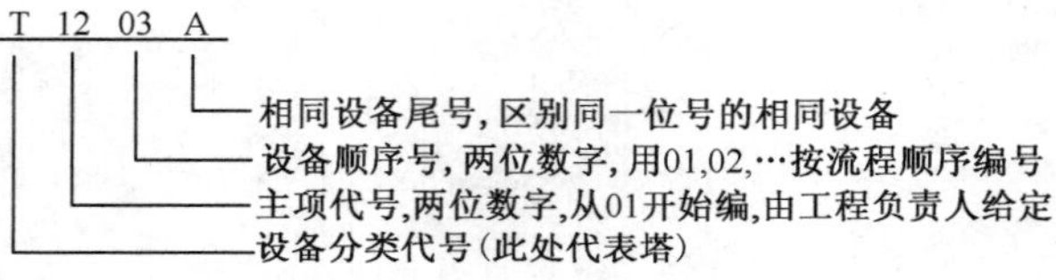

图 8-1 设备位号的编写方法

表 8-1　工艺流程图中化工设备图例

类别	代号	图　例
塔	T	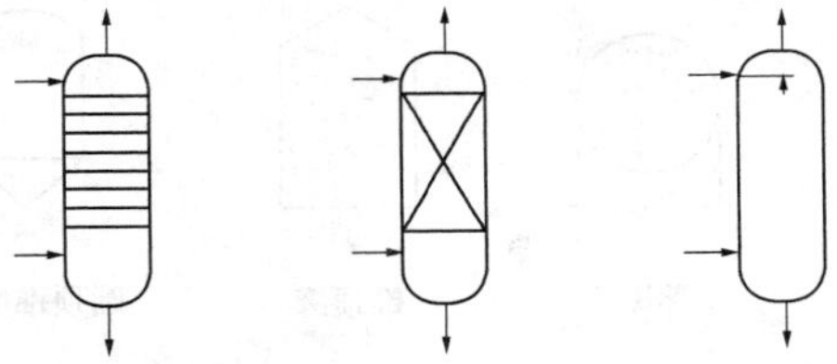 板式塔　填料塔　喷洒塔
反应器	R	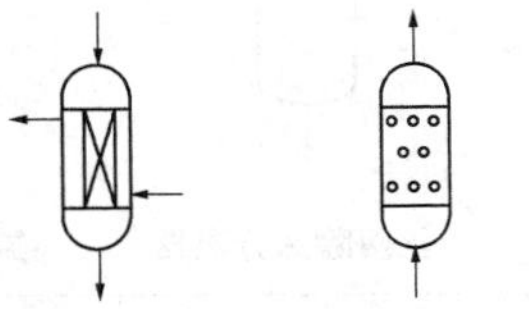 固定床反应器　列管式反应器　流化床反应器
换热器	E	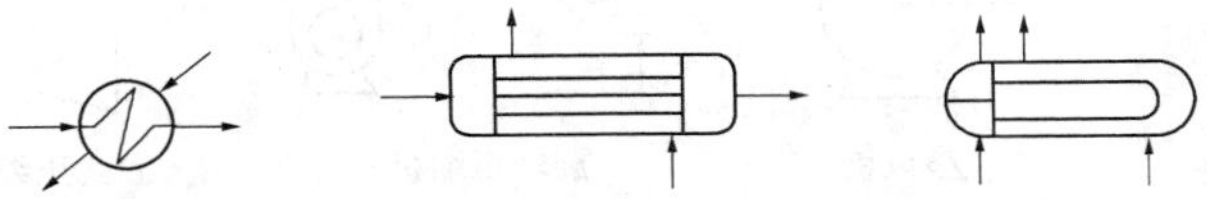 换热器（简图）　固定管板式列管换热器　浮头式列管换热器 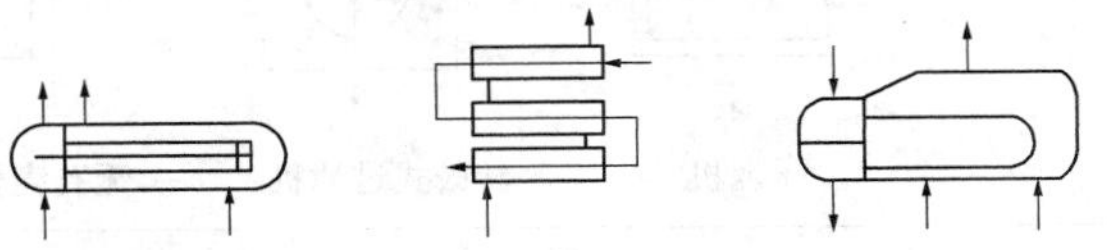　U形管式换热器　套管式换热器　釜式换热器
工业炉	F	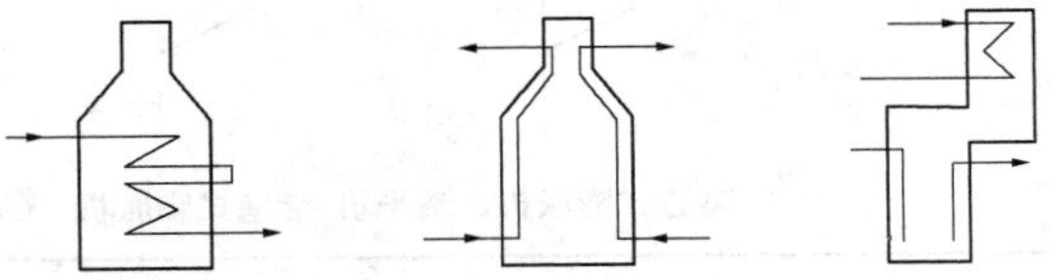 圆筒炉　圆筒炉　箱式炉
泵	P	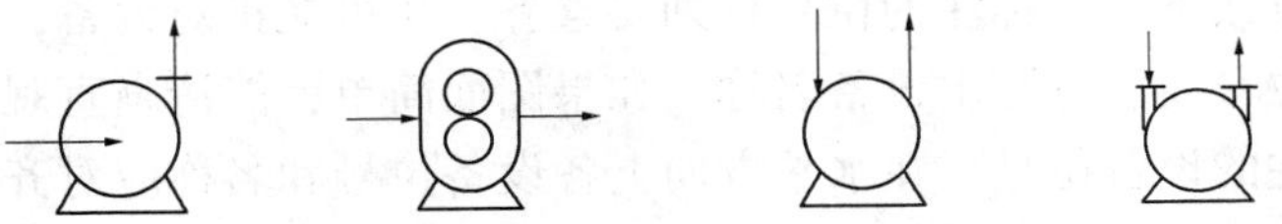 离心泵　旋转泵、齿轮泵　水环式真空泵　漩涡泵 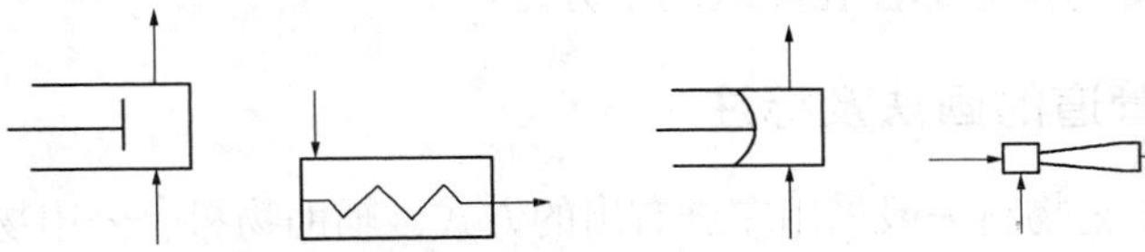　往复泵　螺杆泵　隔膜泵　喷射泵

续表

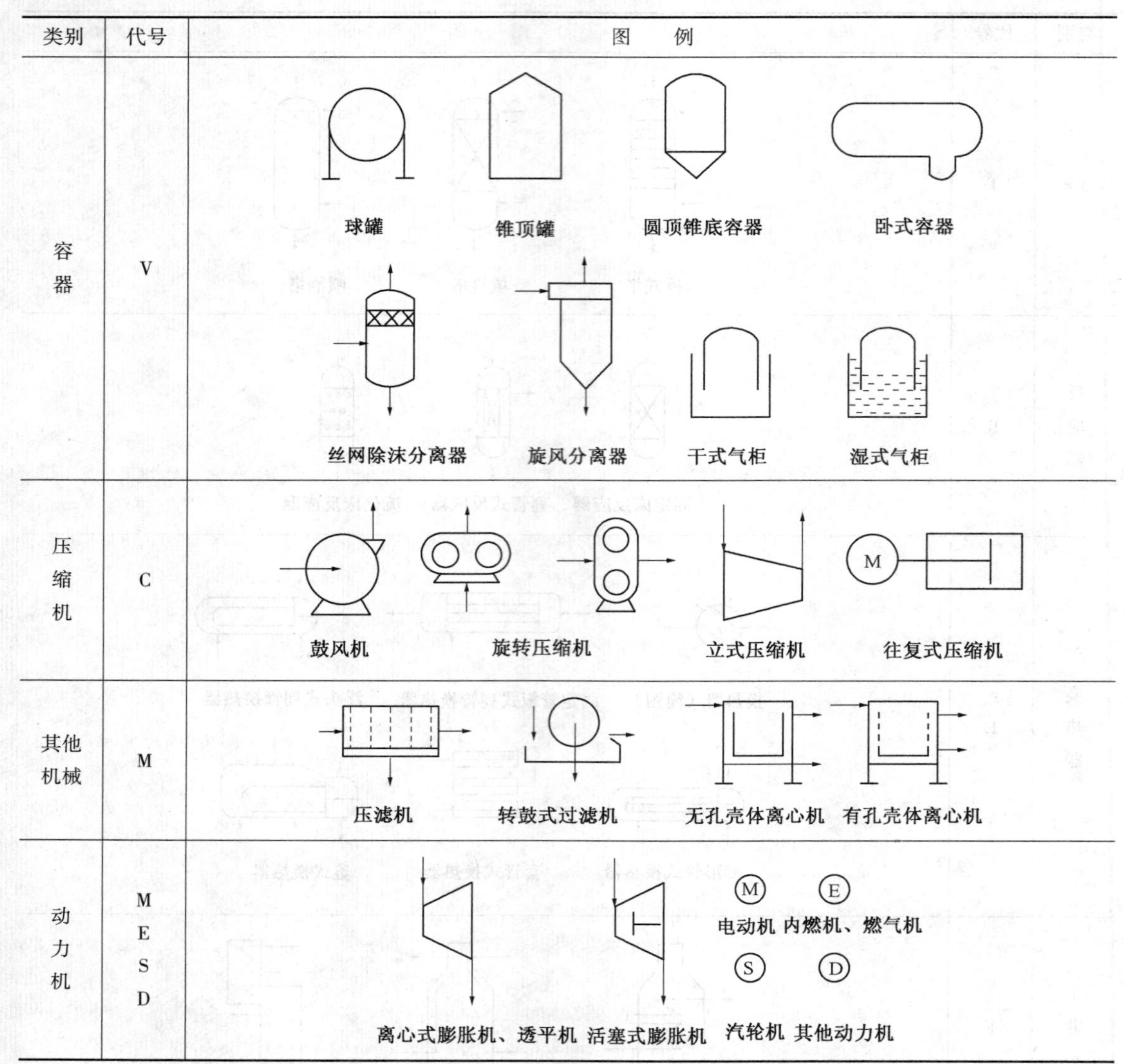

(4)设备标注的方法　设备位号应在两个地方进行标注。第一处设备位号标注在设备旁，此处在设备位号线上方标注设备位号，不标注设备名称。第二处设备位号标注在设备对应位置的上方或下方，标注的位号排列要整齐，尽可能正对设备，在设备位号线上方写出设备位号，在位号线下方写出设备名称。如果图面简单，能清晰直观并不会造成误解，可以省去第一处标注的设备位号。在水平方向上各设备位号和名称应对齐注成两行，分别在图纸的上方或下方。在图纸同一高度方向出现两个设备图形时，将偏上方的设备位号标注在图纸上方，另一个设备的位号标注在图纸的下方。

8.1.2　管道的画法及标注

流程图中工艺物料一般采用左进右出的方式，辅助物料、公用物料连接管不受左进右出的限制，而以就近、整齐安排为宜。进出装置或进出另一张图的管道一般画在流程的始末端，用空心箭头表示，并注明物料的名称及其来源或去向。工艺流程中不同物料的代号见表 8-2。

表 8-2 常用(部分)物料代号

物料代号	物料名称	物料代号	物料名称	物料代号	物料名称	物料代号	物料名称
A	空气	FG	燃料气	MS	中压蒸汽	S	蒸汽
AM	氨	FO	燃料油	NG	天然气	SL	密封液
BD	排污	FT	熔盐	N	氮气	SO	密封油
BR	盐卤水	GO	填料油	OX	氧气	SU	污泥
BW	锅炉给水	H	氢气	PA	工厂空气	SW	密封水
CA	碱，碱液	HA	盐酸	PG	工艺气体	TW	处理后废水
CW	冷却水	HS	高压蒸汽	PL	工艺液体	VE	真空排放气
DR	排液、排水	HW	热水	PW	精制水	VG	放空气体
DW	引用水	IA	仪表空气	R	冷冻剂	W	水
ES	排出蒸汽	LO	润滑油	RO	原料油	WG	废气
F	火炬排放气	LS	低压蒸汽	RAW	雨水	WS	废油

流程图中的各设备之间的主要工艺物料流程管线均用粗实线画出，并用箭头标出流动方向；辅助物料和公用工程的流程管线用中实线画出，并注明物料名称及其流向。仪表管线、伴管、夹套管线及其他辅助线用细实线画出。

流程管线尽量画成水平线或垂直线，不用斜线。若斜线不可避免时，应只画出一小段，保持图面整齐。绘图时应尽量注意避免穿过设备或使管道交叉，不能避免时，应将其中一根管道断开一段，断开处的间隙应为线粗的 5 倍左右。

8.1.3 阀门与管件的表示方法

在带控制点的工艺流程图中，要画出管道上的阀门、异径管等管件，法兰、弯头、三通等一般管件不画。常用的管件和阀门图例见表 8-3。

表 8-3 工艺流程图中常用管件和阀门图例

名　称	符　号	名　称	符　号	名　称	符　号
截止阀		止回阀		疏水阀	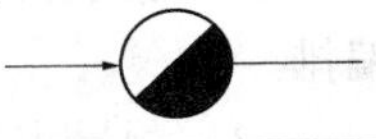
闸阀		角式截止阀	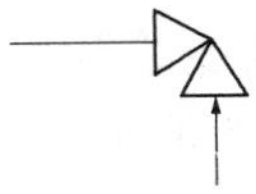	放空帽(管)	帽　管
球阀	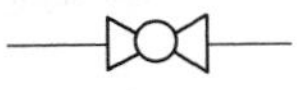				
节流阀		三通旋塞阀	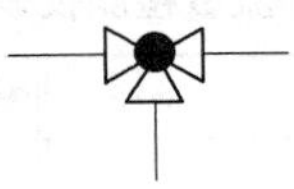	同心异径管	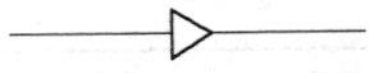
隔膜阀				视镜	
蝶阀	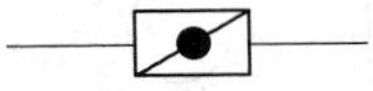	弹簧式安全阀	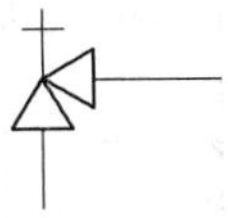	喷淋管	
减压阀	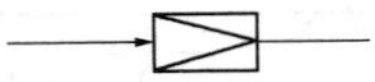			Y 形过滤器	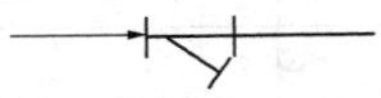
旋塞阀		喷射器	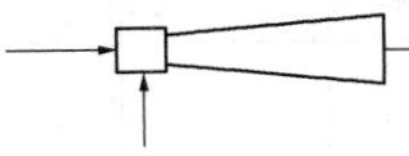	T 形过滤器	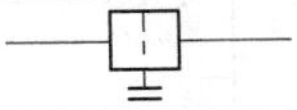
直流截止阀	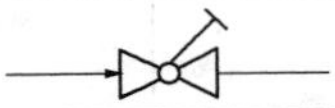			锥形过滤器	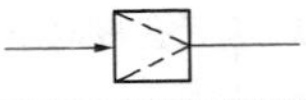

8.1.4　仪表控制点的表示方法

（1）仪表的功能代号

仪表的功能代号由1个首位字母和1~3个后继字母组成，第一个字母表示被测变量，后继字母表示读出功能、输出功能。仪表的字母代号见表8-4。

表8-4　表示被测变量和仪表功能的字母代号

字母	首位字母		后继字母功能	字母	首位字母		后继字母功能
	被测变量	修饰词			被测变量	修饰词	
A	分析		报警	N	供选用		供选用
B	烧嘴、火焰		供选用	O	供选用		节流孔
C	电导率		控制	P	压力、真空		连接或测试点
D	密度	差		Q	数量	积算、累计	
E	电压(电动势)		检测元件	R	放射		记录或打印
F	流量	比率(比值)		S	速度、频率	安全	开关、连锁
G	毒性气体或可燃气体		视镜、观察	T	温度		传送(变送)
H	手动			U	多变量		多功能
I	电流		指示	V	黏度		阀、风门
J	功率	扫描		W	重量、力		套管
K	时间或时间程序	变化速率	操作器	X	未分类	X轴	未分类
L	物位		指示灯	Y	事件、状态	Y轴	继动器、计算器
M	水分或湿度	瞬动		Z	位置、尺寸	Z轴	驱动器、执行元件

（2）仪表位号

仪表位号由字母代号和阿拉伯数字编号组成。仪表位号中的第一个字母表示被测变量，后续字母表示仪表的功能。数字编号可按装置或工段进行编制，按工艺要求自左至右顺序编排。

（3）测量点图形符号

测量点图形符合一般可用细实线绘制。检测、显示、控制等仪表图形符号用直径约为10mm的细实线圆圈表示，如表8-5所示。

表8-5　流量检测仪表和检出元件的图形符号

序号	名称	图形符号	备注	序号	名称	图形符号	备注
1	孔板			4	转子流量计		圆圈内应标注仪表位号
2	文丘里管及喷嘴			5	其他嵌在管道中的检测仪表		圆圈内应标注仪表位号
3	无孔板取压接头			6	热电偶		

(4) 仪表安装位置的图形符号

监控仪表的图形符号在带控制点工艺流程图上用规定图形和细实线画出，如常规仪表图形为圆圈，DCS 图形由正方形与内切圆组成，控制计算机图形为正六边形等。仪表安装位置的图形符号见表 8-6。

表 8-6　仪表安装位置的图形符号

项　　目	现场安装	控制室安装	现场盘装
单台常规仪表			
DCS			
计算机功能			
可编程逻辑控制			

(5) 仪表位号的标注

在仪表图形符号上半圆内，标注被测变量、仪表功能的字母代号，下半圆内标注数字编号，如图 8-2 所示。

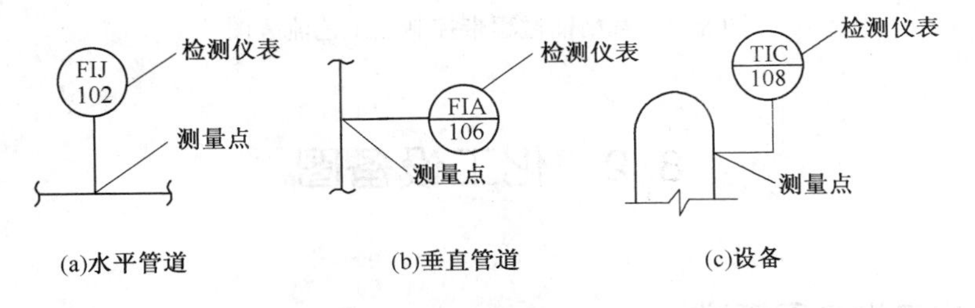

图 8-2　检测仪表的图示与标注

8.1.5　带控制点的工艺流程图

在初步设计阶段，除了完成工艺计算，确定工艺流程以外，还应确定主要工艺参数的控制方案，所以初步设计阶段在提交物料流程图的同时，还要提交带控制点的工艺流程图。在绘制工艺流程图时，工艺物料管道用粗实线，辅助物料管道用中粗实线，其他用细实线。图纸和表格中所有文字写成长仿宋体。

在带控制点的工艺流程图中，一般应画出所有工艺设备、工艺物料管线、辅助管线、阀门、管件以及工艺参数(温度、压力、流量、液位、物料组成、浓度等)的测量点，并表示出自动控制方案。它是由工艺专业人员和自控专业人员合作完成的。

通过带控制点的工艺流程图，可以比较清楚的了解设计的全貌。图 8-3 是一个带控制点工艺流程图实例。

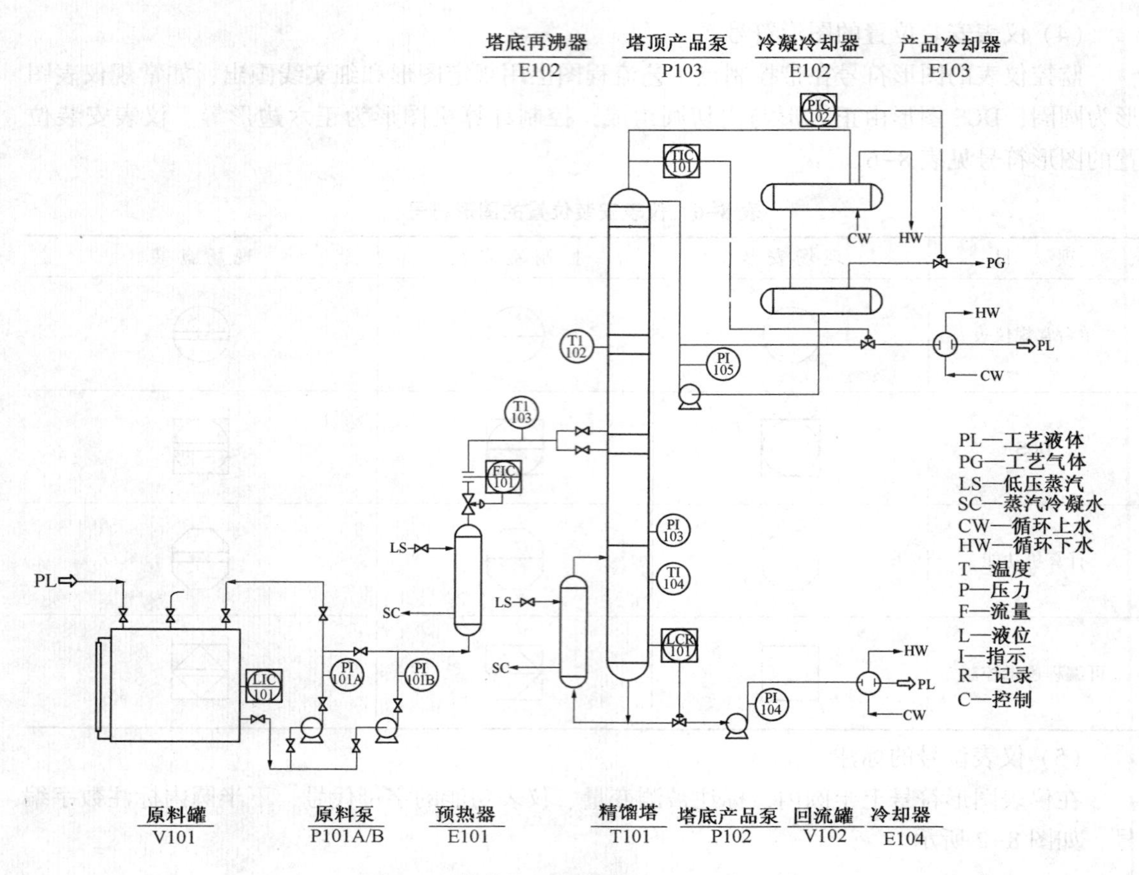

图 8-3 某精馏过程带控制点工艺流程图

8.2 化工设备图

8.2.1 化工设备图概述

化工设备图是表示化工设备的形状、大小、结构、性能和制造、安装等技术要求的图样。常用的图样有化工设备总图、装配图、部件图、零件图、管口方位图、表格图及预焊接件图。作为施工设计文件的还有工程图、标准图(或通用图)。

(1) 总图

表示化工设备以及附属装置的全貌、组成和特性的图样，它应表达设备各主要部分的结构特征、装配连接关系、主要特征尺寸和外形尺寸，并写明技术要求、技术特性等技术资料。如果装配图能体现总图的内容，且不影响装配图的清晰时，可以不画总图。

(2) 装配图

表示化工设备的全貌、组成和特性的图样，它表达设备各主要部分的结构特征、装配和连接关系、特征尺寸、外形尺寸、安装尺寸及对外连接尺寸等，并写明技术要求和技术特性等技术资料。对于不绘制总图的设备，装配图必须包括总图应表达的内容。

(3) 部件图

表示可拆或不可拆部件的结构、尺寸，以及所属零部件之间的关系、技术要求和技术特性等资料的图样。

(4) 零件图

表示化工设备零件的形状、尺寸、加工，以及热处理和检验等资料的图样。

(5) 管口方位图

表示化工设备上管口、支耳、吊耳、人孔吊柱、板式塔降液板、换热器折流板缺口位置；地脚螺栓、接地板、梯子及铭牌等方位的图样。管口一般采用单线条示意画法，其管口符号、大小、数量均应与装配图上的管口表中的表达一致。

(6) 表格图

对于那些结构形状相同，尺寸大小不同的化工设备、部件、零件(主要是零部件)，用综合列表方式表达各自的尺寸大小的图样。

(7) 预焊件图

表示设备外壁上保温、梯子、平台、管线支架等安装前在设备外壁上需预先焊接的零件的图样。

(8) 标准图

指国家有关主管部门和各设计单位编制的标准化或系列化设备、部件或零件的图样。

化工原理课程设计要求学生根据设计内容，绘制一张所设计单元操作设备的装配图。

8.2.2 化工设备装配图的绘制要求

(1) 图纸幅面和图框格式

图纸幅面应优先采用表 8-7 所规定的基本幅面。化工设备图的图纸幅面可选用 A0、A1、A2、A3、A4，必要时可以按规定加长幅面。化工原理课程设计中绘制的化工设备装配图一般采用 A1，其尺寸为 594mm×841mm。

表 8-7 图纸基本幅面及图框尺寸 mm

幅面代号	幅面尺寸	周边尺寸	
	$b \times l$	a	c
A0	841×1189	25	10
A1	594×841		
A2	420×594		
A3	297×420		5
A4	210×297		

在图纸上必须用粗实线画出图框，其格式有不留装订边和留装订边两种，但同一套图样只能采用一种格式。为了方便图纸保存，多用带装订边的图纸，其图框格式如图 8-4 所示，尺寸按表 8-7 的规定。

(2) 绘图比例

图样中图形与实物相应要素的线性尺寸之比，称为图形的比例。每张图样都要标注出所画图形采用的比例。绘图时，应优先选用表 8-8“优先选择系列”中的比例，必要时，也允

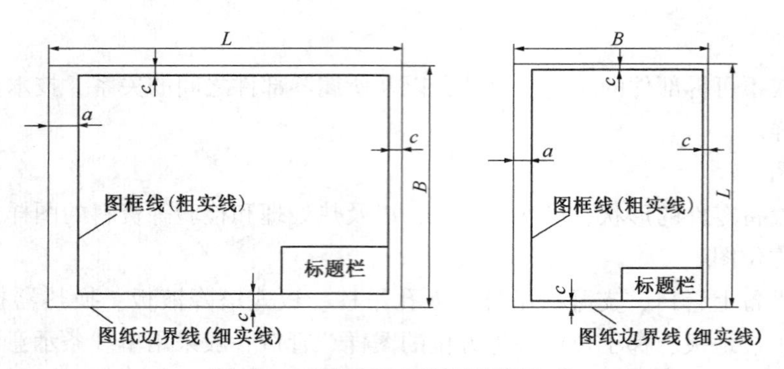

图 8-4　带装订边图纸的图框格式

许选用“允许选择系列”中的比例。

同一张图样上，若各图采用的比例相同时，在标题栏的比例栏内注明所用的比例即可，若部分图形(如局部放大图、斜视图、剖视图)的比例与标题栏中所注的比例不同时，必须另行标注该视图所用的比例。当上述图形不按比例时，应注明“不按比例”字样。应特别注意，图形不论放大或缩小，在标注尺寸时，都应按机件的实际尺寸来标注。

表 8-8　比例系列

种　类	优先选择系列	允许选择系列
原值比例	1∶1	
放大比例	5∶1　2∶1 5×10^n∶1　2×10^n∶1　1×10^n∶1	4∶1　2.5∶1 4×10^n∶1　2.5×10^n∶1
缩小比例	1∶2　1∶5　1∶10 1∶2×10^n　1∶5×10^n　1∶1×10^n	1∶1.5　1∶2.5　1∶3　1∶4　1∶6 1∶1.5×10^n　1∶2.5×10^n 1∶3×10^n　1∶4×10^n　1∶6×10^n

注：n 为正整数。

(3) 图样上的文字、符号及代号

图样上的文字、数字和字母用来填写标题栏、明细栏、技术要求、标注尺寸等，是图样的重要组成部分。文字、数字和字母的书写要符合 GB/T 14691—1993《技术制图字体》的规定，采用下列字体。

① 汉字为仿宋体，拉丁字母(英文字母)为 B 型直体。

② 阿拉伯数字为 B 型直体 1、2、3、……。

③ 放大图序号为 B 型直体罗马数字 Ⅰ、Ⅱ、Ⅲ、……。

④ 焊缝序号为阿拉伯数字。

⑤ 焊缝符号及代号按国家标准或行业标准。

⑥ 标题放大图用汉字表示。

⑦ 剖视图、向视图符号以大写英文字母表示：如 A 向、A-A、B-B 等。

⑧ 管口符号以大写的英文字母 A、B、C、……表示。常用管口符号推荐按表 8-9 所示。同一用途、规格的管口，数量以下表 1、2、3 表示。如 $TI_{1\sim2}$、$LG_{1\sim2}$等。

表 8-9 常用管口符号

管口名称或用途	管口符号	管口名称或用途	管口符号	管口名称或用途	管口符号
手孔	H	压力计口	PI	温度计口(现场)	TI
液位计口(现场)	LG	压力变送器口	PT	裙座排气口	VS
液位开关口	LS	在线分析口	QE	裙座入口	W
液位变送器口	LT	安全阀接口	SV		
人孔	M	温度计口	TE		

8.2.3 化工设备装配图基本内容

化工设备装配图通常包含有以下内容：主图区(主视图及标注)、辅助图区(如局部放大图、剖视图、管口方位图等)、标题栏、明细表、管口表、技术特性表、技术要求等。图 8-5为化工设备装配图的布局格式。

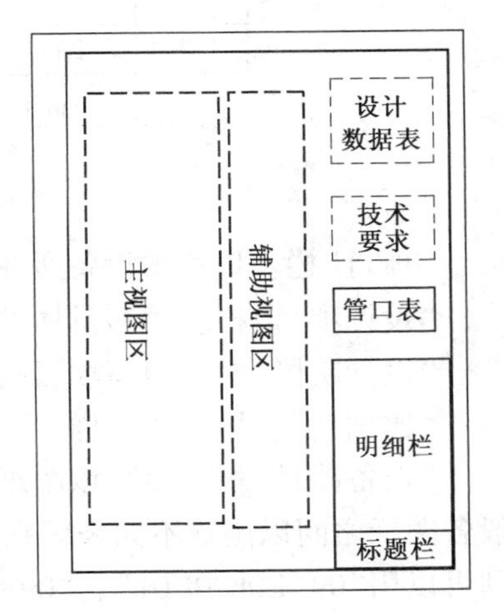

图 8-5 化工设备装配图图幅安排

8.2.3.1 主视图和辅助视图

化工设备的基本视图常采用两个视图，立式设备一般为主、俯视图；卧式设备一般为主、左(右)视图，用以表达设备的主体结构。

选择主视图时，一般按设备的工作位置选择，主视图应能充分表达设备的工作原理，主要装配关系及主要零部件的形状结构，一般采用全剖视的方法，用以表达设备上各零部件的装配关系。

主视图确定后，应根据设备结构特点，确定基本视图数量及选择其他基本视图，用以补充表达设备的主要装配关系、形状、结构。辅助视图多采用局部放大图、局部剖视图及剖视、剖面等表达方法来补充表达基本视图的不足，将设备各部分的形状结构表达清楚。

8.2.3.2 标题栏

化工设备图样中的标题栏、明细表、设计数据等，不同行业、不同单位使用的图表格式不尽相同，但所包含的内容基本上都是一致的。

(1) 标题栏格式

化工设备图样的标题栏有主标题栏和简单标题栏之分。每张图纸的右下角都必须有主标题栏，每一个部件图、零件图都必须有一个简单标题栏。标题栏的格式如图 8-6 所示，边框线型均为粗实线，其余线型均为细实线。

(2) 主标题栏的填写

“设计单位名称”栏：填写该项目设计承担单位的具体名称，如“×××设计研究院”。

“设备名称栏”：应填写具体的设备名称(如“换热器”、“精馏塔”等)，设备名称下的“×××”处应根据具体图样来选择填写“装配图”、“零部件图”、“部件图”或“零件图”。

“签名”栏：为完成人相应的亲笔签字；“签字日期”栏，应填写具体签字日期，年、月、日要写全。

“日期、地点”栏：填写该图样的设计日期和设计地点，日期填写到月即可，如“2009. 8. 郑州”。

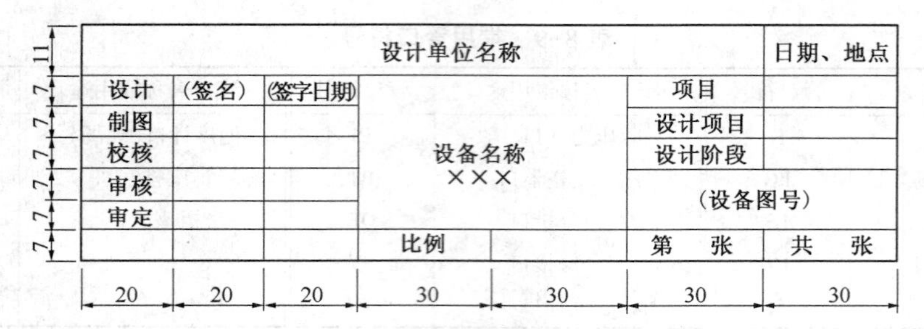

(a) 主标题栏格式

(b) 简单标题栏格式

图 8-6 标题栏格式

"项目"栏：填写本设备所在的项目名称，如"×××有限公司燃料乙醇厂"等。

"设计项目"栏：填写具体的设计工作或区段，如"合成车间"、"分馏工段"等。

"设计阶段"栏：填写项目的设计阶段，如"施工图"、"初步设计"等。

"比例"栏：填写该图样主要部分的绘制比例，如"1∶10"、"1∶20"等。

"设备图号"栏：填写该图纸的编号，如果该图纸有若干张，则各张的图号要连续，一般各图纸之间以尾数不同来区别，例如，如果装配图图号为"09-E0890-00"，其他各张图纸则可以用"09-E0890-01"、"09-E0890-02"等来表示。

(3) 简单标题栏的填写

"件号"栏：填写该零件(部件)在装配图上的编号，要一一对应。

"名称"栏：填写该零件(部件)在装配图上的名称。

"比例"栏：填写该零件(部件)主要视图的具体绘制比例，不按比例的图样，应用斜实线表示。

"所在图号"栏：填写该零件(部件)所在图样主标题栏中的图号。

"装配图号"栏：填写该零件(部件)所在装配图图样主标题栏中的图号。

8.2.3.3 明细栏

(1) 明细栏的格式

化工设备图样中明细栏的格式如图 8-7 所示。明细栏在图样中的位置如图 8-5 所示，当零(部)件的数量很多时，可以将明细栏的一部分移到标题栏的左边，并按顺序依次由下向上排列。明细栏的边框线型为粗实线，其余线型为细实线。

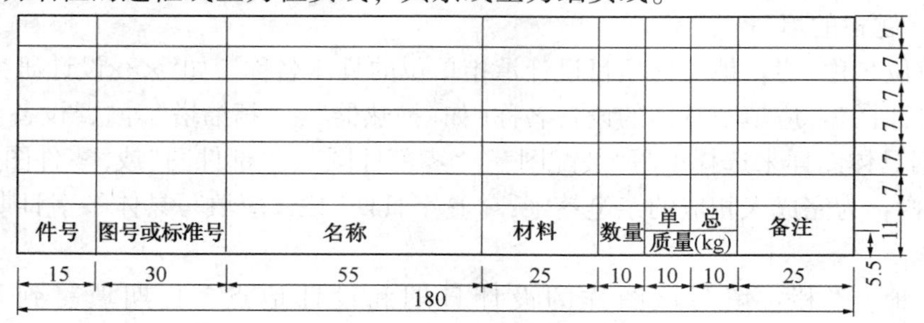

图 8-7 明细栏的格式

（2）明细栏的填写

“件号”栏：按装配图上的零(部)件编号的顺序，自下而上填写。

“图号或标准号”栏：对非标准零(部)件，填写零(部)件所在图纸主标题栏中的图号(不绘制图样的零件，此栏不填)；对标准的零(部)件，填写其标准号(当材料不同于标准件的零件时，此栏不填，只在备注栏中填写“尺寸按标准号”)。

“名称”栏：填写零、部件或外购件的名称。零、部件的名称应尽可能简短，并采用公认的术语，例如人孔、管板、筒体、封头等。标准零、部件按标准规定的标注方法填写，如封头“$DN1000 \times 10$”。不绘图的零件应在名称后列出其规格或实际尺寸，如“筒体 $DN1000 \times 10 H=2000$；接管 $\phi 57 \times 4 L=180$”等。外购零部件按有关部门规定的名称填写。

“数量”栏：填写所属零、部件及外购件的件数，应按不同情况分别填写。大量的填料、胶合剂、木材、标准的耐火砖、耐酸砖以及特殊砖等材料用 m^3 计。大面积的衬里材料，如橡胶板、石棉板、铝板、金属网等用 m^2 计。

“材料”栏：填写零件的材料名称(牌号)，对标准材料应按国家或行业标准规定标出材料的标号或名称填写。对无标准规定的材料，应按材料的习惯名称填写。对外购件和部件，此栏不填(用斜细实线表示)。但对需注明材料的外购件，此栏仍需填写。

“质量”栏：应分别填写零(部)件的单个质量和总质量，一般准确至小数点后一位，特殊的贵金属材料保留小数点的位数，视材料价格而定。非贵重金属且质量小、数量少的小零件可不填(用斜细实线表示)。

“备注”栏：填写其他要说明的内容，如当“名称”栏内填写的内容较多填不下时，可在备注栏内填写。

8.2.3.4 管口表

（1）管口表的格式

管口表的格式如图 8-8 所示。边框线型为粗实线，其余为细实线。

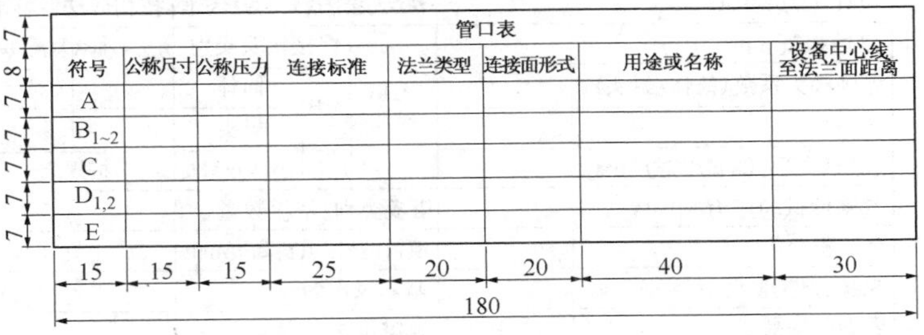

管口表							
符号	公称尺寸	公称压力	连接标准	法兰类型	连接面形式	用途或名称	设备中心线至法兰面距离
A							
$B_{1\sim2}$							
C							
$D_{1,2}$							
E							
15	15	15	25	20	20	40	30

(行高：7，8，7，7，7，7，7；总宽 180)

图 8-8　管口表的内容和尺寸

（2）管口表的填写

“符号”栏：填写装配图上接管的管口标注符号，管口符号用大写英文字母 A、B、C…表示，按英文字母的顺序由上而下填写，且与主视图中管口符号一一对应。当管口公称尺寸、公称压力，连接标准、法兰类型、密封面形式及用途完全相同时，可合并成一项填写，如 $B_{1\sim2}$。

“公称尺寸”栏：按公称直径填写，无公称直径的管口，按实形内径填写。矩形孔填“长×宽”、椭圆孔填“长轴×短轴”，如“椭 400×300”。

“公称压力”栏：填写对外连接的管法兰的公称压力，当为螺纹连接、焊接或对外不连接(如人孔)时，此栏不填，用斜细实线表示。

“连接标准”栏：填写连接法兰的标准号；螺纹连接的管口，填写螺纹规格，如“M20”；当对外不连接时(如人孔、手孔)，用斜细实线表示。

"法兰类型"栏：填写法兰的类型代号，非法兰连接时用斜细实线表示。

"连接面形式"栏：填写法兰的密封面形式；当为螺纹连接时填写"内螺纹"或"外螺纹"；不对外连接的管口，此栏用斜细实线表示。

"用途或名称"栏：填写管口的具体用途或名称，如"物料进口"、"人孔"等。

"设备中心线至法兰面距离"栏：填写设备中心线至法兰密封面之间的距离(mm)，已在此栏填写时，在图上则不需标注，如在图上已标注，此栏填写"见图"。

8.2.3.5 设计数据表

设计数据表表示设备的设计数据和技术要求，容器类、换热设备类、塔器类和搅拌设备类的设计数据表格式和填写内容不同。这里仅介绍塔设备和换热设备的设计数据表。

(1) 塔设备用设计数据表

塔设备用设计数据表如图 8-9 所示。边框线型为粗实线，其余为细实线。

设计数据表的填写要求如下：

"规范"栏：填写设计所遵循的国家法规、规范和标准的代号或标准号，当规范、标准无代号时应填写全名。"压力容器类别"栏：按 TSGR 0004—2009《固定式压力容器安全技术监察规程》条款，填写"Ⅰ类"、"Ⅱ类"、"Ⅲ类"，无类别时此项不填。

"介质"栏：填写出具体的介质名称，当为混合物时，要写出各组分的具体比例。

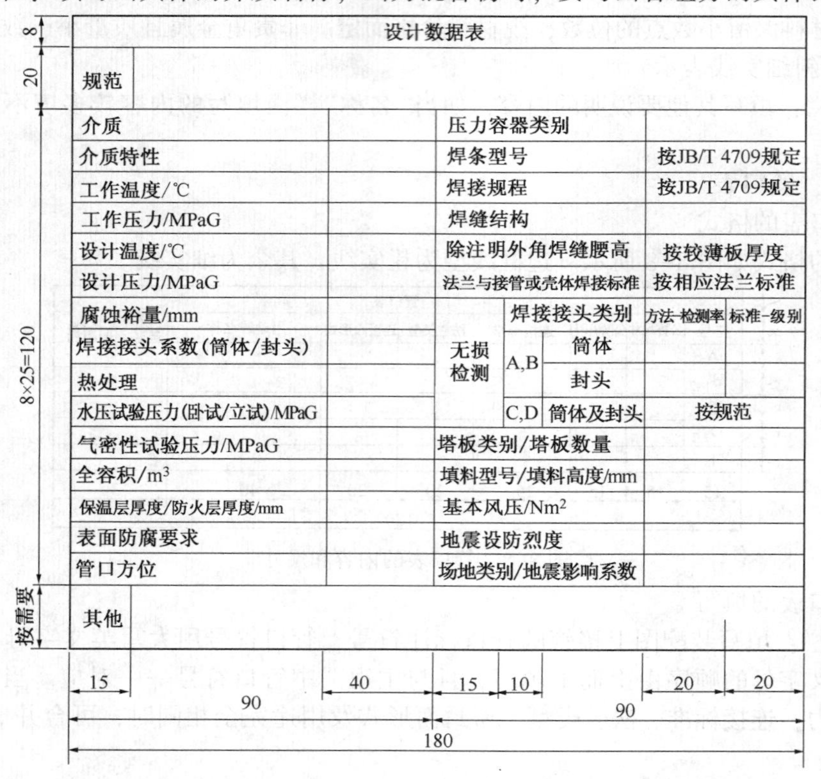

图 8-9 塔设备用设计数据表

"介质特性"栏：对有毒、易爆介质要具体填写，有毒介质还要写出具体的毒性程度(如极度、高度、中度)，如"极度毒、易爆"；对非上述介质不填写。

"工作压力"栏：填写具体的工作压力数值(所有的压力均为表压)，当工作压力为常压时，也要填写具体数值。

“焊接接头系数”栏：填写按焊接结构和探伤比例确定出的焊接接头系数具体值，写成分数形式，筒体在上、封头在下，如“0.85/1.00”。

“水压试验压力”栏：当设计压力为常压时，应填写“盛水试漏”。

“气密性试验压力”栏：当介质为非易爆、非极度或高度毒性或无要求时，此栏不填。

“全容积”栏：填写不扣除内件的壳体全体积。

“管口方位”栏：填写管口方位图的名称或图号；当管口方位用装配图上的某一视图代替时(无单独的管口方位图)，应填写“按本图”。

“焊条型号”栏：注“按 JB/T 4709 规定”，此处不注出焊条的具体型号，对有特殊要求的焊条型号，按需注出。

“除注明外角焊缝腰高”栏：填写角焊缝的腰高尺寸，一般填写“按较薄板的厚度”。

“无损检测栏”：具体的监测方法要填写(射线检测填写“RT”、超声检测填写“UT”、磁粉检测填写“MT”、渗透检测填写“PT”)；全部无损检测时，检测率填写“100%”，局部检测时要填写出具体的检测比例，如“20%”；“标准”要填写具体的无损检测标准(射线检测为“JB/T 4730.2—2005”、超声检测为“JB/T 4730.3—2005”、磁粉检测为“JB/T 4730.4—2005”、渗透检测为“JB/T 4730.5—2005”等)；“级别”要填写出焊接接头应达到的合格级别。

“其他”栏：填写其他需要说明的问题。

(2) 换热设备用设计数据表

换热设备用设计数据表如图 8-10。边框线型为粗实线，其余为细实线。

设计数据表							
规范							
	壳程	管程	压力容器类别				
介质			焊条型号			按JB/T 4709规定	
介质特性			焊接规程			按JB/T 4709规定	
工作温度/℃			焊缝结构				
工作压力/MPaG			除注明外角焊缝腰高			按较薄板厚度	
设计温度/℃			法兰与接管或壳体焊接标准			按相应法兰标准	
设计压力/MPaG			管子与管板的连接				
金属温度/℃			无损检测	焊接接头类别		方法-检测率	标准-级别
腐蚀裕量/mm				A,B	壳程		
焊接接头系数(筒体/封头)					管程(筒体/封头)		
程数				C,D	壳程	按规范	
热处理					管程	按规范	
水压试验压力(卧试/立试)/MPaG			管板密封面与壳体轴线垂直度公差/mm				
气密性试验压力/MPaG			保温层厚度/防火层厚度/mm				
换热面积(外径)/m^2			表面防腐要求			按JB/T 4711—2003	
管口方位							
其他							

(尺寸标注：8；20；8×16=128；按需要；15；50；20；20；15；10；50；20；20；90；90；180)

图 8-10 换热设备用设计数据表

设计数据表的填写要求如下：

“程数”栏：要分别填写管程和壳程的流道数(即程数)。

“换热面积”栏：填写按换热管外径和有效换热长度(即扣除插入管板内长度后的换热管长度)计算出来的换热面积值，一般要圆整到整数值。

“管子与管板的链接”栏：填写管子与管板的连接方式，如焊接、胀接或胀焊结合。

其他内容同塔设备用设计数据表。

8.2.3.6 技术要求

技术要求是以文字描述化工设备的技术条件，应遵守和达到的技术指标等。包括通用技术条件(化工设备在加工、制造、焊接、装配、检验、包装、防腐、运输等方面的技术规范)、焊接要求(对焊接结头形式，焊接方法，焊条、焊剂等提出要求)、设备的检验方法与要求(对主体设备的水压和气密性进行试验，对焊缝的射线探伤、超声波探伤、磁粉探伤等相应的试验规范和技术指标)以及机械加工和装配方面的规定和要求，设备的油漆、防腐、保温(冷)、运输和安装、填料等其他要求。

① 格式　在图中规定的空白处用长仿宋体汉字书写，以阿拉伯数字1、2、3、…顺序依次编号书写。

② 填写内容　对装配图，在设计数据表中未列出的技术要求，需以文字条款表示；当设计数据表中已表示清楚时，此处不标注；对零件图、部件图和零部件图，应填写技术要求。

8.2.4 化工设备图的视图表达

化工设备按用途分为容器、换热器、塔器和搅拌设备四类。这些化工设备虽然用途不同、结构和大小不同，但是设备的基本组成部分(圆柱形筒体和凸形封头)的结构特点是相同的，所以其视图表达有其共同特点。

8.2.4.1 化工设备的基本结构特点

(1) 基本形体多为回转体。化工设备大多承压操作，外部壳体多采用承压性能好的回转壳体，如圆柱形筒体、凸形封头等，一方面承压高，另一方面制作方便，节省材质。

(2) 外部壳体上开孔和接管多。有物料进、出设备的管口，有安全监控的温度计口、压力表口、安全阀口、液位计口以及检修用人孔、手孔等。

(3) 各部分结构尺寸大小相差悬殊。化工设备的壳体直径和长(高)度尺寸一般都比较大，而壳体厚度一般都很小，如果按同一比例绘制，可能厚度就表示不出来。

(4) 标准化零部件组成多。如封头、法兰(容器法兰和管法兰)、人(手)孔、支座等，这些结构不需精确表达。

(5) 各零部件间的装配关系比较明显。这就决定了化工设备图的视图表达相对于机器图来说比较简单。

(6) 焊接结构多。化工设备的筒体是卷焊而成，各零部件与壳体的连接均采用焊接，而焊接结构在装配图上表达又不明显，所以焊接结构多以局部放大图表达。

(7) 化工设备的安全措施要求高。化工设备内的介质多为高温、高压、易燃、有毒，因此要求设备的密封性能高、安全装置可靠。

由于化工设备的特殊结构特点，决定了在视图表达方法上有其自身特点。

8.2.4.2 化工设备的视图表达方法

由于化工生产过程的特殊要求，除了采用国家标准《技术制图》、《机械制图》外，在化工设备的视图表达中，又采用了一些适合化工生产的习惯画法、特殊画法、规定画法、简化画法，用以满足化工工程制图的需要。

（1）基本视图配置

由于化工设备的主体多为回转体，采用两个主要视图就可以将其主体表达清楚。主视图为沿轴线方向的视图，一般按工作(安装)位置来画，多采用全剖视图；另一视图为垂直于轴线方向的视图，如立式设备一般为主、俯视图，卧式设备一般为主、左视图。当设备尺寸太大、比例又不能太小时，再按上述视图配置时可能排不下(图幅有限)，此时可将非主视图放在其他位置，但要注明投影方向、视图名称和比例。

（2）多次旋转的表达方法

由于化工设备壳体四周分布有各种管口和零部件，为了在主视图上清楚地表达它们的形状和轴向位置，主视图可采用多次旋转的画法。即假想将设备上不同方位的管口和零部件分别旋转到与主视图所在的投影面平行的位置，然后进行投影，以表示这些结构的形状、装配关系和轴向位置。采用多次旋转表达时，一般不作标注。但这些结构的轴向方位要以管口方位图(或俯、左视图)为准。

为了避免混乱，在不同视图中应用同一大写字母来表示同一接管或附件，字母写在接管的旁边。如果相同结构、相同用途、相同管径、相同密封面的接管有 2 个或 2 个以上，则这些接管都用一个字母表示，但用不同的下标来区分，如 A_1、A_2等，如图 8-15 所示。

（3）细部结构的表达方法

由于化工设备的各部分结构尺寸相差悬殊，按缩小比例画出的基本视图中，很难兼顾到把细部结构也表达清楚。因此，化工设备图中较多的使用了局部放大图和夸大画法来表达这些细部结构并标注尺寸。

① 局部放大图　用局部放大的方法来表达细部结构时，可画成局部视图、剖视或剖面等形式。放大比例可按规定比例，也可不按比例作适当放大，但都要标注清楚。

② 夸大画法　对于化工设备中的折流板、管板、壳体、垫片、法兰及接管等的厚度尺寸和设备主体尺寸相比都非常小，若按比例缩小后者些厚度难以表示出来，为了表达清楚和美观，这些厚度可采用夸大画出。其余细小结构或较小的零部件，在基本视图中也允许作适当的夸大画出。

（4）断开与分段(层)的表达方法

对于过高或过长的化工设备，如塔、换热器及储罐等，为了采用较大的比例清楚地表达设备结构和合理地利用图幅，常使用断开画法，即用双点划线将设备中重复出现的结构或相同结构断开，使图形缩短，简化作图(见图 8-11)。

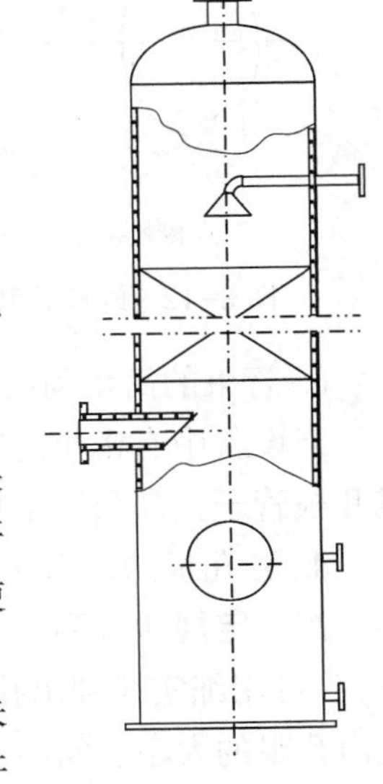
图 8-11　断开画法

对于较高的塔设备，如果使用了断开画法，其内部结构仍然未表达清楚时，可将某塔节(层)用局部放大的方法表达。若由于断开和分层画法造成设备总体形象表达不完整时，可用缩小比例、单线条画出设备的整体外形图或剖视图。在整体图上，应标注总高尺寸、各主要零部件的定位尺寸及各管口的标高尺寸。塔盘应按顺序从下至上编号，且应注明塔盘间距尺寸。

（5）化工设备的简化画法

在绘制化工设备图时，为了减少一些不必要的绘图工作量，提高绘图效率，在既不影响视图正确、清晰地表达结构形状，又不至于使读者产生误解的前提下，大量地采用了各种简化画法。

① 标准零部件　一些标准化零部件已有标准图，它们在化工设备图中不必详细画出，可按比例画出反映其特征外形的简图。而在明细栏中注写其名称、规格、标准号等。

② 外购部件　在化工设备图中，可以只画其外形轮廓简图，但要求在明细栏中注写名称、规格、主要性能参数和“外购”字样等。

③ 重复结构的简化画法

a. 螺栓孔和螺栓连接的简化画法

螺栓孔可用中心线和轴线表示，而圆孔的投影则可省略不画，如图 8-12(a)所示。装配图中的螺栓连接可用符号“×”(粗实线)表示，若数量较多，且均匀分布时，可以只画出几个符号表示其分布方位，如图 8-12(b)所示。

b. 填充物的简化画法

设备中装填有规格、材质和堆放方法相同的填料，如各类颗粒填料或规整填料，均可在剖视图中用交叉的细实线示意表达。对装有不同规格材料或不同堆放方法的填充物，必须分层表示，并分别注明填充物的规格和堆放方法，如图 8-13 所示。

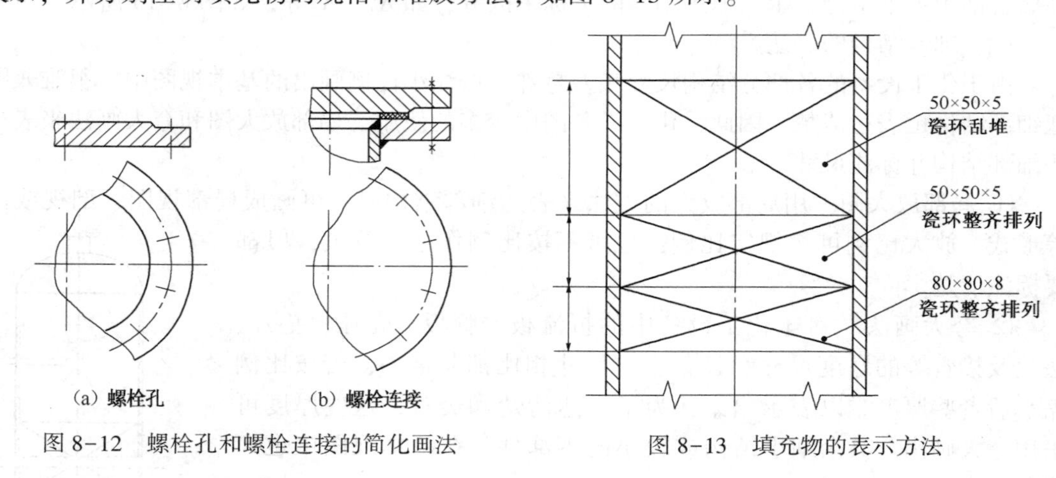

(a) 螺栓孔　(b) 螺栓连接

图 8-12　螺栓孔和螺栓连接的简化画法

图 8-13　填充物的表示方法

c. 管束的简化画法

当设备中有密集的管子，且按一定规律排列或成管束时，可在装配图中只画出其中一根或几根管子，其余管子均用点划线表示其安装位置。

d. 开孔板的表示法

按一定规律排列，并且孔径相同的孔板(如换热器中的管板、折流板、塔器中的塔板等)，可用细实线画出孔眼圆心的连线及孔眼的开孔范围线，并画出其中几个孔眼，详细标注出孔眼的大小、间距、孔径和孔数，或只画出孔的排列规律，另用局部放大图详细表达孔的参数即可，见图 8-14。

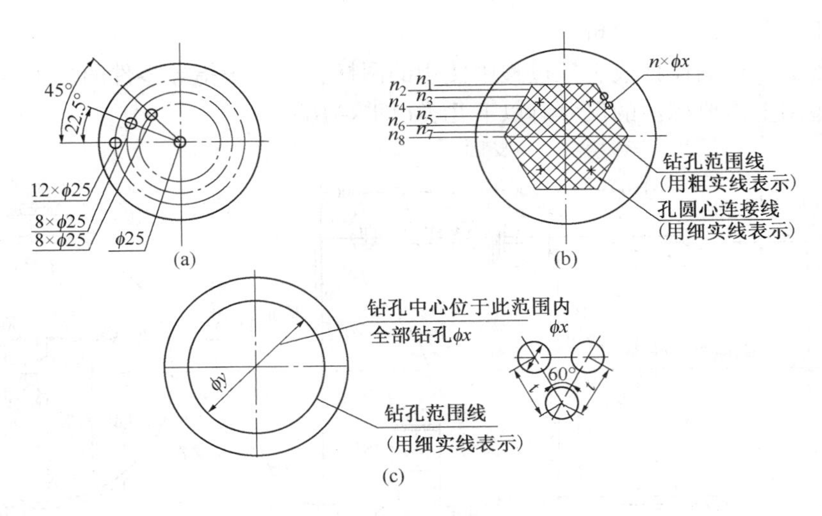

图 8-14 孔板的简化画法

8.2.5 化工设备图的件号和尺寸标注

(1) 化工设备图件号的编排和标注

化工设备图的件号应尽量编排在主视图上，并由其左下方开始，按件号顺序(1、2、3、……)顺时针整齐地沿垂直方向或水平排列；可布满四周，但应尽量编排在图形的左方和上方，并安排在外形尺寸线的内侧。如图 8-15 所示。若有遗漏或增添的件号应在外圈编排补足。

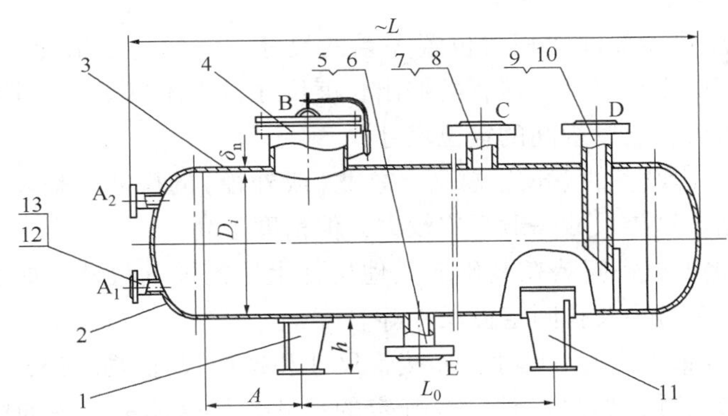

图 8-15 化工设备零部件的编号

一组紧固件(如螺栓、螺母、垫片，……)以及装配关系清楚的一组零件或另外绘制局部放大图的一组零、部件允许在一个引出线上同时引出若干件号，但在放大图上应将其分开标注。

所有部件、零件(包括表格图中的各零件、薄衬层、厚衬层、厚涂层)和外购件，不论有图或无图均需编独立的件号，不得省略。另外还需注意以下几点：

a. 一个图样中相同的零件，或相同的部件应编同一件号。

b. 直属零件与部件中的零件相同，或不同部件中的零件相同时，应将其分别编写不同的件号。

c. 一个图样中的对称零件应编不同件号。

（2）化工设备图的尺寸分析

化工设备图是产品设计或装配过程中使用的图样，不用来指导零件的加工。

化工设备图上需要标注的尺寸有以下几类(图 8-16)：

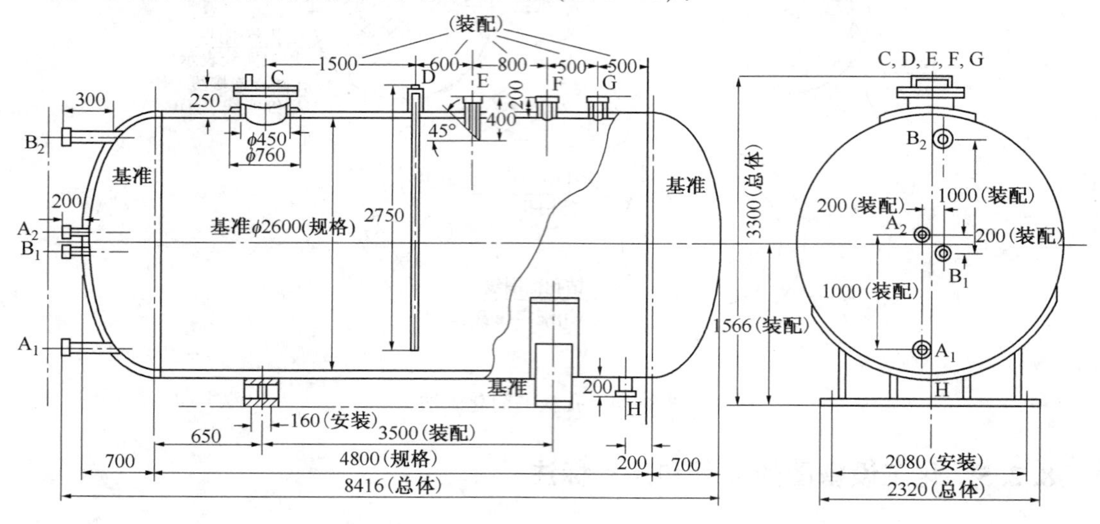

图 8-16　化工设备标注尺寸类型

① 规格性能尺寸　反映化工设备的规格、性能、特征及生产能力的尺寸。例如设备的筒体直径、长(高)度，换热器的换热面积、换热管的直径、长度及数量等。这些尺寸有的直接注在图样上(如直径和高度)，有的注写在设计数据表中(如换热面积等)，有的还注写在明细栏中(如换热管直径、数量等)。

② 装配尺寸　反映零部件间相对位置关系的尺寸，它们是制造化工设备的重要依据。例如设备图中接管间的定位尺寸，接管的伸出长度尺寸，罐体与支座的定位尺寸，塔器的塔板间距，换热器的折流板、管板间的定位尺寸。

③ 外形尺寸　表达设备的总长、总高、总宽(或外径)的尺寸，是设备包装、运输、安装及厂房设计的依据。这类尺寸一般都比较大，但精度不高。

④ 安装尺寸　化工设备安装在基础或其他构件上所需要的尺寸，如支座、裙座上的地脚螺栓的孔径、分布圆直径及孔间定位尺寸等。

⑤ 其他尺寸　零部件的规格尺寸，如接管尺寸和壁厚尺寸(如“ϕ57×4”)；不另行绘制图样的零件图的定形尺寸；经过设计计算确定的尺寸，如筒体和封头的壁厚、搅拌轴直径等；焊缝的结构尺寸，可标注在局部放大图中，也可写在“技术要求”中，还可用焊缝代号表示。

（3）化工设备图的尺寸标注

化工设备图的尺寸标注，首先应正确选择尺寸基准，然后从尺寸基准出发，完整、清晰、合理地标注各类尺寸。

① 尺寸标注基准面

尺寸标注基准面一般从设计要求的结构基准面开始，见图 8-16。化工设备图的尺寸标注常用的尺寸基准面如下：

a. 设备筒体和封头的轴线，如筒体直径的标注；

b. 设备筒体与封头的焊缝线，如筒体长度、筒体上接管的轴向定位尺寸的标注；

c. 设备支座的底面，如设备总高度的标注；

d. 接管轴线与设备表面交点，如接管长度的标注。

② 尺寸标注的注意事项

a. 尺寸线的始点和终点：当用单线图表示不清楚时应用放大图或剖视图表示。

b. 尺寸的安排，应尽力安排在设备(或零件)图轮廓尺寸的右侧和下方。

c. 一般不允许标注封闭尺寸，当需要标注时，封闭尺寸链中的某一不重要的尺寸应以(×××)表示，如(150)，作为参考尺寸。

参 考 文 献

1 陈声宗．化工设计(第二版)．北京：化学工业出版社，2008.

2 娄爱娟，吴志泉，吴叙美．化工设计．上海：华东理工大学出版社，2002.

3 方书起．化工设备课程设计指导．北京：化学工业出版社，2010.

4 丁伯民，黄正林．化工容器(化工设备设计全书)．北京：化学工业出版社，2002.

5 赵军，张有忱．化工设备机械基础(第二版)．北京：化学工业出版社，2007.

6 刁玉玮，王立业．化工设备机械基础．大连：大连理工大学出版社，2003.

7 倪炳华主编．化工单元设计，西安：西北大学出版社，2001.

8 上海医药设计院编．化工工艺设计手册(上)，北京：化学工业出版社，1989.

9 匡国柱，史启才主编．化工单元过程及设备课程设计，北京：化学工业出版社，2002.

10 时钧等主编．化学工程手册(上)第6篇，第二卷．北京：化学工业出版社，1996.

11 大连理工大学化工原理教研室．化工原理课程设计，大连：大连理工大学出版社，1994.

12 陈英南，刘玉兰主编．常用化工单元设备的设计，上海：华东理工大学出版社，2005.

13 柴诚敬主编．化工原理(上)，北京：高等教育出版社，2005.

14 时钧等主编．化学工程手册(上)第9篇，第二卷．北京：化学工业出版社，1996.

15 Wimpress. R. N.：Rating Fired Heater. Petrol Refiner. 42. No. 10. P. 115~126(1963)

16 W. J. Davis and L. Reed：Temperature gradients in a Direct Fired Cylindrical Heater. C. K. P. 59. No. 7P. 41~44(1963)

17 中谷昭雄，加热炉の大型化，石油学会志第11卷第4号P. 2~8(1968)

18 钱家麟等．管式加热炉．北京：中国石化出版社，2003.

19 杨世铭．传热学．北京：人民教育出版社，1980.

20 杨光炯，黄祖祺，钱家麟．原油加热炉管内两相传热及压力降计算，石油炼制，1983(3)：1

21 石油化学工业部石油化工规划设计院编．管式加热炉工艺计算，北京：石油工业出版社，1976.

22 北京石油设计院编．石油化工工艺计算图表．北京：烃加工出版社，1985.

23 兰州石油机械研究所．现代塔器技术(第2版)，北京：中国石化出版社，2005.

24 路秀林，王者相．塔设备(化工设备设计全书)．北京：化学工业出版社，2004.

25 陈敏恒，从德滋，方图南等．化工原理(第三版)．北京：化学工业出版社，2006.

26 谭天恩，窦梅，周明华等．化工原理(第三版)．北京：化学工业出版社，2006.

27 邹华生，钟理，伍钦等．传热传质过程设备设计．广州：华南理工大学出版社，2007.

28 于才渊，王宝和，王喜忠．干燥装置设计手册，北京：化学工业出版社，2005.

29 金国森．干燥设备(化工设备设计全书)，北京：化学工业出版社，2002.

附录一　纯物质物性数据的计算

在化工原理课程设计过程中，对有关常用物质的物性数据计算推荐采用下列经验公式。

一、蒸气压

安托因(Antoine)方程式：

$$\ln p_V = A - \frac{B}{C + T}$$

式中　p_V——蒸气压，mmHg；

T——温度，K；

A、B、C——安托因常数，见附表 1-1。

安托因方程的适用条件：p_V 在 10～1500mmHg 之间，温度不超过回归常数所用的温度范围。

附表 1-1 列出了几种物质的安托因常数及临界参数和常压沸点的数值。

其中 M 为相对分子质量；T_b 为常压沸点，K；T_c 为临界温度，K；p_c 为临界压力，atm；V_c 为临界体积 cm^3/mol；T_{max} 为按托因方程的上限温度，K；T_{min} 为按托因方程的下限温度，K。

附表 1-1　几种物质的按托因常数及临界参数和常压沸点

名　称	M	T_b	T_c	p_c	V_c	A	B	C	T_{max}	T_{min}
水	18.02	373.2	647.3	217.6	56	18.3036	3186.44	−46.13	441	284
甲醇	32.04	337.8	512.6	79.9	118	18.5875	3626.55	−34.29	364	257
氯乙烯	62.50	259.8	429.7	55.3	169	14.9601	1803.84	−43.15	290	185
乙醇	46.07	351.5	516.2	63.0	167	18.9119	3803.98	−41.68	369	270
丙烯	42.08	225.4	365.0	45.6	181	15.7027	1807.53	−26.15	240	160
丙酮	58.08	329.4	508.1	46.4	209	16.6513	2940.46	−35.93	350	241
丙烷	44.10	231.1	369.8	41.9	203	15.7260	1872.46	−25.16	249	164
1，3-丁二烯	54.09	268.7	425.0	42.7	221	15.7727	2142.66	−34.30	290	215
1-丁烯	56.11	266.9	419.6	39.7	240	15.7564	2132.42	−33.15	295	190
正丁烷	58.12	272.7	425.2	37.5	255	15.6782	2154.90	−34.42	290	195
异丁烷	58.12	261.3	408.1	36.0	263	15.5381	2032.73	−33.15	280	187
正戊烷	72.15	309.2	469.6	33.3	304	15.8333	2477.07	−39.94	330	220
苯	78.11	353.3	562.1	48.3	259	15.9008	2788.51	−52.36	377	280
甲苯	92.14	383.8	591.7	40.6	316	16.0173	3096.52	−53.67	410	280
苯乙烯	104.15	418.3	647.0	39.4	—	16.0193	3328.57	−63.72	460	305
乙苯	106.17	409.3	617.1	35.6	374	16.0195	3279.47	−59.95	450	300

二、汽化相变焓

汽化相变焓的计算公式：

$$\gamma_c = A(1 - T_r)^{(B+CT_r+DT_r^2)}$$

式中 γ_c——汽化相变焓，J/kmol；

T_r——对比温度；

A、B、C、D——常数，如附表 1-2 所示。

附表 1-2 几种物质的汽化相变焓常数

名称	温度范围/K	计算误差	A	B	C	D
甲醇	176~513	1%~5%	3.97×10^7	-0.279	0.508	0.084
乙醇	159~516		4.415×10^7	-0.4134	0.75362	
丙烯	88~365		2.6087×10^7	0.3251	0.0525	
丙酮	178~508		4.917×10^7	1.0360	-1.294	0.6720
丙烷	85~370		2.672×10^7	0.3855	-0.086	0.0686
1，3-丁二烯	164~425		3.560×10^7	0.6220	-0.2890	0.0520
正丁烷	135~425		3.343×10^7	0.4177	-0.0750	0.0400
异丁烷	114~408		3.1944×10^7	0.3917		
戊烷	143~470		3.985×10^7	0.3979		
苯	279~562		5.073×10^7	0.7616	-0.5052	0.1564
甲苯	178~592		5.016×10^7	0.3834	-0.3692	
苯乙烯	243~648		6.683×10^7	0.8184	-0.3694	
乙苯	178~617		5.480×10^7	0.3882		
水	273~647		5.7608×10^7	0.6764	-0.7797	0.47678

三、液体密度

液体密度的计算公式：

$$\rho_L = A/B^{[1+(1-T/C)^D]}$$

式中 ρ_L——液体密度，kg/m^3；

T——液体的温度，K；

A、B、C、D——常数，如附表 1-3 所示。

附表 1-3 几种物质的液体密度常数

名称	温度范围/K	计算误差	A	B	C	D
甲醇	176~513	1%~3%	1.2057	0.19779	512.63	0.17272
乙醇	159~516		1.5223	0.26395	516.25	0.2367
丙烯	88~365		1.5245	0.27517	364.76	0.30246
丙酮	178~508		1.2298	0.2576	508.20	0.29903
丙烷	85~370		1.3937	0.27744	369.82	0.2870
1，3-丁二烯	164~425		1.2381	0.27227	425.37	0.29074
正丁烷	135~425		1.1103	0.27881	425.18	0.28377
异丁烷	114~408		1.0463	0.27294	408.14	0.27301
戊烷	143~470		0.8636	0.26923	469.65	0.28215
苯	279~552		0.97619	0.26071	562.16	0.27357
甲苯	178~592		0.88257	0.27108	591.79	0.29889
苯乙烯	243~648		0.7424	0.26315	648.00	0.2857
乙苯	178~617		0.7194	0.26438	617.17	0.2921
水	273~647		4.6137	0.26214	647.29	0.23072

四、液体的比热容

液体的比热容计算公式：

$$c_{pL} = A + BT + CT^2 + DT^3 + ET^4$$

式中　c_{pL}——液体的比热容，J/(kmol·K)；

T——液体温度，K；

A、B、C、D、E——常数，见附表1-4。

附表1-4　几种物质的 c_{pL} 常数

名　称	温度范围/K	计算误差	A	B	C	D	E
甲醇	176~400	—	1.076×10^3	-380.6	0.97900	—	—
乙醇	159~400	—	9.456×10^4	-56.200	-0.32900	2.398×10^{-3}	—
丙烯	88~298	—	1.058×10^3	-234.35	0.75500	—	—
丙酮	178~329	—	1.356×10^5	-177.00	0.28370	6.890×10^{-4}	—
丙烷	85~350	—	1.222×10^5	-994.30	9.0810	-3.3549×10^{-3}	4.7384×10^{-5}
1，3-丁二烯	165~350	3%~5%	1.2886×10^5	-323.10	1.0150	3.200×10^{-2}	—
正丁烷	135~410	—	2.906×10^5	-3003.6	18.266	-4.7125×10^{-2}	4.704×10^{-5}
异丁烷	114~390	—	2.287×10^5	-2850.5	21.722	-6.633×10^{-3}	7.4614×10^{-5}
戊烷	149~303	—	1.5016×10^5	-117.00	0.14490	1.484×10^{-3}	—
苯	279~360	—	1.0832×10^5	-32.500	0.42400	—	—
甲苯	178~420	—	1.9044×10^5	-750.64	2.9723	-2.7755×10^{-3}	—
苯乙烯	243~418	—	1.1334×10^5	290.20	-0.60510	1.3567×10^{-3}	—
乙苯	178~420	—	8.690×10^4	708.00	-2.6330	4.500×10^{-3}	—
水	303~363	—	5.2634×10^4	241.19	-0.85085	1.000×10^{-3}	—

五、理想气体比热容

理想气体比热容计算公式：

$$c_{pV} = A + B\cdot\exp(-C/T^D)$$

式中　c_{pV}——理想气体比热容，J/(kmol·K)；

T——液体温度，K；

A、B、C、D——常数，见附表1-5。

附表1-5　几种物质的 c_{pV} 常数

名　称	温度范围/K	计算误差	A	B	C	D
甲醇	100~1500	—	3.8188×10^4	1.0424×10^5	2.1867×10^3	1.1628
乙醇	100~1500	—	4.5367×10^4	1.8075×10^5	7.7088×1^2	1.0288
丙烯	100~1500	—	4.495×10^4	1.9091×10^5	8.700×10^2	1.0411
丙酮	100~1500	—	5.553×10^4	1.960×10^5	1.3326×10^2	1.1139
丙烷	100~1500	—	4.7497×10^4	2.467×10^5	6.9858×10^2	1.0074
1，3-丁二烯	100~1500	—	1.3305×10^4	2.645×10^5	1.3180×10^2	0.7995
正丁烷	100~1500	≤1%	5.738×10^4	3.424×10^5	3.705×10^2	0.9070

续表

名　　称	温度范围/K	计算误差	A	B	C	D
异丁烷	100～1500	—	4.801×10^{4}	3.540×10^{5}	3.010×10^{2}	0.8824
戊烷	100～1500	—	8.2707×10^{4}	3.6653×10^{5}	1.1194×10^{2}	1.0873
苯	100～1500	—	3.6007×10^{4}	2.7294×10^{5}	1.1744×10^{2}	1.1386
甲苯	100～1500	—	5.5439×10^{4}	3.3314×10^{5}	1.2672×10^{2}	1.1385
苯乙烯	100～1500	—	6.1315×10^{4}	3.5462×10^{5}	9.4327×10^{2}	1.1025
乙苯	100～1500	—	6.6567×10^{4}	4.0316×10^{5}	1.0097×10^{2}	1.1038
水	100～1573	—	3.3252×10^{4}	6.0104×10^{5}	4.1899×10^{2}	0.7724

六、表面张力

表面张力的计算公式：

$$\sigma = A\,(1 - T_r)^{(B+CT+DT^2)}$$

式中　　σ——表面张力，N/m；

T_r——对比温度；

A、B、C、D——常数，见附表 1-6。

附表 1-6　几种物质的 σ 常数

名　　称	温度范围/K	计算误差	A	B	C	D
甲醇	176～513	—	4.327×10^{-2}	0.76760	—	—
乙醇	159～516	—	4.446×10^{-2}	0.81700	—	—
丙烯	88～365	—	5.3467×10^{-2}	1.2058	—	—
丙酮	178～508	—	6.220×10^{-2}	1.1240	—	—
丙烷	85～370	—	4.9624×10^{-2}	1.1920	—	—
1，3-丁二烯	164～425	—	4.7682×10^{-2}	1.0507	—	—
正丁烷	135～425	5%左右	5.266×10^{-2}	1.2330	—	—
异丁烷	114～408	—	5.2165×10^{-2}	1.2723	—	—
戊烷	143～470	—	5.209×10^{-2}	1.2054	—	—
苯	279～562	—	7.195×10^{-2}	1.2389	—	—
甲苯	178～592	—	6.685×10^{-2}	1.2456	—	—
苯乙烯	243～418	—	4.237×10^{-2}	0.5150	—	—
乙苯	178～617	—	6.600×10^{-2}	1.2680	—	—
水	273～647	—	0.1386	1.6866	−2.0607	1.5143

七、液体黏度

液体黏度计算公式：

$$\mu_L = \exp(A + B/T + C\ln T + DT^E)$$

式中　　μ_L——液体黏度，Pa·s；

T——液体温度，K；

A、B、C、D、E——常数，见附表 1-7。

附表 1-7　几种物质的 μ_L 常数

名　称	温度范围/K	计算误差	A	B	C	D	E
甲醇	230~375	<10%	-7.2880	1.0653×10^{3}	-0.66570	—	—
乙醇	240~440	<10%	8.0490	7.7600×10^{3}	-3.0680	—	—
丙烯	90~220	<10%	-44.830	1.3370×10^{2}	5.6710	—	—
丙酮	223~329	<1%	-14.918	1.0234×10^{3}	0.59610	—	—
丙烷	85~311	<5%	-12.832	5.6634×10^{2}	0.34668	-3.5111×10^{-24}	10.000
1，3-丁二烯	250~400	<10%	17.844	-3.1020×10^{2}	-4.5058	—	—
正丁烷	180~420	<5%	0.7500	2.1870×10^{2}	-1.7882	-4.0000×10^{-27}	10.000
异丁烷	190~400	<25%	-18.345	1.0203×10^{3}	1.0978	-6.1000×10^{-27}	10.000
戊烷	143~325	<3%	-21.707	1.1044×10^{3}	1.6862	—	—
苯	285~350	<10%	6.7640	3.3640×10^{2}	-2.6870	—	—
甲苯	200~400	<5%	-13.362	1.1830×10^{3}	0.33300	—	—
苯乙烯	250~480	<5%	-22.673	1.7580×10^{3}	1.6700	—	—
乙苯	210~500	<5%	-10.452	1.0484×10^{3}	-0.07150	—	—
水	273~647	<10%	-52.267	3.6652×10^{3}	5.7860	-5.8463×10^{-29}	10.000

八、气体黏度

气体黏度计算公式：

$$\mu_V = \frac{AT^B}{1 + C/T + D/T^2}$$

式中　μ_V——气体黏度，Pa·s；

T——气体温度，K；

A、B、C、D——常数，见附表 1-8。

附表 1-8　几种物质的 μ_V 常数

名　称	温度范围/K	计算误差	A	B	C	D
甲醇	240~1000	<10%	3.0663×10^{-7}	0.69655	205.00	—
乙醇	200~1000	<10%	1.0613×10^{-7}	0.80660	52.700	—
丙烯	193~1000	<10%	8.7900×10^{-6}	0.23200	800.00	1.200×10^{4}
丙酮	300~650	<5%	3.1005×10^{-8}	0.97620	23.139	—
丙烷	193~750	<3%	2.2090×10^{-6}	0.38240	405.00	—
1，3-丁二烯	250~650	<5%	7.0140×10^{-8}	0.84530	—	—
正丁烷	150~1200	<10%	1.031×10^{-5}	0.20770	1005.5	8.100×10^{3}
异丁烷	150~1000	<10%	1.7750×10^{-5}	0.69460	25.000	1.210×10^{4}
戊烷	302~900	<10%	6.8210×10^{-7}	0.52360	273.67	—
苯	287~628	<3%	3.1340×10^{-8}	0.96760	7.9000	—
甲苯	275~600	<5%	2.9190×10^{-8}	0.96480	—	—
苯乙烯	243~1000	<10%	1.7900×10^{-7}	0.71260	204.00	—
乙苯	250~1000	<10%	1.2260×10^{-7}	0.75730	52.000	2.130×10^{4}
水	370~800	<10%	7.6190×10^{-8}	0.92758	211.60	-4.670×10^{3}

附录二 国产炉管规格

一、常用炉管规格及质量(附表2-1)

附表2-1 常用炉管规格及质量

规格 外径×厚度/mm	质量/ (kg/m)	规格 外径×厚度/mm	质量/ (kg/m)	规格 外径×厚度/mm	质量/ (kg/m)
60×4	5.52	102×8	18.58	152×10	35.02
60×5	6.78	102×10	22.69	152×12	41.15
60×6	7.99	114×6	15.98	219×10	51.54
60×8	10.26	114×8	20.91	219×12	61.26
89×5	10.40	114×10	25.65	219×14	70.78
89×6	12.28	127×6	17.90	219×15	75.43
89×8	15.98	127×8	23.48	219×16	80.10
89×10	19.48	127×10	28.85	219×18	89.23
102×5	11.96	152×6	21.60		
102×6	14.21	152×8	28.41		

注：①国产炉管均为裂化炉管。

②表中厚度为碳钢管厚度，其他合金钢管需按公式计算。

二、标准钉头管及标准翅片管质量(附表2-2)

标准钉头管钉头直径12mm，钉头高25mm，37mm两种，按正方形转45°排列，钉头纵向间距16mm，对角线长32mm。

标准环形翅片管翅片间距为每25mm管长装有4片或2片翅片，翅片高20mm，翅片厚1mm。

附表2-2 标准钉头管及标准翅片管质量

管外径/ mm	每米钉头管长质量/(kg/m)		每米翅片管长质量/(kg/m)	
	钉头高25mm	钉头高37mm	每25mm管长装翅片2片	每25mm管长装翅片4片
60	8.25	12.2	3.14	6.26
89	11.0	16.25	4.25	8.52
102	13.8	20.3	4.80	9.60
114	15.1	22.2	5.52	11.05
127	16.5	24.4	5.77	11.55
152	19.2	28.5	6.75	13.50
219	28.8	42.6	9.30	18.60

三、炉管长度

6000mm，9000mm，12000mm，15000mm

四、炉管材质及允许使用的温度(附表 2-3)

附表 2-3 炉管材质及允许使用的温度

炉管材质	最高允许使用温度/℃	炉管材质	最高允许使用温度/℃
碳钢 10 号，20 号	<480	Cr9Mo 钢	<565
Cr5Mo 钢	<540	1Cr18Ni9Ti	<620
15A13MoVTi	<540		

附录三 常见流体的污垢热阻

流体	污垢热阻/($m^2 \cdot K/kW$)	流体	污垢热阻/($m^2 \cdot K/kW$)
水(1m/s，t>50℃)		溶剂蒸气	0.14
蒸馏水	0.09	水蒸气	
海水	0.09	优质(不含油)	0.052
洁净的河水	0.21	劣质(不含油)	0.09
未处理的凉水塔用水	0.58	往复机排出	0.176
已处理的凉水塔用水	0.26	液体	
已处理的锅炉用水	0.26	处理过的盐水	0.264
硬水、井水	0.58	有机物	0.176
		燃料油	1.056
空气	0.26~0.53	焦油	1.76

附录四 某些二元物系的汽液平衡组成

一、乙醇-水(101.3kPa)

乙醇摩尔分率		温度/℃	乙醇摩尔分率		温度/℃
液相	气相		液相	气相	
0.0000	0.0000	100	0.3273	0.5826	81.5
0.0190	0.1700	95.5	0.3965	0.6122	80.7
0.0721	0.3891	89.0	0.5079	0.6564	79.8
0.0966	0.4375	86.7	0.5198	0.6599	79.7
0.1238	0.4704	85.3	0.5732	0.6841	79.3
0.1661	0.5089	84.1	0.6763	0.7385	78.74
0.2337	0.5445	82.7	0.7472	0.7815	78.41
0.2608	0.5580	82.3	0.8943	0.8943	78.15

二、苯-甲苯(101.3kPa)

苯摩尔分率		温度/℃	苯摩尔分率		温度/℃
液相	气相		液相	气相	
0.000	0.000	110.6	0.592	0.789	89.4
0.088	0.212	106.1	0.700	0.853	86.8
0.200	0.370	102.2	0.803	0.914	84.4
0.300	0.500	98.6	0.903	0.957	82.3
0.397	0.618	95.2	0.950	0.979	81.2
0.489	0.710	92.1	1.00	1.00	80.2

三、甲醇-水(101.3kPa)

甲醇摩尔分率		温度/℃	甲醇摩尔分率		温度/℃
液相	气相		液相	气相	
0.0531	0.2834	92.9	0.2909	0.6801	77.8
0.0767	0.4001	90.3	0.3333	0.6918	76.7
0.0926	0.4353	88.9	0.3513	0.7347	76.2
0.1257	0.4831	86.6	0.4620	0.7756	73.8
0.1315	0.5455	85.0	0.5292	0.7971	72.7
0.1674	0.5585	83.2	0.5937	0.8183	71.3
0.1818	0.5775	82.3	0.6849	0.8492	70.0
0.2083	0.6273	81.6	0.7701	0.8962	68.0
0.2319	0.6485	80.2	0.8741	0.9194	66.9
0.2818	0.6775	78.0			

四、丙酮-水(101.3kPa)

丙酮摩尔分率		温度/℃	丙酮摩尔分率		温度/℃
液相	气相		液相	气相	
0.0500	0.6381	74.80	0.5000	0.8387	59.95
0.1000	0.7301	68.53	0.6000	0.8532	59.12
0.1500	0.7716	65.26	0.7000	0.8712	58.29
0.2000	0.7916	63.59	0.8000	0.8950	57.49
0.3000	0.8124	61.87	0.9000	0.9335	56.68
0.4000	0.8269	60.75	0.9500	0.9627	56.30

五、乙醇-正丙醇(101.3kPa)

乙醇摩尔分率		温度/℃	乙醇摩尔分率		温度/℃
液相	气相		液相	气相	
0	0	97.60	0.546	0.711	84.98
0.126	0.240	93.85	0.600	0.760	84.13
0.188	0.318	92.66	0.663	0.799	83.06
0.210	0.349	91.60	0.833	0.914	80.50
0.358	0.550	88.32	1.0	1.0	78.38
0.461	0.650	86.25			

附录五 输送流体用无缝钢管规格

直径 DN/mm	外径/mm	壁厚/mm														
		1.0	2.0	2.5	3.0	3.5	4.0	4.5	5.0	6.0	8.0	10	12	15	18	20
		钢管理论质量/(kg/m)														
	10	0.222	0.395	0.462	0.518	0.561										
10	14	0.321	0.592	0.709	0.814	0.906	0.986									
15	18	0.419	0.789	0.956	1.11	1.25	1.38	1.50	1.60							
	19	0.444	0.838	1.02	1.18	1.34	1.48	1.61	1.73	1.92						
	20	0.469	0.888	1.08	1.26	1.42	1.58	1.72	1.97	2.07						
20	25	0.592	1.13	1.39	1.63	1.86	2.07	2.28	2.47	2.81						
25	32	0.715	1.48	1.82	2.15	2.46	2.76	3.05	3.33	3.85	4.74					
32	38	0.912	1.78	2.19	2.59	2.98	3.35	3.72	4.07	4.74	5.92					
	42	1.01	1.97	2.44	2.89	3.32	3.75	4.16	4.56	5.33	6.71					
40	45	1.09	2.12	2.62	3.11	3.58	4.04	4.49	4.93	5.77	7.30	8.63				
	50			2.93	3.48	4.01	4.54	5.05	5.55	6.51	8.29	9.86				
50	57			3.36	4.00	4.62	5.23	5.82	6.41	7.55	9.67	11.59	13.32			
	70				4.96	5.74	6.51	7.27	8.01	9.47	12.231	14.82	17.16	20.35		
65	76				5.40	6.26	7.10	7.93	8.75	10.36	13.42	16.28	18.94	22.57	25.75	
80	89				6.36	7.38	8.38	9.38	10.36	12.28	15.981	19.48	22.79	27.37	31.52	34.03
100	108				7.77	9.02	10.26	11.49	12.70	15.09	19.73	24.17	28.41	34.40	39.95	43.40
	127						12.13	13.59	15.04	17.09	23.48	28.85	34.03	41.43	48.39	52.78
125	133				9.62	11.18	12.73	14.26	15.78	18.79	24.66	30.33	35.81	43.65	51.05	55.73
150	159					13.51	15.39	17.15	18.99	22.64	29.79	36.75	43.50	53.27	62.59	68.56
175	194								23.31	27.82	136.70	45.38	53.86	66.22	78.13	85.28
200	219									31.52	141.63	51.54	61.26	75.46	89.23	98.15
225	245										146.76	57.95	68.95	83.08	100.8	111.0
250	273										152.28	64.86	77.24	95.44	113.2	124.8
300	325										162.54	77.68	92.63	114.7	136.3	150.4
350	377											90.51	108.0	133.9	159.4	176.1
400	426											102.2	112.5	152.1	181.1	200.3
	450											108.5	130.6	160.9	191.8	212.1
450	480											115.9	139.5	172.0	205.1	226.9
	500											120.8	145.4	179.4	214.0	236.7
500	530											128.2	154.3	190.5	227.3	251.5

附录六 化工设备装配图图例

部分化工设备装配图见插图。